U0944703

烹饪工艺与营养专业理论一实践一体化教程

常见烹饪原料及初加工

李斌海　主编

中国物资出版社

图书在版编目（CIP）数据

常见烹饪原料及初加工/李斌海主编．—北京：中国物资出版社，2011.9

（烹饪工艺与营养专业理论—实践—体化教程）

ISBN 978-7-5047-3905-6

Ⅰ.①常…　Ⅱ.①李…　Ⅲ.①烹饪—原料—加工—教材　Ⅳ.①TS972.111

中国版本图书馆 CIP 数据核字（2011）第 149249 号

策划编辑　涂　晟　　　**责任印制**　何崇杭

责任编辑　涂　晟　　　**责任校对**　孙会香　梁　凡

出版发行　中国物资出版社

社　　址　北京市丰台区南四环西路 188 号 5 区 20 楼　　**邮政编码**　100070

电　　话　010-52227568（发行部）　　010-52227588 转 307（总编室）

010-68589540（读者服务部）　　010-52227588 转 305（质检部）

网　　址　http://www.clph.cn

经　　销　新华书店

印　　刷　中国农业出版社印刷厂

书　　号　ISBN 978-7-5047-3905-6/TS·0047

开　　本　787mm×1092mm　1/16

印　　张　12　彩 1.5　　　**版　　次**　2011 年 9 月第 1 版

字　　数　337 千字　　　**印　　次**　2011 年 9 月第 1 次印刷

印　　数　0001—3000 册　　　**定　　价**　27.00 元

前　言

近年来，随着我国经济的发展，人民生活水平不断提高，饮食业蓬勃发展，餐饮从业人员的规模也日益壮大。与此同时，各旅游职业学校烹饪专业的规模也发展迅猛。然而，旅游职业学校的各种烹饪教材却存在一些不足之处，一是教材课程目标体系定位模糊，缺乏岗位实践的针对性，强调理论体系，忽视对学生综合素质和能力的培养；二是教材内容过于陈旧、枯燥，缺乏时代性和一定的前瞻性，内容不生动。

为了适应当前饮食行业的发展，加强旅游职业学校烹饪课程的建设，特编写了此教材。本教材由广东省旅游职业技术学校烹饪教研室李斌海老师编写，共分十章，包括概论、谷物类、蔬菜类、畜类、禽类、水产品类、干货类、食用菌类、果品类、刀工技术等章节内容。教材立足于最新的《烹饪原料知识》、《原料加工技术》教学大纲，有效地将二者综合起来，既有理论体系的系统性，又有实际操作的实践性，同时文后配有彩图，大大提升了学生认识原料和学习实操技术的感官效果。与此同时，教材还详细介绍了各种原料的营养食疗价值，大大地丰富了本书的理论体系，也可作为平时养身、食疗的参考用书。

由于水平有限，加之时间仓促，错漏之处在所难免，敬希广大读者不吝提出宝贵意见。

编　者

2011 年 6 月于广州

目　　录

第一章 概 论

【知识目标】

掌握烹饪原料的分类方法及原料品质鉴定的依据和标准。

掌握鲜活原料初步加工技术的内容和原则。

掌握干货涨发的目的和要求。

【能力目标】

通过学习具备正确鉴定烹饪原料的能力。

通过学习具备加工各类鲜活原料的能力。

通过学习具备涨发干货的基本能力。

【德育目标】

培养学生正确选择烹饪原料、合理使用烹饪原料，养成不使用腐败变质或被污染的烹饪原料的习惯。

培养学生在原料初步加工过程中尽量利用可食用部分，做到物尽其用，杜绝浪费的习惯。

在干货涨发的过程中，正确选用恰当的方法，确保涨发的质量，做到既节能环保又物尽其用。

【学习重点】

原料品质鉴定的依据和标准。

蔬菜类原料的初步加工工艺步骤。

干货涨发的基本方法。

【学习难点】

烹饪原料的品质鉴定方法和保管方法。

水产品类原料的初步加工工艺步骤。

干货涨发加工的综合方法。

烹饪原料知识、原料初步加工技术、干货原料涨发技术属于烹饪学科里不同领域的知识，原料的使用必须经过初步加工或干货涨发，而初步加工和干货涨发同样离不开对烹饪原料性质、特点的了解，以便使用恰当的初步加工或涨发技术，两者之间是互相联系，不可分割的。

一、烹饪原料知识概述

（一）烹饪原料的概念及化学成分

烹饪原料是烹饪工作的物质基础，是烹饪工作的对象。由于烹饪原料种类繁多、性质各异，因此掌握各类烹饪原料的性质特征及在烹调过程中的变化特点，对指导烹饪、合理运用原料、保证烹饪成品质量具有非常重要的意义，同时对了解烹饪原料的营养特点、指导人们合理摄取营养素也具有非常重要的意义。

1. 烹饪原料的概念

烹饪原料是烹饪过程中所使用的原料，即在烹制各种菜肴、面点、小吃时所使用的具有营养价值的物质资料。常见烹饪原料就是在日常烹饪的过程中使用频率较高的原料。不同的菜系、不同的地域、不同的餐饮企业，其经常使用的原料也有所不同。

2. 烹饪原料的化学成分

烹饪原料中含有蛋白质、脂肪、糖类、维生素、无机盐和水分六大营养素。这六大类营养素性质特点的不同决定了烹饪原料的营养价值的高低，以及在烹饪中的质量变化的差异和储存保鲜过程中的品质区别。烹饪原料中除了这六大营养素外，还含有一些天然色素和一些呈香、呈味物质，这些物质对刺激食欲、增加菜点花色品种起着不可或缺的作用。

在动物性原料中，蛋白质、脂肪和脂溶性维生素含量较多；在植物性原料中，糖类、水溶性维生素含量较多。

植物性原料的颜色主要为叶绿素、类胡萝卜素和花青素等，动物性原料的颜色主要为血红素等。

烹饪原料的颜色有时还与原料在烹饪加工过程中化学成分的变化有关，如原料的褐变反应。褐变反应会改变原料的外观色泽，影响原料的感官效果。

（二）烹饪原料的分类

在实际的生产中，常用的烹饪原料达数千种之多，来源广泛，对原料进行分类，有利于比较系统地了解同一类原料的共性知识和各种不同原料的性质和特点。

目前烹饪原料的分类通常有以下几种方法。

(1) 按原料的来源属性分为：动物性原料、植物性原料、矿物性原料、人工合成原料。

(2) 按原料加工与否分为：鲜活原料、干货原料、复制品原料。

(3) 按商品种类分为：粮食、蔬菜、果品、肉及肉制品、蛋品、水产品、干货制品、调味品等。

(4) 按原料在烹饪中的地位分为：主料（在单一的菜肴中起主要作用的原料）、配料（在单一的菜肴中起配合、点缀、增强感官效果和口味的原料）、料头（在单一菜肴制作中用于增加香味或特殊风味的用量较少的原料）、调味料（在菜肴中调和及确定菜肴口味的原料）等。

（三）烹饪原料的品质鉴定

1. 烹饪原料品质鉴定的概念

菜肴质量的优劣，一方面取决于厨师的烹调技术，另一方面取决于烹饪原料的品质。高品质的菜肴必须以优质的烹饪原料作基础，营养价值高、新鲜度好、符合安全卫生标准，加上合理的烹调加工，才能制作出品质上乘的美味佳肴。

烹饪原料的品质鉴定是依据原料的质量标准，通过一定的检验手段来判断的。

2. 烹饪原料品质鉴定的依据和标准

虽然烹饪原料的种类繁多，形态各异，品质有别，但烹饪原料营养价值、口味质地、新鲜度和卫生状况等是构成原料品质的主要因素。烹饪原料品质鉴定的依据和标准包括以下几个方面。

（1）原料的自然固有品质。它是指原料物种基因所表达的自然品质特点，包括原料的形状、质地、颜色、气味、味道、化学成分属性。如果原料的自然固有品质发生了变化，则说明原料的质量也发生了变化。

（2）原料的纯度和成熟度。原料的纯度是指该种原料占成品的比例，原料的成熟度是指该种原料达到自然成熟状况的程度。原料的纯度越高质量就越好。成熟度应根据具体品种，未熟不可，过熟也不可，要恰到好处。

（3）原料的新鲜度。原料的新鲜度是指原料的组织结构、营养成分、风味特点在采收、销售、运输、储存到使用的过程中质量变化的程度。原料的新鲜度越高，质量越好。原料的新鲜度一般通过原料的外观形态、色泽、水分、重量、质地、气味等感官性状的变化表现出来。

（4）原料的清洁卫生。烹饪原料在使用时必须符合食品卫生标准。所有腐烂变质的原料、被虫蛀鼠咬以及被细菌、寄生虫、病毒污染的原料绝对不能用于烹饪加工中。

3. 烹饪原料在储存中质量的变化

影响原料质量变化的因素分为原料自身生理变化和环境因素，即原料变化的内因和外因。

（1）原料自身的生理作用影响的变化。植物性原料和动物性原料并不因其被采摘和宰杀而停止代谢活动，在没有被烹调加工前其代谢活动还在继续进行，内部还在发生着生理生化反应。

新鲜的蔬菜和水果被采摘之后，组织和细胞中所含的化学物质依然在酶的作用下发生着化学变化。在有氧的情况下，原料中所含的糖类被分解成二氧化碳和水，同时放出热量。由于糖类是蔬菜和水果储存的营养物质，随着这一作用的进行糖类会不断分解使其营养价值降低、味道改变。这一现象在高温或密闭、不能及时散发热量的环境下会更加迅速。

蔬菜和水果采摘后发生的另一个变化是组织的衰老过程的继续，表现为果实进一步的成熟，果肉由硬变软由酸变甜、变烂，或者出现抽苔、发芽现象。尤其在高温湿润的环境下，这一现象更加明显。

新鲜蔬菜除由环境温度过高引起的水分蒸发外，自身新陈代谢也会引发水分蒸发，这种作用会使蔬菜脱水而萎蔫。

宰杀后的畜禽类在自身酶的作用下会相继发生僵直、成熟、自溶和腐败等现象，肉质由硬变软，由富有弹性变为失去弹性，由无异味变为产生腥臭味，由红色变为暗红色、绿色。这种变化的速度与环境温度有关，环境温度越高变化速度越快。

(2) 微生物所引起的变化。无论是动物性原料还是植物性原料，因为含有有机营养物质，都易受到微生物的污染。含蛋白质丰富的肉类原料如果放置时间过长或有破损面时极易受到微生物污染，一旦微生物开始繁殖就会引起蛋白质的分解，使肉类迅速腐败，同时产生难闻的臭味，使肉质的弹性消失、发黏、变色。含糖类较多的植物性原料易发生霉变和发酵的现象。霉变是由于受到霉菌污染，原料生出霉斑。霉变可产生毒素，使原料品质和口味改变，失去食用价值。发酵是原料在微生物的作用下变酸同时产气的现象。储存的原料变酸会使原料产生不正常的气味、质地改变，从而失去食用价值。

(3) 物理因素和化学因素引起的变化。影响原料储存的物理因素包括温度、湿度、光照、空气等。这些因素直接或间接影响原料内部发生生理变化。影响原料储存的化学因素主要是指储存环境中的一些化学离子会与原料内部所含的元素发生反应，严重的可造成人食用后中毒。

4. 烹饪原料的品质鉴定方法

烹饪原料的品质鉴定方法主要有理化鉴定方法和感官鉴定方法两大类。

(1) 理化鉴定。理化鉴定，是运用物理和化学的仪器设备、依据一定的检验标准对原料的质量进行鉴别，包括理化检验和生物检验两种方法。理化检验主要是分析原料的营养成分、风味成分、有害成分等。生物检验可以测定原料有无毒性或生物污染。这种检验方法科学、精确，可信度高，但由于每项检测都需专用设备和专业技术人员进行，成本高且检测时间长，所以在烹饪企业中应用较少。

(2) 感官鉴定。感官鉴定是通过人的感觉器官，根据原料的固有品质对所使用原料的质量进行鉴别，包括视觉鉴别、嗅觉鉴别、味觉鉴别、听觉鉴别、触觉鉴别。

①视觉鉴别。它是指用人的眼睛对原料的形态、色泽变化进行观察，判断其质量的优劣。这种方法适用于所有的原料。

②嗅觉鉴别。它是指用人的鼻子对原料的气味进行辨别，判断其是否变质。

③味觉鉴别。它是指用人的舌头对原料的味道进行辨别，判断其是否变质。

④听觉鉴别。它是指用耳朵来倾听对原料拍击或摇动后所发出的声音，甚至活的原料所发出的声音来判断原料是否变质。

⑤触觉鉴别。它是指用人的手来检验原料的重量、质地（弹性、韧性、脆嫩度、细腻度等）来判断其质量的优劣。

以上五种感官鉴别的方法用于实际工作中往往是几种方法同时使用，而不是使用单一的某种方法。几种方法的共同使用可以使鉴定的结果更加全面客观、准确。感官鉴别方法因其简便、易行、迅速而在烹饪行业中被长期使用，它的适用范围广泛，只要对原料的固有品质掌握准确，对原料在储存中可能发生的变化了解深刻，就可以及时地判断出原料的质量状况。但感官鉴别也有它的局限性，若原料被化学物质或病毒污染，就很难用感官鉴别的方法判断出来。

（四）烹饪原料的保管方法

1. 低温储存法

低温储存法是指在低温的状态下（通常在15℃以下）保存原料的方法。低温储存法的原料在于一方面低温可以抑制微生物的繁殖，另一方面可以抑制酶的活性，减弱原料中化学反应的速度，减少营养物质的降解。低温储存包括冷藏法和冷冻法两种方法。

（1）冷藏法。冷藏法是指将原料置于0℃～10℃的环境中储存。这种方法适用于蔬菜、水果、鲜蛋和牛奶，以及鲜肉、鲜鱼的短时间储存。冷藏储存中原料内部的生理活动还在继续进行，微生物也能够繁殖，因此储存时间极为有限，最多不超过一个星期，否则原料不能保持其新鲜的品质。

（2）冷冻法。冷冻法是指将原料置于冰点以下（0℃以下）环境中储存。这种方法适用于畜禽类、鱼类等肉类原料的储存。此种方法保存过的食品需解冻才可使用，解冻的方法有自然解冻、流水解冻、浸泡解冻和微波解冻。

2. 高温储存法

高温储存法是指将原料高温加热灭菌后继续储存的方法。高温储存法的原理是，采用高温加热的方式一方面杀死了原料内部的微生物，另一方面使酶的活性失去作用、细胞内部的生理分解作用停止，抑制原料的变质。高温储存法包括高温灭菌法和巴氏灭菌法两种方法。

（1）高温灭菌法。高温灭菌法是利用100℃～120℃的高温将原料加热、杀死所含的微生物后再继续储存的方法。这种方法一般适用于肉类。

（2）巴氏灭菌法。巴氏灭菌法是指将原料放在60℃下加热30分钟杀死有害微生物的方法。这种方法一般适用于啤酒、果汁、酱油和鲜奶的保鲜。

3. 干燥储存法

干燥储存法又称为脱水储存法，是将原料晾干或烘干进行干燥脱水后储存的方法。干燥储存法的原理在于脱水时细胞内渗透压增高，从而抑制微生物的生长。此种方法一般用于制作干货制品原料。

4. 腌渍储存法

腌渍储存法是指将原料置于高浓度的盐溶液、糖溶液或酸溶液中浸渍，使原料内部浸透溶液，细胞内渗透压增大，微生物细胞内水分渗出，影响其正常代谢活动，从而抑制微生物生长、延长原料的储存时间。这种方法一般用于制作腌渍类原料，可产生特殊风味。

5. 烟熏储存法

烟熏储存法是将盐腌渍过的原料利用木柴不完全燃烧产生的烟进行烟熏后进行储存的方法。由于烟中含有酚类物质，可以起到杀菌的作用，盐腌时又杀死了一部分细菌，因此，应用这种方法加工的原料可以储存的时间较长，同时还具有特殊的风味。

6. 密封储存法

密封储存法是将原料严密封闭在容器内，使其与外界隔绝，防止原料被污染和氧化的方法。

二、鲜活原料初步加工技术概述

鲜活原料是指新鲜的动物性、植物性原料（动物性原料有时是活的）。这些原料一般都不能直接用于烹制菜肴，必须按原料的不同种类、性质分别宰杀、洗涤和初步整理，这个过程称为原料的初步加工。

（一）鲜活原料初步加工的概念

鲜活原料的初步加工是指将鲜活原料由毛料形态变为净料形态的加工过程。

（二）鲜活原料初步加工的内容

由于鲜活原料的种类很多，初步加工的方式方法也就不少，其内容如下。

(1) 宰杀。其要求将活的原料尽快杀死。

(2) 洗涤。其要求去除所有污物，使原料洁净。

(3) 剖剥。其要求除去不能使用的废料。

(4) 拆卸。其要求将原料按性质、用途分割及分类。

(5) 整理。其要求将原料形状修整至美观、整齐。

(6) 剪择。用手或剪刀、小刀等工具加工出蔬菜净料。

（三）鲜活原料初步加工的原则

鲜活原料种类多，加工方法各异，但是各种原料在加工时都应遵循以下的共同原则。

(1) 必须符合食品卫生的要求。建立卫生安全的监督与检查制度，相关操作人员具备较强的责任心与过硬的技术，设施和加工场地必须达到以下的要求，以确保食品原料卫生安全。

①设备用具备齐，用水方便。

②完全熟悉加工方法和及时掌握新的加工方法。

③保持工作环境的清洁卫生，防止二次污染。

(2) 尽可能保存原料的营养成分。掌握科学合理的加工方法是减少营养成分损失的根本。

(3) 原料的形状应完整、美观。保持原料形状的完整美观的要点是清楚原料各部分的用途，下刀要准确，操作要熟练，还要注意配合切配和烹调的需要。

(4) 菜肴的色、香、味不受影响。

(5) 节约用料。在初步加工过程中，既要确保净料的质量，又要避免净料率降低而影响成本，所以，在加工过程中应注意以下几点。

①严格按操作规范进行加工，准确下好每一刀。

②动手加工前必须明确质量的要求。

③注意选择合适的材料，切忌大材小用、精料粗用。

④注意充分利用副料的使用价值。

（四）蔬菜的初步加工工艺

1. 蔬菜初步加工的基本要求

根据蔬菜的共同特点，其初步加工应符合以下基本要求。

(1) 老的、腐烂的和不能食用的部分必须清除干净。

（2）洗去虫卵、杂物和泥沙，注意清除残留的农药。

（3）要先洗后切，防止营养素的流失。

（4）尽量利用可食用部分，防止浪费。

（5）加工后应合理放置，妥善保管。

（6）根据烹调的需要按规格、用量进行加工。

2. 蔬菜初步加工的方法

（1）浸洗。浸就是把蔬菜放在水中浸泡。浸泡能使泥沙杂物松脱，令残留的农药渗出；若水中添加某些溶质（如高锰酸钾、食盐）时，浸泡便起到杀菌除虫的作用。洗就是洗涤，浸和洗往往是在一起完成的。

（2）剪择。剪择就是用剪刀或用手摘，去掉废料，再把蔬菜加工成规定的形状，分类放置好。

（3）刮削。刮削是用刀或瓜刨去除蔬菜的粗皮或根须。

（4）剔挖。剔挖是用尖刀清除蔬菜凹陷处的污物，掏挖瓜瓤。

（5）切改。切改是用刀把蔬菜净料切成需要的形状。

（6）刨磨。刨磨是用专用的和特种的刨具把蔬菜刨成丝、蓉、片或磨成蓉状。

（五）水产品的初步加工工艺

1. 水产品初步加工的基本要求

各类水产品的加工方法不尽相同，各有其具体的要求，但所有水产品的加工方法都应符合以下的基本要求。

（1）除尽污秽杂质，满足食品卫生要求。

（2）按品种特点和用途选择正确的加工方法。

（3）注意水产品成形的整齐与美观。

（4）合理选用原料，节约成本。

（5）不能弄破苦胆。

2. 鱼类初步加工的方法

鱼类的初步加工方法经过以下步骤。

（1）放血。放血的目的是使鱼肉质洁、无血污、无腥味。

放血的方法是左手将鱼按在砧板上，令鱼腹朝上，右手持刀，在鱼鳃的鳃盖口下刀，刀滑至鱼鳃，切断鳃根，随即将鱼放进水盆中，让鱼在水中挣扎，使血流尽。还有一种方法是先斩掉鱼尾，然后将鱼头斩下，把水管插进鱼喉，通水后，鱼血便随水从鱼尾冲出。

（2）打鳞。用鱼鳞刨刀从鱼尾部向头部刨出或刮出鱼鳞称为打鳞。

打鳞时不可弄破鱼皮，特别是刀刮鱼鳞时更要注意安全，精神要集中，因为打鳞需要逆刀进行，极容易伤及按鱼头的手。鱼鳞要打干净，尤其是尾部、头部或靠近头部、背鳍的两侧、腹鳍两侧等部位。打鳞后要注意检查鱼皮上是否有鱼鳞残留。

（3）去鳃。鱼鳃既腥又脏，必须去除。去鳃时，一般可用刀尖剔出，或者用剪刀剪除，也可用手挖出，有时需用坚实的筷子或竹枝夹住再从鳃盖中或口中拧出。

（4）取内脏。取内脏的方法有三种。

①开腹取脏法（腹取法）。在鱼的胸鳍与肛门之间直切一刀，切开鱼腹，取出内脏，

刮净黑腹膜。这种方法简单、方便、快捷，使用最广泛，但易弄穿鱼胆，须谨慎。

②开背取脏法（背取法）。沿背鳍下刀，切开鱼背，取出内脏及鱼鳃。可根据需要取出脊骨和腩骨。这种方法在视觉上可增大鱼体，美化鱼形，并能除去脊骨和腩骨。

③夹鳃取脏法（鳃取法）。在鱼肛门前1厘米处横切一刀，然后用竹枝、粗筷子或专用长铁钳从鳃盖插入，夹住鱼鳃缠扭，在拧出鱼鳃的同时把内脏也拧出。这种方法能最大限度地保持鱼体外形的完整，常用于原条使用的名贵鱼种。

（5）洗涤整理。取内脏后，继续刮净黑腹膜、鱼鳞等污物，整理外形，用清水冲洗干净。

3. 虾蟹的初步加工方法

（1）龙虾。用竹签由尾部插向头部，令龙虾排尿。扭断龙虾，切断虾尾。作碎件用的，将龙虾身斩成大碎块即可；起肉使用的，切开虾腹，便可将龙虾肉取出。

（2）虾。作白灼用的，洗净即可，取虾肉时剥去虾头、壳和尾，取出虾肉。作酿用的可将剪好的虾在腹部顺切开口即可。作直虾（广东方言，指油炸）用的，剥去虾头、虾壳、留下虾尾，挑去虾肠，在腹部横切三刀，深约三分之一。煎、焗用的需要将虾剪净，方法步骤为：①剪虾须、虾枪。②挑虾肠。在虾头后和尾部分别挑断虾肠，再从中间挑出。③剪水拨和虾足。④剪三分之一尾和尾枪。

（3）蟹。宰蟹时先将蟹背朝下，放在砧板上，用刀尖往蟹厣部戳进，令蟹死亡；将蟹翻转，用刀身压着蟹爪，用手将蟹盖掀起，削去蟹盖弯边及刺尖；膏蟹取出蟹黄，放好；刮去蟹鳃，切去蟹厣，取出内脏，洗净。原只用时将蟹戳死后用刷子将蟹身洗刷干净即可。

（六）禽类的初步加工工艺

1. 禽类初步加工的基本要求

基本要求如下。

（1）割喉放血位置要准确，刀口越小越好，确保顺利放血和活禽迅速死亡。

（2）让血流尽。

（3）烫毛水温要合适，禽毛要褪净。

（4）取出内脏。

（5）将禽体及内脏的血水和污物清理干净。

（6）用于整料出骨、起肉的活禽，注意选择好用料，以保证加工质量和节约用料。

2. 宰杀活禽的步骤方法

步骤方法如下。

（1）割喉放血。

（2）烫泡褪毛。

（3）开膛取内脏。

（4）洗涤，整理内脏。

（七）畜类的初步加工工艺

餐饮企业一般不宰杀猪、牛、羊等大型家畜，因此本书只对畜类内脏的初步加工工艺进行介绍。

畜类内脏的清洗方法如下。

(1) 翻洗法。将肠、肚向外翻出清洗。肠和肚里面有消化物，污秽且油腻，如果不翻转就无法清洗干净。

(2) 搓洗法。加入食盐或明矾搓揉内脏，或者再加入姜、葱、酒、香油、生粉搓揉内脏，然后用清水洗涤。这种方法能去除黏液、油腻、污物及腥臭味，常用于清洗肠、肚。

(3) 烫洗法。把初步清洗过的内脏放进热水中略烫，使黏液凝固、白膜收缩松离。这种方法便于清除黏液和刮除白膜，同时能在一定程度上去除腥臭异味。肚常用此法清洗。用做爽肚的猪肚蒂和牛双玄不用此法。使用此法须注意水温，不同内脏所用水温不同。

(4) 刮洗法。用刀刮去内脏表面污物。这种方法通常要配合烫洗法进行。

(5) 灌洗法。将清水灌进内脏内，当挤出水分时，把污物同时带出。这种方法常用于清洗猪肺、牛肺。

(6) 挑洗法。脑和脊髓十分细嫩，表面有一层血筋膜，直接放在水中冲洗会使其破损，因此宜用牙签或小竹枝轻轻挑出血筋膜，再用清水轻轻冲洗。这种方法叫挑洗法。

三、干货原料涨发技术概述

干货原料一般采用阳光晒干、自然风干、以火烘干、石灰炝干或盐腌等方法脱水干制而成。干货具有便于储存、运输方便、别有风味的特点。但它与鲜活原料相比，具有质地干、硬、老、韧的特点，干货原料自身的特性决定了它不能直接用于烹调，而必须先进行涨发加工。

(一) 干货涨发的概念

干货涨发是指使干货原料重新吸收水分，最大限度地恢复原状，同时去除异味、不能食用部分和杂质的工艺过程。

(二) 干货涨发加工的目的与要求

目的及要求如下。

(1) 使干货吸水回软，尽可能恢复原状。

(2) 改变原来的质地，方便食用。

(3) 去除干货的腥臭异味，去除不可食用的部分和杂质。

(三) 干货涨发加工的基本要领

由于干货原料的种类繁多，产地不一，品质复杂，加上干制的方法多种多样，性能也就各不相同，涨发加工方法也必须因品种性能而异。一般来说，干货的涨发加工，首先要注意掌握如下基本要领。

(1) 熟悉干货原料的特性和产地，以便选用合理的涨发方法。

(2) 掌握干货原料品质的新旧、老嫩、好坏之分，在采用加工方法和掌握涨发时间上都有差别，应区别对待。

(3) 熟悉涨发步骤，留意涨发过程的关键环节。

(4) 注意保存良好的滋味，清除不良的气味。

(5) 要懂得干货原料的质地要求及涨发程度要求。

(6) 尽量提高涨发的成率。

(7) 做好保管工作。

(四) 干货涨发加工的方法及原理

1. 水发

水发是把干货原料放到水中进行涨发。水发利用水的渗透作用，使干货原料重新吸收水分，尽量恢复原有状态，使质地柔软。大部分的干货原料无论使用何种涨发方法，都会经过水发这一过程。

水发又可分为冷水发、热水发和碱水发三种。

(1) 冷水发。冷水发就是把干货原料放入清水中让其自然吸收水分回软的方法。冷水发主要是利用水的浸润作用，让干货原料中的蛋白质和纤维素吸水膨胀，使干货回软，恢复原状。冷水发又可分为浸发和漂发两种。

浸发是把原料放在清水中，使其自然吸水回软恢复原状的方法。该方法多适用于一些质地比较松软，易于吸水膨润的干货原料。浸发也会与其他涨发加工方法结合使用。

漂发就是把干货原料置于不循环、流动的清水中，除去原料异味、杂质、油脂和泥沙的方法。一般经油发、碱发或灰臭味较重的原料需进行漂发。

(2) 热水发。热水发就是将经冷水浸发后的干货原料用热水涨发回软。热水发主要利用热力的加速渗透、热胀等作用使干货原料中的蛋白质、纤维素吸水回软。热水能在涨发过程中改变原料的质地，变硬为软，变老为松嫩。温度越高，浸发时间越长，热水发作用就越大。一些坚硬、老韧、胶质较重的动物干货原料，必须使用热水发才能使其回软。根据热水的用法不同，热水发又分为以下四种。

①泡发。泡发是指将干货原料放进热水或沸水中吸水回软的方法。该方法适用于各种菌类、粉丝、干果仁等形体较小的原料。在天气冷的时候用得较多。

②焗发。焗发是把干货原料放进热水或沸水中，并加盖，使干货原料在散热较慢的环境里加速吸水涨发回软的方法。原料在焗发前应先浸发。焗发通常是某些原料涨发过程的一道工序，和其他涨发方法结合使用。

③煲发。煲发是把干货原料放入锅内热水中连续加热，促进干货原料吸水回软，并可去除异味、杂质的方法。此法适用于特别坚硬或老韧、杂质较多、异味较重的动物干货原料。原料在煲发前需经过浸发，有的还要经过焗发。一般和其他涨发方法结合使用。

④蒸发。蒸发是将干货原料洗净或稍浸发后放入器皿内，加入汤水和调味料，用蒸汽加热使其回软的方法。蒸发能较好的保持原料的原味和原状。适用于瑶柱、虾干、带子等易碎烂又不能失去原味的海味干货原料的涨发。

(3) 碱水发。碱水发就是指干货原料先用清水浸软后，再放进食用纯碱液或笕水的溶液中浸泡，使其去韧回软，最后用清水漂净碱味的方法。碱水发利用的是纯碱的电离和腐蚀作用。在水的浸润作用下，使干货原料带上电荷，加速亲水作用，充分吸水回软并适度除韧。干货原料放在纯碱溶液中，碱会对表面膜腐蚀，方便水对干货原料的渗入；稀碱溶液中的氢氧根离子能破坏蛋白质的一些负键，使蛋白质轻度变性，这样就使肌肉纤维结构松弛，也有利于碱水的渗透和扩散。碱能促使油脂的水解，消除油脂对水分扩散的阻碍，加快水分渗透和扩散的速度，同时，碱溶液能使蛋白质的亲水基团大量暴露，从而使蛋白质的亲水性大大增强，加快干货原料吸水，令其体积膨润。经过碱发的原料，体积会比一般浸发的大几倍。碱发后的原料放在清水漂洗时，由于渗透的原理干货仍然会继续膨胀。碱水发只适用于一些特别坚韧，用一般浸发方法不能完全涨发的干货原料。碱水发在操作过程中要注意以下几点。

①必须根据原料质地性能确定用碱分量。

②掌握碱水浸发的时间，干货透身即可。

③涨发后必须用清水漂清碱味。

④禁止使用有致癌作用等有损身体健康的碱性物质。

2. 油发

油发又称炸发，就是用油将干货原料炸透，使其达到膨胀、疏松、香脆的状态。油发是通过油的传热，使干货原料中的结合水受热汽化膨胀和蛋白质胶体颗粒受热膨胀并定型，经水浸润后便可回软。油发需结合碱水发和漂发，适用于一些胶质比较重的动物性干货原料。

3. 盐发和沙发

盐发和沙发一般由干货加工企业完成，是利用粗盐或沙砾的高温来涨发原料，达到疏松质地的目的。其涨发的效果在色泽、膨胀度、疏松度等方面比油发更佳，适用的原料同油发。

4. 火发

火发就是把干货原料放在火上烧或烤焙。凡是表皮带有厚毛或有棘皮的干货原料，在水发前应先用火烧一烧，用刀刮去焦皮。火发是一种辅助的涨发方法，平时使用不多，一般和其他涨发方法结合使用。

（五）干货涨发加工的综合方法

干货原料品种多种多样，形状复杂，涨发加工需要综合运用。有些干货原料只需一种方法便可完成涨发，但也有一些干货原料需要几种方法结合才能完成。根据干货涨发的加工实例，可有以下几种综合加工方法。

1. 浸焗法

这是由浸发与焗发结合使用的涨发加工方法。采用这种方法加工的干货原料通常是广肚、花胶、燕窝、蛤士膜油等蛋白质凝胶较丰富的干货原料。

2. 浸焗煲法

这是由浸发、焗发和煲发结合一起使用的涨发方法。这种方法适用于涨发鱼翅、海参、鱼唇等海味干货原料。

3. 浸煲法

这是由浸发与煲发结合一起使用的涨发加工方法。适用于这种方法的干货原料不多，较典型的是鲍鱼。

4. 炸浸法

这是将油发与浸发结合一起使用的涨发加工方法。此法适用于涨发鱼肚、蹄筋、花胶等干货原料。

5. 烧浸焗煲法

烧就是火发。烧浸焗煲法就是先用火发，然后再浸、焗、煲，是四种方法一起结合使用的方法。一些有毛发或表皮异味较重又不易去掉的干货原料，就要采用这种方法，如海参。

本章小结

本章介绍了烹饪原料知识、鲜活原料的初步加工技术、干货原料的涨发加工技术等内容，尤其对烹饪原料的品质鉴定及保管方法、各类鲜活原料的初步加工技术，以及干货原料的涨发方法进行了重点和详细的介绍。通过本章学习学员可掌握烹饪原料知识、鲜活原料的初步加工技术、干货原料的涨发加工技术等方面的基本知识，为以后各章节的学习奠定坚实的基础。

思考题

一、概念理解题

1. 烹饪原料中含有________、________、________、________、________、________六大营养素。

2. 烹饪原料按原料在烹饪中的地位分为________、________、________、________等四种原料。

3. 原料的新鲜度一般通过原料的外观________、________、________、________、________等感官性状的变化表现出来。

4. 鲜活原料初步加工的内容包括________、________、________、________、________、________等六方面内容。

5. 蔬菜初步加工的方法有________、________、________、________、________、________等六种方法。

6. 鱼类取内脏的方法有________、________、________等三种方法。

7. 畜类内脏的清洗方法有________、________、________、________、________、________等六种方法。

8. 干货涨发是指使干货原料__________，最大限度地__________，同时去除__________、不能食用部分和__________的工艺过程。

二、技能应用题

1. 如何运用感官鉴定法鉴别瘦肉的新鲜度？

2. 冷藏保管法与冷冻保管法有何区别？

3. 请运用鱼类的初步加工相关知识叙述鲩鱼的宰杀过程。

4. 如何宰杀螃蟹？

5. 你认为干鱿鱼应该用哪种涨发方法来涨发，请说明理由。

6. 试用干货涨发加工的综合方法来分析鱼肚的涨发过程。

第二章　谷物类原料

【知识目标】

掌握谷物类原料的品质鉴定方法及营养食疗价值。

【能力目标】

通过学习具备正确挑选谷物类原料的能力。

【德育目标】

培养学生在使用谷物类原料过程中不浪费粮食、爱护粮食的习惯。

【学习重点】

谷物类原料的营养食疗价值。

【学习难点】

谷物类原料的品质鉴定方法。

一、概　述

中国是农业大国，千百年来形成了以谷物作为主食的饮食习惯。一方面谷物易消化，口味清淡，无腻口感；另一方面由于谷物中含有丰富的碳水化合物，是人体能量最经济的来源，也是中国悠久历史中最传统的主要食品。谷物在人们的日常饮食结构中占有很重要的地位，尤其是大米、面粉等更是人们每天不可缺少的食物。

二、谷物类原料的概念及化学成分

谷物通常又称粮食，属植物性原料，为谷类和豆类的总称，是以子实作为人们主食的一类作物，包括稻、小麦、大麦、玉米、高粱、小米等品种及其制品。

谷物类原料中含有丰富的淀粉，是人体能量的主要来源，可以满足人体对碳水化合物的需要。除此之外，谷物类原料中还含有蛋白质、脂肪、维生素和矿物质。面粉中含有的蛋白质称为面筋质，由麦醇蛋白和麦谷蛋白构成，不溶于水，但遇水可以膨胀成为具有弹性和黏性的面筋。面筋质的含量决定面粉的等级和面粉制品加工工艺的质量。面筋质分布于小麦胚乳的心部。谷类原料中的脂肪主要分布于豆类的子叶和谷类的胚中。谷物中维生素和矿物质含量较少，分布于胚中，通常在加工时被除去，但小米中B族维生素和矿物质含量较多。

三、谷物原料的分类

谷物原料可以分为谷类原料及其制品、豆类原料及其制品两大类。

谷类原料包括稻、小麦、玉米、高粱、小米、大麦、青稞、荞麦等品种。

豆类原料包括大豆、绿豆、红豆、蚕豆、豌豆等品种。

四、谷物原料在烹饪中的应用

谷物原料在烹饪中的应用包括：

(1) 可做主食、糕点、小吃食用。

(2) 可应用于菜肴中做辅料。

(3) 可用于生产调味品。

(4) 谷物类的加工制品可用做菜肴的主料和配料。

五、常用谷物类原料及其制品

(一) 谷类原料

1. 大米

稻为禾本科植物，生长于热带和亚热带地区，是世界上最重要的粮食作物。我国栽培的多为水稻，产量居世界第一位，主要产区在长江流域和华北，东北也有出产。稻的品质很多，据不完全统计可达 4 万～5 万个。将稻粒碾制脱壳后称为大米。稻谷按粒形和粒质可分为籼稻、粳稻和糯稻。大米按粒质可以分为籼米、粳米和糯米。

(1) 籼米。

① 产地、特征、应用。籼米是我国大米中产量最大的一种，由籼稻加工而成，主要产于四川、湖北、湖南、广东等地。籼米粒形细长、多为半透明。米质较疏松、硬度小、耐压性差，易碎。含有直链淀粉较多，胀性大、黏性小，出饭率高，口感干，饭粒比较完整，容易散开，翻动轻松，但冷却后易回生。烹饪中常用于制米饭、粥和米粉。用籼米粉调制的粉团可用于发酵。

②营养食疗价值。籼米性味甘，微温，有补中益气、健脾养胃、益精强志、和五脏、通血脉、聪耳明目、止烦、止渴、止泻的功效。

籼米是提供 B 族维生素的主要来源，是预防脚气病、消除口腔炎症的重要食疗资源；米粥具有补脾、和胃、清肺功效；米汤有益气、养阴、润燥的功能，能刺激胃液的分泌，有助于消化，并对脂肪的吸收有促进作用，是补充营养素的基础。

(2) 粳米。

①产地、特征、应用。粳米主要产于东北、华北和江苏等地。粳米由粳稻加工而成，粒形短圆，色泽腊白，透明和半透明的较多。米质较紧密、硬度大、耐压性好、不易碎。用粳米做出的米饭胀性和黏性适中、口感柔润细腻、味道好、出饭率低于籼米，冷却后不易变硬。用东北米制作的米饭尤为软绵适口。其粉团通常不用于发酵。

②营养食疗价值。粳米能养胃气、长肌肉，有补脾胃、养五脏、壮气力的良好功效。粳米中的蛋白质虽然只占 7%，但因吃量很大，所以仍然是蛋白质的重要来源。粳米所含

人体必需氨基酸也比较全面，还含有脂肪、钙、磷、铁及B族维生素等多种营养成分。

粳米米糠层的粗纤维分子有助胃肠蠕动，对胃病、便秘、痔疮等疗效很好；粳米能提高人体免疫功能，促进血液循环，从而减少患高血压的机会；粳米能预防糖尿病、脚气病、老年斑和便秘等疾病；粳米中的蛋白质、脂肪、维生素含量都比较多，多吃能降低胆固醇，减少心脏病发作和中风的概率；粳米可防过敏性疾病，因粳米所供养的红细胞生命力强，又无异体蛋白进入血流，故能防止一些过敏性皮肤病的发生。

(3) 糯米。

①产地、特征、应用。糯米又称江米、元米、酒米，全国各地均产。糯米由糯稻加工而成，粒形细长或短圆，色泽乳白、不透明（成熟后有透明感），硬度低，所含淀粉几乎全是支链淀粉，因此黏性大、胀性小，口感细润滑腻，出饭率低。其一般不做主食，通常制作小吃、点心，还可酿制米酒。糯米粉可用于作元宵、汤圆、打糕等点心，其粉团因黏性大，不用于发酵。

②营养食疗价值。糯米含有蛋白质、脂肪、糖类、钙、磷、铁、维生素B_1、维生素B_2、烟酸及淀粉等，营养丰富，为温补强壮食品，具有补中益气、健脾养胃、止虚汗之功效，对食欲不佳，腹胀腹泻有一定缓解作用。

(4) 大米的初步加工。

大米在使用前只需用清水淘洗即可，淘洗的次数视米质的好坏而定。普通大米使用前在水中淘洗会流失大量的营养成分，蛋白质、钙、铁均有不同程度的损失，尤其是维生素B_1损失可达30%左右。因此，大米淘洗时尽量不要淘洗太多次数。大米中的维生素B_1可以预防脚气病。

2. 小麦和面粉

(1) 小麦。

①产地、分类、应用。小麦为禾本科植物，为世界上分布最广泛、栽培最多的粮食作物。我国种植的小麦品种很多，如普通小麦、圆锥小麦、硬粒小麦、东方小麦等。小麦按播种季节可分为冬小麦和春小麦，冬小麦生长时间长，质量优于春小麦。按粒质可分为硬麦和软麦，硬麦胚乳坚硬，蛋白质含量高，可用于磨制高级面粉；软麦胚乳粉质松软、面筋质含量低、淀粉含量高，适于制作饼干和糕点。小麦可用于制作甜品或煮粥。将小麦磨制后即成面粉。

②营养食疗价值。小麦味甘，性凉。小麦具有养心安神，除烦、解热功效。小麦富含淀粉、蛋白质、脂肪、矿物质、钙、铁、硫胺素、核黄素、烟酸及维生素A等。因品种和环境条件不同，营养成分的差别较大。

③初步加工。小麦在使用前可以用清水浸泡、淘洗。

(2) 面粉。

①产地、分类、应用。面粉按加工精度和用途不同，可分为等级粉和专用粉。

等级粉可分为特制粉、标准粉和普通粉。特制粉又称富强粉、精粉，色白、麸含量少，面筋质含量不低于26%、筋性足，质量最好。用特制粉调制的面团有筋力，最宜制作各种面包、花色蒸饺等需要筋力大的面点。标准粉麦麸含量多于特制粉，色稍黄，面筋质含量不低于24%，质量较好。用标准粉调制的面团筋力低于特制粉，适宜制作中档面点及筋力要求稍低的面点品种。普通粉麦麸含量高于标准粉，色较黄，面筋质含量不低于22%，是等级粉中质量最差的面粉。用普通粉调制的面团筋力低，可用来制作一般大众面点。面粉是我国黄河流域及其以北地区的主粮，可制作多种面食品，南方地区多用于制作各种糕点、小吃。某些用面粉加工成的原料是制作菜肴的主要原料（如面筋），面粉还是上浆挂糊的主要原料之一。

专用粉是利用特殊品种小麦磨制而成，或在等级粉的基础上根据不同的使用目的互相混合或加入添加剂后制成的面粉。如面包粉、饺子粉、饼干粉、汤用粉、自发粉等。

②营养价值。面粉最大程度地保留了小麦中的蛋白质、面筋质、胡萝卜素、碳水化合物、钙、磷、铁、维生素 B_1、维生素 B_2 等各种营养物质。

③初步加工。面粉不需初步加工，直接使用。

3. 玉米。

(1) 产地、分类、应用。玉米又称玉蜀黍、苞米、苞谷、棒子，为禾本科植物玉蜀黍的种子。玉米全国都有种植，以东北、河北、山东、四川为主要产区。玉米品种很多，按颜色分有黄玉米、白玉米、杂色玉米；按粒形、粒质分有硬粒型、马齿形、粉质型、爆裂型等类型。其中以硬粒型和马齿形栽培较多。硬粒型多用做粮食，马齿形多用做制淀粉和酿酒。玉米营养丰富，胚乳中含有大量的淀粉和蛋白质，胚中含有多量的脂肪可提炼玉米油。玉米中的维生素，如尼克酸、胡萝卜素、B族维生素也有一定含量。玉米在烹饪中可做饭、煮粥、制甜羹、磨成粉可制窝头、丝糕和粉冻。近年来新研制的糯性玉米又称黏苞米，多在青时煮食，味甜糯可口。

(2) 营养食疗价值。玉米味甘，性平，能调中健胃，利尿。可用于治疗脾胃不健、食欲不振、饮食减少、小便不利、水肿、高血脂症、冠心病等症。

玉米可利用能量高，玉米的粗脂肪含量高，另含矿物质元素和维生素等；玉米中还含有大量镁，镁可加强肠壁蠕动，促进机体废物的排泄；玉米成熟时的花穗玉米须有利尿作用，也对减肥有一定疗效。

(3) 初步加工。玉米在使用前可用清水浸泡、淘洗，也可干爆。

4. 小米。

(1) 产地、分类、应用。小米又称粟米，为禾本科植物粟的种仁。小米在我国栽培历史悠久，主要产于山东、河北、西北和东北地区。小米按谷粒的颜色可分为白色、黄色、褐色、黑色、红色、灰色；按粒质可分为粳粟和糯粟。小米富含淀粉，营养价值较高，所含的硫胺素和核黄素比大米和面粉都多，还含有少量的胡萝卜素。在烹饪中小米可制作干饭、稀粥，也可以磨粉制糕点。

(2) 营养食疗价值。小米性味甘咸、凉（陈粟米性苦寒），能和中益肾、除热、解毒，可治脾胃虚热、反胃呕吐、消渴、泄泻等症。

小米内含有多种对性有益的功能因子，能壮阳、滋阴、优生；小米因富含维生素 B_1、B_{12} 等，具有防止消化不良及口角生疮的功效，还具有滋阴养血的功能，可以使产妇虚寒的体质得到调养，帮助她们恢复体力，具有减轻皱纹、色斑、色素沉着的功效。

(3) 初步加工。小米在使用前可用清水浸泡、淘洗。

(二) 谷类原料制品

1. 米线

(1) 特征、应用。米线又称米粉、粉干，是以大米为原料，经过洗米、浸泡、磨浆、搅拌、蒸粉、压条、干燥等工序制成的粉丝状米制品。以福建的“兴化粉”、广东的“沙河粉”、江西的“石城粉干”较为著名。米线可作主食或小吃，可炒、煮、蒸、扒、拌、炸、泡、火锅等。

(2) 营养价值。米线能保持大米的主要营养成分。

(3) 初步加工。米线鲜制品可直接使用，不需初步加工；干制品使用前应先用温水浸泡涨发，沥干水分后再使用。

2. 面筋

(1) 特征、应用。面筋又称百搭菜、面根，是将小麦面粉加水和成团，然后在水中揉洗，除去淀粉后得到的一种浅灰色、柔软而有弹性的胶状物。刚洗出的面筋称生面筋。将生面筋经保温发酵后放入盘中蒸熟即为烤麸。将生面筋捏成扁平状，缠在筷子上，煮熟后抽出筷子即为素肠。将生面筋摘成小块，经油炸后成为蓬松酥脆的油面筋。用面筋制作的菜品很多，可以单独使用或与荤料配合使用，烧、扒、烩、煮、焖、酿、火锅均可。使用时不需初步加工，可刀工处理后直接使用。

(2) 营养食疗价值。面筋性凉寒，宽中，益气。面筋的营养成分尤其是蛋白质含量，高于瘦猪肉、鸡肉、鸡蛋和大部分豆制品，属于高蛋白、低脂肪、低糖、低热量食物，还含有钙、铁、磷、钾等多种微量无素，是传统美食。

(3) 初步加工。面筋可直接使用或切块使用；也可以先用浓度较低的筧水溶液将油分漂洗干净，再切块使用。

3. 粉丝

(1) 特征、应用。粉丝又称粉条、粉干，是用绿豆、土豆、地瓜、玉米等淀粉加工成的条状或丝状制品，通常把粗者称为粉条、细者称为粉丝、扁者称为宽粉、湿者称为水粉。粉丝透明而有光泽，在烹饪中可以作为菜肴的主料或配料，适宜于多种烹调方法，如烧、炒、拌、煮、汆、滚汤、甜品均可。粉丝条细均匀，形如银丝、透明光亮、弹性好，韧性强的绿豆粉丝为粉丝中的上品，被誉为“玻璃粉丝”，其中以山东的龙口粉丝较为著名。

(2) 营养价值。粉丝的营养成分主要是碳水化合物、膳食纤维、蛋白质、烟酸和钙、镁、铁、钾、磷、钠等矿物质。粉丝有良好的附味性，它能吸收各种鲜美汤料的味道，再加上粉丝本身的柔润嫩滑，更加爽口宜人。凉拌更佳。

(3) 初步加工。粉丝在使用前必须先用温水浸泡涨发。

六、常用豆类原料及其制品

(一) 豆类原料

1. 大豆

(1) 产地、特征、应用。大豆为豆科植物，又称黄豆、毛豆，是我国自古以来就栽培的作物，全国普遍种植，以长江流域和西南栽培较多，以东北大豆质量最好。大豆的品种很多，按皮的颜色可分为黄豆、青豆、黑豆。通常将其嫩豆荚称为毛豆。未成熟的大豆称青豆或毛豆，可用做菜肴的配料，成熟的大豆煮的汤是制作素高汤的原料。可做主、配料。适用的烹调方法有煮、焖、煲、炒、拌、焗等。大豆还可用来发豆芽，作为蔬菜使用。

(2) 营养食疗价值。大豆味甘、性平，具有健脾益气宽中、润燥消水等作用，可用于治疗脾气虚弱、消化不良、疳积泻痢、腹胀、羸瘦、妊娠中毒、疮痈肿毒、外伤出血等症。大豆是豆类中营养价值最高的品种，在百种天然的食品中，它名列榜首，含有大量的不饱和脂肪酸，多种微量元素、维生素及优质蛋白质，大豆的蛋白质所含氨基酸较全，尤其富含赖氨酸，正好补充了谷类赖氨酸不足的缺陷，所以应以谷豆混食，使蛋白质互补。大豆经加工可制作出很多种豆制品，是高血压、动脉硬化、心脏病等心血管病人的有益食品。

(3) 初步加工。大豆使用前一般须用清水或温水浸泡，由于生大豆中含有皂苷，对人体健康不利，故不能直接食用，须加工致熟后方能食用。

2. 绿豆

(1) 产地、分类、应用。绿豆为豆科植物，又称吉豆，我国栽培历史悠久，南北均有产。绿豆按种皮的颜色有青绿、黄绿、墨绿三大类，种仁中含有丰富的碳水化合物，而且淀粉质量优良。绿豆可与大米或小米一同制作干饭或粥，绿豆沙可制作馅心、糕点、甜品，绿豆芽又称银芽，可作蔬菜使用，绿豆粉是制作粉丝、粉皮的上好原料。

(2) 营养食疗价值。绿豆味甘、性寒，具有健脾宽中，润燥消水、清热解毒、益气的功效，还具有抗菌、抑菌、降血脂、抗肿瘤作用。

(3) 初步加工。绿豆使用前须用清水、温水浸泡再煮烂，在煮的过程中可把浮起的外衣捞起。

3. 红豆

(1) 产地、分类、应用。红豆为豆科植物，又称赤豆、小豆、红小豆。红豆原产于我国，南北均有种植，种皮有红、杏黄、赤褐、暗紫、花斑等。用途同绿豆。

(2) 营养食疗价值。红豆性平、味甘酸，具有健脾止泻、利水消肿、清热解毒、通气除烦等功效，可治疗小便不利、脾虚水肿、脚气等症。

(3) 初步加工。加工方法与绿豆相同。

4. 蚕豆

(1) 产地、分类、应用。蚕豆又称胡豆、佛豆、川豆、倭豆、罗汉豆。一年生或二年生草本植物。为粮食、蔬菜和饲料、绿肥兼用作物。其起源于西南亚和北非。相传西汉张骞自西域引入中国。蚕豆含 8 种必需氨基酸。碳水化合物含量为 47%～60%。营养价值丰富，可食用，也可制酱、酱油、粉丝、粉皮和作蔬菜，还可作饲料、绿肥和蜜源植物种植。

(2) 营养食疗价值。蚕豆中含有大量蛋白质，在日常食用的豆类中仅次于大豆，还含有大量钙、钾、镁、维生素 C 等，并且氨基酸种类较为齐全，特别是赖氨酸含量丰富。蚕豆中含有调节大脑和神经组织的重要成分钙、锌、锰、磷脂等，并含有丰富的胆石碱，有增强记忆力的健脑作用。蚕豆中的钙，有利于骨骼对钙的吸收与钙化，能促进人体骨骼的

生长发育。蚕豆中的蛋白质含量丰富，且不含胆固醇，可以提高食品营养价值，预防心血管疾病。蚕豆中的维生素C可以延缓动脉硬化，蚕豆皮中的膳食纤维有降低胆固醇、促进肠蠕动的作用。现代医学还认为蚕豆也是抗癌食品之一，对预防肠癌有作用。

(3) 初步加工。蚕豆使用前先用清水、温水浸泡，再氽水。

5. 眉豆

(1) 产地、分类。眉豆是豆科植物菜豆种子，球形或扁圆，比黄豆略大，也有状如腰果的，又名饭豇豆、米豆、饭豆、甘豆、白豆等。其属于干豆类，分布于我国河北、江苏、四川、云南等省，越南亦有产品。眉豆是粤人所习称。李时珍称“此豆可菜、可果、可谷，备用最好，乃豆中之上品”。

(2) 营养食疗价值。眉豆味甘、性平，气清香而不串，性温和而色微黄，与脾性最合。眉豆的营养成分相当丰富，包括蛋白质、脂肪、糖类、钙、磷、铁及食物纤维、维生素A原、维生素B_1、维生素B_2、维生素C和氰甙、酪氨酸酶等，眉豆衣的B族维生素含量特别丰富。此外，还有磷脂、蔗糖、葡萄糖。另外，眉豆中还含有血球凝集素，这是一种蛋白质类物质，可增加脱氧核糖核酸和核糖核酸的合成，抑制免疫反应和白细胞与淋巴细胞的移动，故有显著的消退肿瘤的作用。肿瘤患者宜常吃眉豆，有一定的辅助食疗功效。

(3) 初步加工。眉豆烹调前应用冷水浸泡（或用沸水稍烫）后再炒食。因为白眉豆中有一种凝血物质及溶血性皂素，如生食或炒不适吃，在食后3～4小时，部分人可引起头痛、头昏、恶心、呕吐等中毒反应。

6. 红腰豆

(1) 产地、应用。红腰豆原产于南美洲，是干豆中营养最丰富的一种。红腰豆煲稔后可以加在沙律中或菜内，也可用它煮有味饭、炆咖喱或做蔬菜浓汤，为家人（特别是成长中的儿童）多添营养。

(2) 营养食疗价值。红腰豆含丰富的维生素A、维生素B、维生素C及维生素E，也含丰富的铁质和钾等矿物质。红腰豆有补血、增强免疫力、帮助细胞修补及防衰老等功效。

(3) 初步加工。红腰豆使用前先用清水、温水浸泡，如是罐头装可直接使用。

7. 黑豆

(1) 产地、特征。黑豆为豆科植物大豆的黑色种子，又名橹豆、乌豆、枝仔豆。黑豆具有高蛋白、低热量的特性，原产我国东北，全国大部分地区都可种植。

(2) 营养食疗价值。黑豆，性味甘、平、无毒。有活血、利水、祛风、清热解毒、滋养健血、补虚乌发的功能。黑豆中蛋白质含量高达36%～40%，相当于肉类的2倍、鸡蛋的3倍、牛奶的12倍；黑豆含有18种氨基酸，特别是人体必需的8种氨基酸；黑豆还含有19种油酸，其不饱和脂肪酸含量达80%，吸收率高达95%以上，除能满足人体对脂肪的需要外，还有降低血中胆固醇的作用。黑豆基本不含胆固醇，只含植物固醇，而植物固醇不被人体吸收利用，又有抑制人体吸收胆固醇、降低胆固醇在血液中含量的作用。因此，常食黑豆，能软化血管，滋润皮肤，延缓衰老。特别是对高血压、心脏病等患者有益。黑豆中微量元素，如锌、铜、镁、钼、硒、氟等的含量都很高，而这些微量元素对延缓人体衰老、降低血液黏稠度等非常重要。黑豆中粗纤维含量高达4%，常食黑豆，可以促进消化，防止便秘发生。黑豆中的铁可预防人体缺铁性贫血，碘可预防甲状腺肿大。

(3) 初步加工。黑大豆一般不宜浸泡，直接淘洗后烹调即可；或者浸泡后连水一起使用，以保存其营养。

(二) 常用大豆制品

1. 豆腐

(1) 特征。豆腐是大豆的制品，将大豆浸泡、磨浆、过滤、煮沸、点卤、压制后即成豆腐。

(2) 营养食疗价值。豆腐性凉，味甘，有益气宽中、生津润燥、清热解毒、和脾胃、抗癌的功效。豆腐营养丰富，含有铁、钙、磷、镁等人体必需的多种微量元素，还含有糖类、植物油和丰富的优质蛋白，素有“植物肉”之美称。豆腐的消化吸收率达95%以上。两小块豆腐即可满足一个人一天钙的需要量。豆腐为补益清热养生食品，常食之，可补中益气、清热润燥、生津止渴、清洁肠胃。更适于热性体质、口臭口渴、肠胃不清、热病后调养者食用。豆腐除有增加营养、帮助消化、增进食欲的功能外，对齿、骨骼的生长发育也颇为有益，在造血功能中可增加血液中铁的含量；豆腐不含胆固醇，为高血压、高血脂、高胆固醇症及动脉硬化、冠心病患者的药膳佳肴；也是儿童、病弱者及老年人补充营养的食疗佳品。豆腐含有丰富的植物雌激素，对防治骨质疏松症有良好的作用；还有抑制乳腺癌、前列腺癌及血癌的功能；豆腐中的甾固醇、豆甾醇均是抑癌的有效成分。

(3) 初步加工。豆腐使用前可用刀加工成各种形状，如丁、丝、片、件、粒等形状。

2. 腐竹、豆腐皮

(1) 特征、应用。腐竹、豆腐皮是大豆制品。将大豆磨浆煮熟，待豆浆表面平静后将上浮的由蛋白质和脂肪凝集而成的薄膜挑起，呈半圆形铺开烤干后为豆腐皮，捋直卷成杆状烘干为腐竹。腐竹色泽黄白，油光透亮，含有丰富的蛋白质及多种营养成分，用清水浸泡（夏凉冬温）3～5小时即可发开，可荤、素、烧、炒、凉拌、汤食等，食之清香爽口，荤、素食别有风味。腐竹是中国人很喜爱的一种传统食品，具有浓郁的豆香味，同时还有着其他豆制品所不具备的独特口感。

(2) 营养食疗价值。从营养的角度来说，腐竹也有着别的豆制品无法取代的特殊优点。其能量配比均衡，和一般的豆制品相比，腐竹的营养素密度更高，每100克腐竹含有14克脂肪、25.2克蛋白质、48.5克糖类及其他的维生素和矿物元素。腐竹中这三种能量物质的比例非常均衡，和《中国居民膳食指南》中推荐的能量摄入比值较为接近，是一种营养丰富又可以为人体提供均衡能量的优质豆制品。这种食品在运动前后吃，可以迅速补充能量，并提供肌肉生长所需要的蛋白质。

(3) 初步加工。腐竹使用前可先用清水、温水浸泡后再加工成各种形状；也可先用150℃的热油炸制松脆、金黄色，再用温水浸泡至软，切成各种规格。

七、谷物类原料的品质鉴定

(一) 谷物原料品质鉴定的基本要求

1. 大米品质鉴定的基本要求

大米以粒形整齐均匀，无断裂爆腰、硬度大、腹白小、具有光泽和清香味，无米糠杂物、虫蛀、异味者为好。碎米多、腹白多、米糠杂质多者质差。

2. 面粉品质鉴定的基本要求

面粉以面筋含量高、色白细腻、用手捏有滑爽的感觉，含水量正常、不结块、无异味、不发霉、无虫卵者为好。面筋含量低，含麸量多、色黄、结块、有哈喇味者差。

（二）豆类原料品质鉴定的基本要求

豆类原料以粒大饱满、整齐、有光泽、种皮不破、不裂不皱、无发芽现象为好。

（三）大豆制品品质鉴定的基本要求

1. 豆腐

豆腐的质量以表面光润、色白质嫩且有弹性，不堆不碎、不吐水，口感细腻、有豆香味无苦涩、味酸者为好。

2. 腐竹、豆腐皮

腐竹、豆腐皮干品以形状整齐、不碎、质地干燥、无异味者为好。泡发后以颜色淡黄而有光泽，皮薄而有弹性、味淡，口嚼有一定筋道性者为好。

八、谷物类原料储存的基本要求

谷物类原料通常以加工的麦粒和稻粒的形式储存。在储存的过程中，谷物原料并未因采收入库而停止其生理活动，相反还在继续进行着各种生理生化反应，如若不加限制将会导致谷物的营养价值和使用价值下降。因此谷物类原料储存的最基本的前提，是通过一定的手段来抑制其自身进行的生理活动，然后再控制外界因素可能引起的变化。具体有以下几个基本要求。

（一）调节温度

谷物原料在储存时不断地进行着呼吸作用，同时释放出一定的热量。由于谷物是热的不良导体，当积存的热量达到一定程度时会引起呼吸作用的加剧、营养物质消耗增加，使粮食的营养价值下降；同时温度上升使微生物和昆虫的活动频繁，可引起谷物的霉变和虫蛀现象的发生。因此，必须调节温度使谷物处于低温的状态下，可以采用晾晒或倒垛的方式达到调节温度的目的。

（二）控制湿度

谷物中的水分含量也是萌芽和霉变的必要条件。储存环境中水分含量大则谷物发生霉变的可能性增大、面粉容易吸湿结块、麦粒和稻粒容易发芽，因此谷物粮食应保存在干燥通风的环境中，避免吸湿、潮解、结块、萌芽。

（三）避免感染

谷物原料中所含的蛋白质、淀粉具有吸收各种气味的特性，且吸收后不易散发，因此在储存谷物原料时，应注意放置在远离具有挥发性物质的地方。谷物原料一旦被这些物质感染上，制成的米饭和馒头都会有异味，就会影响食用或完全不能食用，造成经济上的损失。

（四）防止虫害、鼠害

谷物类原料非常容易受到昆虫的蛀咬，如大米、面粉、玉米、高粱米等非常容易受到米象、麦蛾的蛀食。尤其是夏季适宜于昆虫的繁殖，如果储存不当会使整袋谷物受虫卵、幼虫和成虫的污染，米袋和面袋会被蛀破，发生米粒被蛀空、面袋飞麦蛾的现象。因此在粮库储存要用药剂熏蒸，家庭储存可用花椒、大料等驱虫或将谷物置于阴凉处，扎紧袋口，防止昆虫进入产卵。

防止鼠害要注意仓库的密封，定期检查，严防老鼠的侵入，一旦发现老鼠或鼠粪，就要进行捕杀或毒杀，并及时清除老鼠尸体，以免污染粮食。

九、谷物类原料制品储存的基本要求

储存器物类原料制品时应注意以下几点：

（1）干制品的储存必须放置在干燥、通风、阴凉之处，并且要密封，注意防鼠虫害。

（2）鲜制品的储存可用低温保管法中的冷藏法。豆腐的保管可加清水浸泡。

本章小结

本章介绍了谷类原料，也就是我们通常所指的粮食的品种及其制品的营养食疗价值、初步加工方法、在烹饪中的应用等方面的知识。谷类原料主要作为主食，在日常生活中虽然品种单一变化不大，但随着社会的发展，它们在菜肴中的使用及品种也越来越多。尤其是随着人民生活水平的提高，对于食品的营养食疗价值也越来越重视。本章所涉及的部分营养食疗价值知识在今后生产及生活当中也具有一定的指导作用。

思考题

一、概念理解题

1. 大米按粒质可以分为________、________和________。

2. ________是提供B族维生素的主要来源，是预防脚气病、消除口腔炎症的重要食疗资源。

3. 面粉按加工精度和用途不同，可分为________和________。

4. 将大豆浸泡、________、________、________、________、________后即成豆腐。

5. 谷物类原料储存具体有以下几个基本要求：________、________、________、________。

二、技能应用题

1. 如何鉴别大米的质量？

2. 如何鉴别豆腐的质量？

3. 蚕豆具有哪些营养食疗价值？

第三章　蔬菜类原料

【知识目标】

掌握蔬菜类原料的品质鉴定方法及保管要求。

【能力目标】

通过学习，具备正确挑选蔬菜类原料及运用其制作菜肴的能力。

【德育目标】

培养学生在蔬菜初步加工过程中使用正确加工方法的习惯，尽可能利用可食部分，物尽其用。

【学习重点】

各种蔬菜的营养食疗价值。

【学习难点】

各种蔬菜的初步加工方法。

一、蔬菜原料的概念及化学成分

（一）蔬菜类原料的概念

蔬菜是以植物的根、茎、叶、花、果实等可食部分供食用的一类烹饪原料，包括人工栽培和野生两大类。

蔬菜是人的生活中不可缺少的一种食品，它作为碱性食物在维持人体内酸碱平衡、帮助肠胃消化、调节神经和内分泌、维持正常生理功能方面都起着相当重要的作用。它还含有多种人体必需的维生素，又是构成人体组织、促进身体正常发育的矿物质的重要来源。

（二）蔬菜的化学成分

蔬菜中含有多种化学成分，各种成分的含量及组成比例随植物的种类、可食部位、采摘收获的季节及储藏情况的不同有很大的差异。

1. 糖类

蔬菜中的糖类物质，可分为带甜味的糖和不带甜味的淀粉及纤维素。蔬菜含糖量一般较低，胡萝卜、南瓜、甜瓜、洋葱等含糖量较高。土豆、芋头、山药、慈姑和豆类中含有较多的淀粉，其他蔬菜中淀粉的含量较少。纤维素是构成蔬菜细胞壁的主要成分，含量为0.2%～28%，在蔬菜梗中含量更多。纤维素常与果胶等结合成复合纤维素，具有较高的稳定性，能保护蔬菜不受到微生物及其他外力的损害，因而表皮厚的蔬菜较易储藏。

2. 维生素

蔬菜中含有较丰富的维生素C，是人体维生素C的主要来源。蔬菜中也含有少量的B族维生素，如维生素B_1（硫胺素）、维生素B_2（核黄素）、尼克酸等。各种蔬菜中维生素含量不同。在蔬菜中含维生素C较多的有番茄、辣椒、花椰菜等。绿、黄、橙等色泽的蔬菜富含胡萝卜素，胡萝卜素在人体内可转化为维生素A，又称维生素A原。

3. 色素

蔬菜中的色素主要有叶绿素、类胡萝卜素等。

(1) 叶绿素，蔬菜中呈现出的绿色是由蓝绿色的叶绿素a和黄绿色的叶绿素b所决定，二者含量的比例为3∶1。叶绿素是不稳定的物质，不耐热也不耐光，在沸水中颜色会变深。

(2) 类胡萝卜素，番茄、胡萝卜、红辣椒等蔬菜中具有黄、红、橙等色素，都是因其含有类胡萝卜素。类胡萝卜素是一类脂溶性物质，主要由胡萝卜素、番茄红素及叶黄素所组成，它们同叶绿素一同存在于植物组织中。

4. 有机酸

蔬菜中番茄含有较多的有机酸，其他蔬菜有机酸的含量较少。菠菜、茭白、竹笋含有多的草酸，能影响人体对钙的吸收。因此，在加工草酸含量过多的蔬菜时须进行焯水处理，以除去草酸。

5. 无机盐

蔬菜中所含的无机盐有钙、磷、铁、钾、钠、镁、碘、锌等，其中以钾的含量最多，其次为钙、磷、铁。各类蔬菜无机盐的含量是不相同的，如叶菜类为0.4%～2.3%，根菜类为0.6%～1.5%，葱蒜类为0.3%～1.3%，瓜类为0.2%～0.7%，茄果类为0.4%～0.5%，鲜豆类为0.6%～1.7%。

6. 芳香物质

许多蔬菜具有特殊的香气，这是蔬菜中呈油状的挥发性物质所产生的，故又称之为挥发油。在蔬菜中挥发物质含量极少，大蒜仅含0.005%～0.009%（大蒜油），洋葱中含有0.055%～0.37%（洋葱油）。但这些含量甚微的芳香物质对蔬菜的香味起着重要的作用，它们是形成蔬菜特殊味道的原因。芳香物质的香气能刺激食欲，帮助消化，具有杀菌、解膻的作用，所以富含芳香物的蔬菜被广泛用于菜肴的调味。

7. 水

蔬菜中含量最多的是水。大多数蔬菜含有65%～90%的水分，正常的含水量是蔬菜的主要质量指标。蔬菜越是鲜嫩多汁，其质量就越好，但是含水量高的蔬菜不易储藏而容易腐烂变质。

二、蔬菜类原料的分类

蔬菜类原料的分类是按主要食用部位来分类的，可分为以下五大类：根菜类、茎菜类、叶菜类、花菜类、果菜类。

(1) 根菜类。以植物膨大的变态根作为主要食用部位，如萝卜、胡萝卜。

（2）茎菜类。以植物的嫩茎或变态茎为主要食用部位。如马铃薯、姜、藕。

（3）叶菜类。以植物的叶片和叶柄作为食用部位。如白菜、菠菜。

（4）花菜类。以植物的花蕾作为主要的食用部位。如花椰菜、青花菜。

（5）果菜类。以植物的果实或幼嫩的种子作为主要的食用部位。如南瓜、黄瓜、辣椒。

三、蔬菜类原料在烹饪中的应用

这些应用包括：

（1）蔬菜可作为制作菜肴的主料和配料。

（2）有些蔬菜可作为料头或调味品。

（3）蔬菜可作为糕点、小吃的馅心原料。

（4）蔬菜可作为食品雕刻的原料。

（5）蔬菜可作为菜肴装饰、配色和点缀的原料。

（6）淀粉含量高的蔬菜可代替粮食制作主食。

此外，蔬菜还可腌制、泡制、酱制、干制成各种加工制品。还有一些蔬菜可制作成罐头制品。

四、常用蔬菜

（一）叶菜类

1. 大白菜

（1）产地、特征、应用。大白菜又称结球白菜，属于十字花科植物。大白菜原产我国，新石器时期的西安半坡遗址出土的白菜子，距今有6000～7000年历史。大白菜古时称菘，在我国南北各地皆季栽培。北方大白菜的品种优良，已引种到南北诸省，并引种国外。其优良品种很多，有山东胶州菜、北京青白、天津青麻叶、山西阳城的大毛边等。良种大白菜具有薄帮、心紧、根大、质嫩渣少、口味清淡等特点，多用于烧、炒、爆、熘、扒、扣、拌等，以及制馅或用于其他菜肴的配菜。大白菜耐储藏、运输，所以山东的胶州菜及天津的青麻叶除供国内消费外，还远销东南亚及港澳地区。

（2）营养食疗价值。大白菜有解热除烦、通利肠胃、养胃生津、除烦解渴、利尿通便、清热解毒的功效；可用于肺热咳嗽、便秘、丹毒、漆疮等症。大白菜营养丰富，除含糖类、脂肪、蛋白质、粗纤维、钙、磷、铁、胡萝卜素、硫胺素、尼克酸外，还含有丰富的维生素，其维生素C、核黄素的含量比苹果、梨分别高5倍、4倍；微量元素锌高于肉类，并含有能抑制亚硝酸胺吸收的钼；其中维生素C可增加机体对感染的抵抗力，用于坏血病、牙龈出血、各种急慢性传染病的防治。大白菜中含有的纤维素，可增强肠胃的蠕动，减少粪便在体内的存留时间，帮助消化和排泄，从而减轻肝、肾的负担，防止多种胃病的发生。大白菜中锌的含量较肉蛋都多，锌可促进幼儿的生长发育及伤口愈合。大白菜味道鲜美，同时还能在烹调过程减少肉食中亚硝酸盐类等致癌物质。大白菜中锌的含量较肉蛋都多、锌可促进幼儿的生长发育及伤口愈合。还能在烹调过程中减少肉食中亚硝酸盐类等致癌物质。

(3) 初步加工。

①大白菜胆：清洗干净，整棵取根部至叶片最嫩部分，长约12厘米，去掉后面多余菜叶；大棵的一开六（即一分为六份）或一开八（即一分为八份），小棵的一开二（即一分为二份）；用于扒、伴围、炖等。

②大白菜段：清洗干净，将大白菜帮一片片剥开，横切约4厘米长段，用于炒和煮汤。

③大白菜长段：清洗干净，将大白菜帮一片片剥开，去掉菜叶留菜梗，将菜梗斜刀切成约12厘米长榄形，主要用于煲、扒、炒。

2. 甘蓝

(1) 产地、特征、应用。甘蓝又称包菜，天津、南京称洋白菜，上海称卷心莱，广东称椰菜，陕、甘、宁、青、川一带称莲花白，东北称大头菜。其属十字花科，原产于地中海沿岸。甘蓝因叶色浅蓝，叶甘甜而得名。甘蓝是一种有古老栽培历史的蔬菜。唐代《本草拾遗》中就有记载，由西域传入我国足有1200～1300年历史。甘蓝具有耐寒耐碱，适应性强，易于栽培的特点，产量高，耐储运，质地脆嫩，深受广大群众的喜爱，全国各地皆有栽培。甘蓝用来炒、醋熘、酸渍、腌、酱均可，也可用做饺子的馅心或荤菜的配料。

(2) 营养食疗价值。甘蓝性味甘平，具有益脾和胃、缓急止痛作用；可以治疗上腹胀气疼痛，嗜睡，脘腹拘急疼痛等疾病。甘蓝含有丰富的维生素、糖等成分，其中以维生素A最多，并含有少量维生素K_1、维生素U、氯、碘等成分，尤其维生素K_1及维生素U是抗溃疡因子，因此常食用甘蓝对轻微溃疡或十二指肠溃疡有缓解作用，适合任何体质者长期食用。另外，甘蓝含有一些硫化物的化学物质，是十字花科蔬菜的特殊成分，具有防癌作用，其中又以甘蓝菜、胡萝卜和花椰菜最著名，并称为防癌的“三剑客”。孢子甘蓝，其维生素C更比一般的甘蓝类高出3倍之多。此外，甘蓝还含多量的食物纤维、维生素A原、维生素B_1、维生素B_2和钙、铁等，具有防止出血、保护肝脏，减轻肝脏负担的作用，适宜肝病患者食用。由于含多量的维生素A原，故对皮肤有美容作用，可消除皮肤粗糙、防止皮肤松弛、治疗皮肤的过敏症等。

(3) 初步加工。清洗干净，整只开边后横切成丝；或者剥开菜叶后切成各种形状。

3. 大葱

(1) 产地、特征、应用。大葱又称葱白、香葱，属百合科植物。大葱原产于我国，以北方为主要产区，其植株高。大葱的品种甚多，其中山东章丘和邹县的大葱以葱白长而脆嫩、辛甜适口而著称全国。南方各地所栽的葱，多为分葱（植株小，分蘖力强）。北京秋后的老葱，生长期植株健，皮白、紧密、香味大、耐储存，可长期供应市场。人们对葱的嗜好，主要还在于它的辛辣味。葱与蒜煮熟后失去辛辣味，原因是有辛辣味的二硫化物被还原成了无味的硫醇类物质。大葱主要作为调味品，除具有去腥气、增食欲作用外，还有改善食品风味的作用。其挥发性油还可杀死或抑制致病菌。

(2) 营养食疗价值。大葱含有挥发性油。葱的主要营养成分是蛋白质、糖类、维生素A原（主要在绿色葱叶中含有）、食物纤维以及磷、铁、镁等矿物质等。大葱有助于食欲的增进，同时与维生素B_1含量较多的食物一起摄取时，维生素B_1所含的淀粉及糖质会变为热量，而提高恢复疲劳的作用；葱叶部分要比葱白部分含有更多的维生素A、维生素C

及钙；葱中含有相当量的维生素C，可舒张小血管，促进血液循环，防止血压升高所致的头晕，使大脑保持灵活和预防老年痴呆。经常吃葱的人，即便脂多体胖，但胆固醇并不增高，而且体质强壮。葱含有微量元素硒，并可降低胃液内的亚硝酸盐含量，对预防胃癌及多种癌症有一定作用。

(3) 初步加工。切去根须，剥掉老黄叶清洗干净食用，可切成各种形状。

4. 韭菜

(1) 产地、特征、应用。韭菜又称壮阳草，属百合科植物。韭菜是我国古老的园菜，优良品种很多。可分为宽叶韭菜和窄叶韭菜两种，宽叶韭菜品种著名的有北京的大白根、天津的黄苗韭、上海的阔叶韭，窄叶品种有天津的大青苗、广州的早花韭、济南的三棱剑等。由于韭菜为多年生宿根蔬菜，叶片生长迅速，故一年可多次收获，割一茬又长一茬，供应期长。韭菜叶质地柔嫩，含有挥发性油，因而气味辛香，颇受消费者欢迎。韭菜在古代是十分名贵的蔬菜。韭菜既可调味，又可炒、煮、水烫后凉拌，也可做菜肴、春卷、饺子馅、包子馅等。韭花又名韭菜花，也叫韭苔，是秋天里韭白上生出的白色花簇，多在欲开未开时采摘，韭菜花是中国南北城乡普遍食用的一种作料。韭菜花还可腌制成咸菜、酱菜，以补缺淡季蔬菜之不足。

(2) 营养食疗价值。韭菜除做菜用外，还有良好的药用价值。其根味辛，温中，行气，散淤；叶味甘辛咸，性温，温中行气，散淤，补肝肾，暖腰膝，壮阳固精。韭菜具有活血散淤、理气降逆、温肾壮阳、益肝健胃、润肠通便的功效。韭菜的营养价值很高，每100克可食用部分含蛋白质2～2.85克，脂肪0.2～0.5克，碳水化合物2.4～6克，纤维素0.6～3.2克。还有大量的维生素，如胡萝卜素0.08～3.26毫克，核黄素0.05～0.8毫克，尼克酸0.3～1毫克，维生素C10～62.8毫克，韭菜含的矿质元素也较多，如钙10～86毫克，磷9～51毫克，铁0.6～2.4毫克。韭菜含有挥发性的硫化丙烯，因此具有辛辣味，有促进食欲的作用。韭菜含纤维较多，对于慢性便秘者大有益处，但不易消化，故消化不良和肠胃病人应慎食或忌食。韭花食之能生津开胃，增强食欲，促进消化。韭花富含钙、磷、铁、胡萝卜素、核黄素、抗坏血酸等有益健康的成分。

(3) 初步加工。去掉老、黄叶清洗干净使用，可切4厘米长段或切粒，也可整棵使用。韭菜花，清洗干净，切去老根和花蕾切段使用。

5. 韭黄

(1) 特征、应用。韭黄也称“韭芽”“黄韭芽”“黄韭”，俗称“韭菜白”，属百合科多年生草本植物，以种子和叶等入药，为韭菜经软化栽培变黄的产品。其分布在全国各地。韭菜隔绝光线，完全在黑暗中生长，因无阳光供给，不能产生光合作用，合成叶绿素，就会变成黄色，称之为“韭黄”，因不见阳光而呈黄白色。多用于做配料，适用炒、烩羹的烹调法。

(2) 营养食疗价值。韭黄其营养价值要逊于韭菜。韭黄性温、味辛，具健胃、提神、止汗固涩、补肾助阳、固精等功效。韭黄含丰富的蛋白质、糖、矿物质、钙、铁和磷，维生素A原、维生素B_2、维生素C和尼克酸，以及甙类和苦味质等。阴虚内热及目疾之人忌食。韭黄含有挥发性精油及硫化物等特殊成分，散发出一种独特的辛香气味，有助于疏调肝气，增进食欲，增强消化功能。韭黄的辛辣气味有散淤活血，行气导滞作用，适用于跌打损伤、反胃、肠炎、吐血、胸痛等症。韭黄含有大量维生素和粗纤维，可以把消化道中的头发、沙砾、金属屑甚至针包裹起来，随大便排出体外，故有“洗肠草”之称，可治疗便秘，预防肠癌。

(3) 初步加工。清洗干净、切段使用。

6. 芫荽

(1) 产地、特征、应用。芫荽又称香菜、胡荽、香荽，属于伞形科植物。芫荽原产地中海沿岸，相传于汉朝传入我国。因适应性强，在我国南北各省广为种植。芫荽有特殊香味，故其幼嫩的叶苗常用来做调味蔬菜，或切碎后撒汤、菜中提味，或切碎后用做凉拌菜，生吃、拼盘配色，又可做涮羊肉、爆羊肚之作料。芫荽梗还可炒肉丝。

(2) 营养食疗价值。香菜中含有许多挥发性油，其特殊的香气就是挥发性油散发出来的，它能祛除肉类的腥膻味；加些香菜，即能起到祛腥膻、增味道的独特功效。香菜提取液具有显著的发汗、清热、透疹的功能；其特殊香味能刺激汗腺分泌，促使机体发汗，透疹。另具和胃调中的功效，是因香菜辛香升散，能促进胃肠蠕动，具有开胃醒脾的作用。芫荽的果实或全草均可入药，其味辛温，有发汗透疹作用和消气下食、健胃之功效。

(3) 初步加工。去根、清洗干净，原棵使用或切段、切末使用。

7. 芥菜

(1) 产地、分类、应用。芥菜又称白芥、大芥、黄芥，属于十字花科植物。芥菜原产于我国，周朝时的文献《礼记》已有记载，但当时主要是利用其种子制作调味品（芥末）。芥菜在我国南方地区栽培比较普遍，特别是云南、四川、福建、浙江、广东等地栽培最为普遍。经过我国劳动人民的长期栽培和选择，培育出了很多供叶用、茎用、根用和苔用的优良品种。除少量鲜食以外，大量的芥菜被加工成盐渍制品，以备常年之需。叶用芥菜，以江苏、浙江、福建、湖南栽培居多，其主要类型有雪里蕻、大叶芥、花叶芥菜。茎用芥菜（榨菜）以四川、浙江等地栽培居多，主要品种有草腰子、三层楼、鹅会苕、红缨菜、三转子等。根用芥菜，又称大头菜（辣疙瘩），其主要品种有济南疙瘩头、湖北的大花叶大头菜、成都大头菜、四川内江的红缨子大头菜等。芥菜的根部肥大，肉质根为不规则的圆锥形或短圆筒形，供炒食或腌制，其腌制品畅销国内外。芥菜含有硫的配糖体及芥子糖，经水解作用会产生挥发性芥子油，因而具有特殊的香辣味。又因芥菜含有较多的蛋白质，蛋白质水解后产生大量的氨基酸，所以经加工后香气四溢，味道异常鲜美。芥菜可炒、扒、滚汤、煲、围边、灼等。

(2) 营养食疗价值。首先，芥菜含有维生素 A、B 族维生素、维生素 C 和维生素 D 等，具有提神醒脑的功效。芥菜含有大量的抗坏血酸，是活性很强的还原物质，参与机体重要的氧化还原过程，能增加大脑中氧含量，激发大脑对氧的利用，有提神醒脑，解除疲劳的作用。其次，还有解毒消毒之功，能抗感染和预防疾病的发生，抑制细菌毒素的毒性，促进伤口愈合，可用来辅助治疗感染性疾病。还有开胃消食的作用，因为芥菜腌制后有一种特殊鲜味和香味，能促进胃、肠消化功能，增进食欲，可用来开胃，帮助消化。最后还能明目利膈、润肠通便。

(3) 初步加工。

①芥菜胆：选用矮脚菜清洗干净，去黄叶，取根部至叶片最嫩的一段，长约 14 厘米，

用于扒、伴、围。

②芥菜段：清洗干净，将芥菜横切成段，用于炒和煮汤。

③包心芥条：清洗干净，将包心芥菜帮一片片剥下来，去掉叶子，用刀顺着菜帮的弧度削成宽约 2 厘米的长条形。

8. 菠菜

（1）产地、特征、应用。菠菜又称波斯菜、菠棱菜、鹦鹉菜、赤根菜，属于藜科植物。菠菜原产于亚洲西南部古波斯（现伊朗）一带，唐代开始传入我国。由于菠菜适应性强，所以我国南北各地普遍都有栽培，由于其供应期长，而成为我国春、秋、冬三季消费的主要蔬菜，其菜叶鲜嫩多汁，根红而味甘可食，所以有人称菠菜为“红嘴绿鹦哥”。古代阿拉伯人称菠菜为菜中之王。菠菜的品种分为两种：一种是属于中国蔬菜品种的有刺种，产品风味鲜美；另一种是属于欧洲菠菜品种的无刺种，产品风味欠佳。菠菜中含有较多的草酸，与钙结合即成为人体不能吸收的草酸钙，因此食用菠菜要先焯水。波菜可炒、灼、上汤、扒、氽汤、凉拌、制馅、配菜或榨汁做色素。

（2）营养食疗价值。菠菜中含有钙、维生素 A、维生素 B、维生素 C，有促进胰腺分泌和消化、通便的功效，适于胃弱、消化不良的病人食用。菠菜中含有大量的 B 族维生素、胡萝卜素和铁，也是维生素 B_6、叶酸、铁和钾的极佳来源。其中，丰富的铁对缺铁性贫血有改善作用，能令人面色红润，光彩照人，因此被推崇为养颜佳品。菠菜叶中含有铬和一种类胰岛素样物质，其作用与胰岛素非常相似，能使血糖保持稳定。丰富的 B 族维生素含量使其能够防止口角炎、夜盲症等维生素缺乏症的发生。菠菜中含有大量的抗氧化剂如维生素 E 和硒元素，具有抗衰老、促进细胞增殖作用，既能激活大脑功能，又可增强青春活力，有助于防止大脑的老化，防止老年痴呆症。

（3）初步加工。清洗干净，削去根须，原棵使用。菠菜还可榨汁取菠菜汁使用。

9. 菜心

（1）产地、分类、应用。菜心起源中国南部，又叫广东菜，菜花等，主要分布在广东、广西、中国台湾、香港等地。菜心质地柔嫩，风味可口，叶、茎可炒、烧，亦可做配料。

（2）营养食疗价值。菜心品质柔嫩，风味可口，营养丰富，其所含的钙质及维生素 A 比菠菜要多，所含纤维素也较多。每千克可食用部分含蛋白质 13～16 克、脂肪1～3克、碳水化合物 22～42 克，还含有钙 410～1350 毫克、磷 270 毫克、铁 13 毫克。胡萝卜素 1～13.6 毫克、核黄素 0.3～1 毫克、尼克酸 3～8 毫克、维生素 C 790 毫克。

（3）初步加工。

①菜软：清洗干净，用剪刀剪去黄花及叶的尾端，在顶部顺叶柄斜剪出 1～2 段，每段长约 7 厘米。菜软主要用于炒。

②郊菜：清洗干净，剪法同菜软，但只剪一段，长约 12 厘米。郊菜用于扒、拌、围。

③直剪菜：清洗干净，按菜软的剪法，将整棵菜心剪完。直剪菜用于炒和煮汤。

10. 芹菜

（1）产地、分类、应用。芹菜又称香芹、药芹，属于伞形科植物，具有特异香味，它和芫荽、荆芥都因有异香并称“菜中三怪”。芹菜原产地中海沿岸，某些史籍记载它是汉朝经丝绸之路传入我国的。但我国《吕氏春秋》记述说，“秋菜之美者，有云梦之芹”，云梦即楚地（现湖北省一带），可见我国也是芹菜的原产地之一。由于芹菜适应性强，所以栽培范围相当广泛。我们日常食用的芹菜有水芹与旱芹两种。水芹栽植于河沟、溪旁及涝洼地区，以两广、云贵、四川、台湾等南方地区较多；旱芹则栽植于河南、河北、山东、京津等北方省市，其中尤以河南省商丘的胡芹、封丘的封芹及桐柏的平氏芹较为有名。在旱芹中有中国芹菜与西洋芹菜之分，中国芹菜叶柄细长、色绿味厚；西洋芹菜又称西芹，叶柄肥厚粗大，色浅味淡、质脆。西芹是这些年从国外引入，已广泛栽培并深受百姓喜爱的蔬菜。其叶柄宽厚，单株叶片数多，重量大，可达 1 千克以上。芹菜可以凉拌、炝、热炒、制馅。芹菜心叫芹黄，色黄而鲜香质嫩。芹菜叶水焯后制作小咸菜，味香可口。

（2）营养食疗价值。芹菜性凉，味甘辛，无毒；具有清热除烦、利水消肿、凉血止血、平肝降压、镇静安神、防癌抗癌、养血补虚的功效。芹菜也有止血养精、保血脉、益气、令人肥健嗜食的功效。孕妇、乳母经常食用芹菜可防治贫血，且对高血压患者也有显著疗效。春季气候干燥，人们往往感到口干舌燥气喘心烦，身体不适，常吃些芹菜有助于清热解毒，去病强身。肝火过旺，皮肤粗糙及经常失眠、头疼的人可适当多吃。芹菜也是一种理想的绿色减肥食品。

（3）初步加工。清洗干净、去头、摘去叶片，西芹需撕去老筋，取叶柄为食用部分，再切成各种形状。

11. 苋菜

（1）产地、分类、应用。苋菜又称苋，属苋科植物。苋菜是我国古老的园菜之一，距今已有 2000 多年历史。在我国以河南、河北、山东、辽宁等地种植较多。苋菜的品种较多，以其色彩而分为绿苋菜、紫苋菜、白苋菜等。其中白苋菜质地柔嫩，色泽美而高产。苋菜的幼苗嫩梗和嫩叶均可食用，炒、煸、滚烫、上汤皆可。

（2）营养食疗价值。苋菜性味甘凉，清利湿热，清肝解毒，凉血散淤，对于湿热所致的赤白痢疾及肝火上炎所致的目赤目痛、咽喉红肿等，均有一定的辅助治疗作用。苋菜营养丰富，富含蛋白质、脂肪、糖类及多种维生素和矿物质，其所含的蛋白质比牛奶更能充分被人体吸收，所含胡萝卜素比茄果类高 2 倍以上，可为人体提供丰富的营养物质，有利于强身健体，提高机体的免疫力，有“长寿菜”之称。苋菜可促进儿童生长发育。苋菜中铁的含量是菠菜的 1 倍，钙的含量则是菠菜的 3 倍，为鲜蔬菜中的佼佼者；更重要的是，苋菜中不含草酸，所含钙、铁进入人体后很容易被吸收利用。因此，苋菜能促进小儿的生长发育，对骨折的愈合具有一定的食疗价值。

（3）初步加工。清洗干净、去根，原棵使用或摘约 7 厘米段使用。

12. 蕹菜

（1）产地、分类、应用。蕹菜又名竹叶菜、空心菜、无心菜、通菜，属旋花科蔓生植物。蕹菜原产于我国热带多雨地区，广布于亚洲热带各地区。因其性喜高温潮湿，在日照短的条件下能促进其开花结实，在华南、华中和西南地区栽培比较普遍。蕹菜以叶、茎为蔬菜食用部分，是南方各地夏秋两季很重要的蔬菜。蕹菜的主要品种有广州的细叶藤菜、丝蕹菜，湖南的藤蕹菜，四川的大蕹菜等。蕹菜可炒、上汤，还可凉拌及做泡菜，为长江沿岸群众的良好配菜。

（2）营养食疗价值。蕹菜中粗纤维的含量较丰富，这种食用纤维是由纤维素、半纤维素、木质素、胶浆及果胶等组成，具有促进肠蠕动、通便解毒的作用。空心菜是碱性食物，食后可降低肠道的酸度，预防肠道内的细菌群失调，对防癌有益。空心菜中的叶绿素有“绿色精灵”之称，可洁齿防龋除口臭，健美皮肤，堪称美容佳品。空心菜性凉，菜汁对金黄色葡萄球菌、链球菌等有抑制作用，可预防感染、防暑解热、凉血排毒。

（3）初步加工。清洗干净，短小的去头后，一般原棵使用；长的宜择成约 7 厘米的段，每段茎须带叶；吃蕹菜茎时取粗茎长约 7 厘米，轻拍至粗茎裂使用。

13. 茼蒿

（1）产地、特征、应用。茼蒿又称蓬蒿、菊花菜，为一年生或两年生菊科植物。茼蒿原产于我国，9 月份下种，冬季及来年春季采摘，茎叶嫩肥，微有蒿气，故名茼蒿。茼蒿花深青色，状如小菊花。茼蒿以其幼苗、嫩茎供人们陆续采食之需。茼蒿喜冷凉，不耐寒温。茼蒿依其叶子大小可为大叶种与小叶种。大叶种，叶大而肥厚，叶绿缺裂较浅，产量高，品质好；小叶种，叶子狭长，叶绿缺裂较深，产量较低。茼蒿在烹饪中常炒食或用火锅汆煮，还可以用于围边或垫底。

（2）营养食疗价值。茼蒿的根、茎、叶、花都可做药材，有清血、养心、降压、润肺、清痰、消食开胃，通便利脏腑的功效。

（3）初步加工。清洗干净，原棵或择段使用。

14. 西洋菜

（1）特征、应用。西洋菜又名豆瓣菜，多年水生草本植物，株体直立或半直立，茎圆，节节均生有根须。叶为墨绿色的卵圆形羽状复叶，质地鲜嫩可口，柔软而脆。西洋菜的初上市期是冬春季。多用于炒、上汤、煲。

（2）营养食疗价值。豆瓣菜味甘微苦，性寒，具有清燥润肺、化痰止咳、利尿等功效。西洋菜的营养物质比较全面，其中超氧化物歧化酶（即 SOD）的含量很高，还含有丰富的维生素及矿物质。西洋菜是益脑健身的保健蔬菜。

（3）初步加工。浸洗干净，整棵使用或择段使用。

15. 生菜

（1）分类、应用。生菜即叶用莴苣，分三种。长叶生菜，外叶直立，叶薄柔软，叶面有皱褶；皱叶生菜，叶面多皱缩，叶片深裂；结球生菜，叶平光滑或微皱，心叶呈球形。生菜清脆爽口、纤维少，清香，软滑、味甘，有些略有苦味，以冬春季上市的为好。生菜可炒、扒、围边等。

（2）营养食疗价值。生菜含热量低，因其茎叶中含有莴苣素，故味微苦，具有镇痛催眠、降低胆固醇、辅助治疗神经衰弱等功效；生菜中含有甘露醇等有效成分，有利尿和促进血液循环的作用。生菜中含有一种干扰素诱生剂，可刺激人体正常细胞产生干扰素，从而产生一种抗病毒蛋白抑制病毒。生菜的主要食用方法是生食，为西餐蔬菜色拉的当家菜。

（3）初步加工。生菜胆，清洗干净削去老头切去叶尾端，取根部至叶片最嫩部分，约 12 厘米，小棵的整棵使用，大棵的可以一开二（即一切为二）。也可直接把菜帮剥开使用。高档菜品使用的生菜胆还需修剪叶片，留下尖形叶柄，形如羽毛球。

16. 小白菜

(1) 特征、分类、应用。小白菜株体直立，基叶坚挺发达，叶片有卵形、圆形或匙状，叶脉明显，有浅绿、深绿色或墨绿色，可分圆柄形（叶柄细圆，长于叶片的两倍以上），阔柄形（矮小，叶柄短扁阔或略长于叶片）。叶柄有白色（奶白菜）、青色（小棠菜、上海青）两种。小白菜一年四季均有出产，以冬季所产为好。小白菜可炒、扒、围边、滚汤、煲、煮、炖、火锅等。

(2) 营养食疗价值。小白菜性平，味甘，可治疗肺热咳嗽、便秘、丹毒、漆疮等疾病。小白菜所含营养价值成分与白菜相近似，它含有蛋白质、脂肪、糖类、膳食纤维、钙、磷、铁、胡萝卜素、维生素 B_1、维生素 B_2、烟酸、维生素 C 等。其中，钙的含量较高，几乎等于大白菜含量的 2～3 倍，是防治维生素 D 缺乏（佝偻病）的理想蔬菜；小白菜含维生素 B_1、维生素 B_6、泛酸等，具有缓解精神紧张的功能；小白菜富含抗过敏的维生素 A、维生素 C、维生素 B 族、钾、硒等；小白菜有利于预防心血管疾病，降低患癌症危险性，并能通肠利胃，促进肠道蠕动，保持大便通畅；还能健脾利尿，促进吸收，而且有助于荨麻疹的消退。小白菜可煮食或炒食，亦可做成菜汤或者凉拌食用。

(3) 初步加工。

①白菜胆，清洗干净，去掉尾端叶子，取根部至叶片最嫩部分，长约 12 厘米，小棵的整棵使用，大棵的切成两半，用于扒、伴、围、炖等。

②白菜段，清洗干净，将白菜叶帮剥开，横切成约 4 厘米的段，用于炒和煮汤。

③白菜长段，清洗干净，将白菜叶帮剥下，再横切成两段，主要用于煲。

17. 上海青

(1) 产地、特征、应用。上海青是十字花科、芸苔属、芸苔种、白菜亚种，以叶片为产品的普通白菜的一个变种，原产中国，是极常见绿叶蔬菜，全国各地均有栽培。叶片椭圆形，叶柄肥厚，青绿色，株型束腰，美观整齐，纤维细，味甜口感好。其别名青菜、瓢菜、瓶菜、小白菜、小油菜、小棠菜（港、澳、粤），汤勺菜、汤匙菜、青江菜（中国台湾）。上海青是一种小白菜，叶少茎多，菜茎白白的像葫芦瓢，因此，上海青也有叫做瓢儿白的。上海青的特点就在于长得“光明磊落”，每一片叶都是碧绿色的，每一片叶在生长期都完成了叶绿素的光合作用。上海青主要用于扒、伴、围、炒等。

(2) 营养食疗价值。上海青可以保持血管弹性，提供人体所需矿物质、维生素，其中的维生素 B_2 尤为丰富，有抑制溃疡的作用，经常食用对皮肤和眼睛的保养有很好的效果；上海青富含纤维，可以有效改善便秘。

(3) 初步加工。参照小白菜初步加工方法。

18. 奶白菜

(1) 产地、特征、应用。奶白菜属十字花科、芸苔属、芸苔种、白菜亚种的一个变种，一二年生草本植物，原产于中国的南方，以广东栽培较多。奶白菜是不结球白菜或普通白菜、小白菜、青菜、油菜中的一个株型中矮肥、叶柄宽厚的一个种类。基生叶莲座状，叶片近圆形；绿或深绿色，有光泽，叶面皱，全缘，叶柄肥厚而短，匙羹形，奶白色。奶白菜可炒、扒、滚汤、煲、煮、炖、火锅等。

(2) 营养食疗价值。奶白菜 其性味甘、微寒，具有清热解毒、通利肠胃等作用。

（3）初步加工。白菜段，清洗干净，将白菜叶帮剥开，横切成约4厘米的段，用于炒和煮汤。

19. 油麦菜

（1）特征、应用。油麦菜，又名莜麦菜，有的地方又叫苦菜。属菊科，是以嫩梢、嫩叶为产品的尖叶型叶用窝苣，叶片呈长披针形，色泽淡绿、质地脆嫩，口感极为鲜嫩、清香、具有独特风味，油麦菜的吃法与生菜同，可清炒、上汤、扒或做汤，烹饪时间宜短。吃起来嫩脆爽口，受人欢迎。

（2）营养食疗价值。油麦菜含有大量维生素和大量钙、铁、蛋白质、脂肪、维生素A、维生素B_1、维生素B_2等营养成分，是生食蔬菜中的上品，有“凤尾”之称。

（3）初步加工。剥开菜帮、清洗干净，切段或整条使用。

20. 芥蓝

（1）产地、特征、应用。芥蓝，别名白花芥蓝，十字花科芸苔属，一二年生草本植物，以花苔为产品，幼苗及叶片也可食用。芥蓝的花苔是我国著名的特产蔬菜之一，起源于中国的南方，主产区有广东、广西、福建和中国台湾等省区，沿海及北方大城市郊区有少量栽培。主产区广州可全年生产和供应，除市销外，还有大宗出口。芥蓝的菜苔柔嫩、鲜脆、清甜、味鲜美，可炒食、白灼、汤食，或做配菜。

（2）营养食疗价值。芥蓝含纤维素、糖类等。其味甘，性辛，除有利水化痰、解毒祛风作用外，还有耗人真气的副作用。久食芥蓝，可抑制性激素的分泌。每100克新鲜芥蓝含水分92～93克，维生素C 51.3～68.8毫克，还有相当多的矿物质，是甘蓝类蔬菜中营养比较丰富的一种蔬菜。

（3）初步加工。把花苔和嫩叶摘下清洗干净，芥蓝茎如果太老，必须去皮后再使用，嫩的话可连皮使用。芥蓝茎清洗干净后可切成各种形状。

（二）茎菜类

1. 莴笋

（1）产地、特征、应用。莴笋又称茎用莴苣、莴苣笋，属菊科植物。莴笋原产阿富汗，隋唐时期引入我国。在南方可以常年栽培，四时供应，故有“莴笋不离园”之说。莴苣分茎用和叶用两种，前者各地都有栽培，后者南方栽培较多，是春季及秋、冬季重要的蔬菜之一。地上茎可供食用，茎皮白绿色，茎肉质脆嫩，幼嫩茎翠绿，成熟后转变白绿色。

莴笋含水分多，质地嫩脆，味道鲜美。其食用部分为肥大的地上茎，莴笋的品种有青莴笋和白莴笋。一般来说，以白莴笋质量为佳，不仅条顺，不弯不裂，而且皮薄质嫩。其纤维少质地比较松脆，适宜糖尿病患者食用。在食用方法上，莴笋生食、熟食皆宜。春夏季多用来做凉拌菜，用之烧、炒、烩、泡等都可以做出不同风味的菜肴。在食品雕刻上莴笋也有应用。

（2）营养食疗价值。莴笋味甘、性凉、苦，具有开通疏利、消积下气、利尿通乳、强壮机体、防癌抗癌、宽肠通便等功效。莴笋含钾量较高，有利于促进排尿，对高血压和心脏病患者极为有益。

（3）初步加工。清洗干净，削去外皮，根据菜式需要可切片、切丝等。其适用于炒、滚汤、凉拌等。

2. 茭白

(1) 产地、特征、应用。茭白又称茭瓜、茭筒、菰菜。古时称菰，又称“雕胡”。其夏、秋间开花结子实，其子实称为菰米。属禾本科多年生、水生草本植物。故许多书将其划为水生类。茭白原产于我国，是我国所特有的一种名贵的水生蔬菜。我国栽培茭白已有2000多年历史，我国古代盛产茭白。由于茭白开花期前后不一，作为谷粒的菰米成熟期也很不一致，子实容易脱落，收获颇为困难，所以自明代以后，我国以菰米做饭者日趋减少，甚至当今已很难看到用菰米做饭了，但在南美洲仍盛产菰米，因印第安人喜食而称印第安米。茭白在我国虽无大量种植，但分布甚广，南至福建，北至黑龙江皆有栽培，而且杭州西湖与江苏太湖一带栽培较多。太湖的茭白以清脆可口、味道鲜美而著称全国。我国目前种植茭白，不是为了采其子实做饭，而是为了采摘其嫩茎，这种嫩茎是茭白植株受到黑粉菌（一种真菌）刺激而形成的。茭白按其采收情况可分为一熟茭和二熟茭两类。一熟茭在春节播种，农历八月收获，故又名八月茭，主要品种有杭州的一点红、象牙茭和广州的大苗茭笋、软尾茭笋。而二熟茭则在春节或夏季栽植后，可摘收两次。第一熟在当年秋季成熟，成熟期较一熟茭期晚，第二熟在第二年夏季成熟，其主要品种有杭州的梭子茭、苏州的小蜡合等。茭白呈纺锤形，叶绿茎黄白，纤维细小，肉质柔嫩，味清香带甜，风味鲜美。茭白含有较高的草酸，致使所含的钙质不易被人体吸收，因此使用前需灼水，可凉拌、腌制、烧、炒、做配菜。

(2) 营养食疗价值。茭白具有利尿解渴、解酒毒，补虚健体的功效。茭白蛋白质的含量很丰富，所有的有机酸以氨基酸形式存在，食之味道鲜美。茭白含有丰富的有解酒作用的维生素，有解酒醉的功用。嫩茭白的有机氮素以氨基酸状态存在，并能提供硫元素，味道鲜美，营养价值较高，容易为人体吸收；但由于茭白含有较多的草酸，其钙质不容易被人体所吸收。

(3) 初步加工。剥去外壳，切去苗、剥皮、清洗干净，可切片、改成花，可炒可蒸。

3. 竹笋

(1) 产地、分类、应用。竹笋又称笋，属禾本科植物竹类的嫩茎。竹笋原产我国及东南亚地区，为我国江南各省栽植的多年生经济植物。品种优良的竹笋具有鲜、嫩、肥、脆等特点。我国竹笋的种类很多，生长旺盛，几乎一年四季皆有供应。食用的品种主要是毛竹笋，再有是淡竹笋、旱竹笋、麻竹笋、刚竹笋、绿竹笋。以毛竹笋的质量最好，盛产于我国的长江流域以南地区。按竹笋的采集季节，可分为春笋、冬笋和鞭笋三种。春笋为毛竹在3月底4月初出土的嫩笋，色白、质软、味淡。冬笋为毛竹冬季生于地下的嫩茎，色洁白、质细嫩爽脆，味道鲜美，质量最佳。鞭笋则是毛竹夏季生长在泥土中的嫩枝头，状似鞭，色白、质脆，味微苦，质量稍差。质量好的竹笋质嫩肉厚、节间距短、色白或淡黄，无虫蛀或锈斑。竹笋作为烹饪原料，用途十分广泛，它既是各种宴席上良好的配菜，又可以做主料，适用于炒、煮、焖、烧等。此外，竹笋还能制成罐头、笋干、玉兰片等加工品。因竹笋中含草酸较多，使用前须先焯水。

(2) 营养食疗价值。竹笋味甘、微寒，无毒；具有清热化痰、益气和胃、治消渴、利水道、利膈爽胃等功效。竹笋还具有低脂肪、低糖、多纤维的特点，食用竹笋不仅能促进

肠道蠕动，帮助消化，去积食，防便秘，并有预防大肠癌的功效。竹笋含脂肪、淀粉很少，属天然低脂、低热量食品，是肥胖者减肥的佳品。

(3) 初步加工。用刀切去根部粗老部分，剥去笋外壳，取出笋肉清洗干净，用刀削去外皮，使其圆滑，然后用水滚至熟透再切成各种形状。

4. 芦笋

(1) 产地、特征、应用。芦笋又称石刁柏、龙须菜，为百合科多年生草本植物。芦笋原产欧洲，我国栽植芦笋的历史也很悠久，近年来山东、浙江、天津、福建等地大量栽培，多用于出口，是一种有发展前途的蔬菜。芦笋以其嫩茎为食用蔬菜，其幼茎在出土前采收者，肉色洁白，质地柔嫩，口味香郁，称为白芦笋。幼茎出土后，经光照后而呈绿色，称之为绿芦笋。绿芦笋质地及口味均不及白芦笋，但其产量较高，且富含维生素、钙、铁。可生食、凉拌、烧、扒、爆等。

(2) 营养食疗价值。芦笋嫩茎中含有丰富的蛋白质、维生素、矿物质和人体所需的微量元素，脂肪含量很少，具有暖胃、利尿、增进食欲、消除疲劳等功效，可防治冠心病、高血压和癌等症，另外芦笋中含有特有的天门冬酰胺，及多种甾体皂甙物质，对水肿、膀胱炎、白血病均有疗效，因此长期食用芦笋有益脾胃，对人体许多疾病有很好的治疗效果。

(3) 初步加工。切去根部粗老部分，清洗干净，用刀削去外皮，再切成各种形状。

5. 马铃薯

(1) 产地、分类、应用。马铃薯原产南美洲，明代传入我国。现在我国南北各地均有栽培。马铃薯品种很多，我国现在栽培的马铃薯多为马铃型亚种，有球形、卵形、扁平形、圆形等形状，表皮通常有黄、白、紫等颜色。马铃薯富含淀粉及多种维生素。许多国家用它作为主食，我国北方及西北一些地区也常以之代粮。马铃薯的食用方法可以说是丰富多彩、花色繁多，可以加工成丁、丝、片、块、泥等形状，适用于烧、炒、炖、煎、炸、煮、烩、蒸、煲等。其既可以作为主料，又可作荤、素菜的配料，还能做馅和制作糕点，并可以制粉丝、制作酒精等。马铃薯中含有有毒物质茄苷（又名龙葵素）等，在正常情况下，每千克马铃薯的茄苷含量不超过 3～6 毫克，此时茄苷主要存在于表皮层中，而马铃薯一旦发芽或经过光照后表皮变绿，其芽眼附近或变绿的表皮中茄苷的含量便会激增，食用后容易引起腹胀、抽筋、恶心、头痛及昏厥等现象。因此，发芽后的马铃薯最好不要食用。

(2) 营养食疗价值。马铃薯含有大量碳水化合物，同时含有蛋白质、矿物质（磷、钙等）、维生素等，具有延缓衰老、减肥、护肤美容等功效。

(3) 初步加工。削去外皮，挖去芽眼，洗净后用清水浸泡备用。根据菜式需要切改丝、片、蓉、菱形件等，可用于炸、焖、煸、炒、煲等。

6. 山药

(1) 产地、特征、应用。山药又称白山药、薯蓣、怀山药，属薯蓣科植物。山药原产我国南方亚热带山地，性喜高温干燥，古代原名薯蓣。其主要产地为我国北部、中部地区，以河南、河北、山西、陕西等地栽培较多。依其形状可分为长根、扁根、块根三种，以河南怀庆地区出产的同怀山药品质最佳，该地山药细短而尖硬，既是美馔佳蔬，又是地

道药材，称“铁棍山药”。用于素食，山药多作为甜菜使用，炖、炒、烧、扒、煲皆宜，还可做拔丝山药。山药耐储藏，可弥补淡季蔬菜的不足。

（2）营养食疗价值。山药具有健脾助消化、益肺止咳、益胃补肾、固肾益精、聪耳明目、助五脏、强筋骨、长志安神、延年益寿、降低血糖的功效。

（3）初步加工。清洗干净，削去皮切成各种形状，用清水浸泡备用。

7. 芋头

（1）产地、分类、应用。芋头又称芋艿，属天南星科植物。芋头原产我国，球茎含有丰富的淀粉。战国末期，我国西南地区已经以芋头作为杂粮了。芋头喜高温、湿润气候，故在江南地区广泛栽培，尤其以珠江流域栽培最为广泛，北方则栽培很少。芋头容易栽培，产量高，优良品种有杭州的白梗芋头与红梗芋头、四川东山的莲花芋、江苏的龙头芋、广西的荔浦芋头等。芋头里含钙量较多，但属于人体难以吸收的草酸钙。芋头的乳状液里含有皂角苷，接触皮肤后，使人感到奇痒难忍，但是皂角苷遇热即被破坏，所以将痒的部位用热水洗，用火烤，或用生姜捣汁轻轻擦拭，均可解痒。芋头不能生食，以免刺激喉头，导致不适。芋头可作蔬菜，亦可代粮，可烧、蒸、炒、炸、焖、扣、返沙等，调味咸甜皆宜。芋艿还可以制作小吃、点心等。

（2）营养食疗价值。芋头质地细软，易于消化，可作胃病、肠道病、结核病以及恢复期病人的保健食品。芋头可补中益气，富含蛋白质、钙、磷、铁、钾、镁、钠、胡萝卜素、烟酸、维生素C、B族维生素、皂角甙等多种成分，所含的矿物质中，氟的含量较高，具有洁齿防龋、保护牙齿的作用；其丰富的营养价值，能增强人体的免疫功能，可作为防治癌瘤的常用药膳主食；芋艿含有一种黏液蛋白，被人体吸收后能产生免疫球蛋白，或称抗体球蛋白，可提高机体的抵抗力；芋艿为碱性食品，能中和体内积存的酸性物质，调整人体的酸碱平衡，美容养颜、乌黑头发；还可用来防治胃酸过多症；芋艿含有丰富的黏液皂素及多种微量元素，可帮助机体纠正微量元素缺乏导致的生理异常，同时能增进食欲，帮助消化。

（3）初步加工。清洗干净，用刀削去外皮，挖去芽眼。根据需要切改成丝、件、条、块，宜做焖、蒸、炸、煎、甜菜之用。

8. 生姜

（1）产地、分类、应用。姜又名生姜，姜科草本植物的肉质茎，在我国除高寒地区外均广为种植，以山东、浙江、广东为主要产区。按形态分为两类：姜块肥大，单层排列的为疏苗型生姜；姜块多，双层或多层排列的为密苗型生姜。5～7月采收的嫩姜称为子姜，其芽端呈紫红色；9～10月后收的为老姜。子姜脆嫩无渣，辣味较轻；老姜则辣味重，纤维较粗。子姜可制作菜肴，适用于炒、拌、泡、酱等，老姜可作料头、可除去异味，使菜肴清香可口。此外，姜还能腌制、糖渍，也可制姜汁、姜酒、姜油等。

（2）营养食疗价值。生姜中含有挥发性物质，故而具有鲜香、辛辣的味道。生姜具有健胃、发汗、驱风等作用。生姜含有蛋白质、多种维生素、胡萝卜素、钙、铁、磷等；生姜还具有解毒杀菌的作用；生姜的提取物能刺激胃黏膜，引起血管运动中枢及交感神经的反射性兴奋，促进血液循环，振奋胃功能，达到健胃、止痛、发汗、解热的作用；姜的挥发油能增强胃液的分泌和肠壁的蠕动，从而帮助消化；生姜中分离出来的姜烯、姜酮的混

合物有明显的止呕吐作用；生姜有抑制癌细胞活性、降低癌的毒害作用，可以起到防癌的功效。

（3）初步加工。清洗干净，把皮刮去。主要用做料头。加工形状有茸、丝、米、片、件、块和姜花等。子姜切薄片用做腌酸姜或炒，拍裂则用于焖。

9. 藕

（1）产地、分类、特征、应用。藕又称莲藕，属睡莲科，水生草本植物，《诗经》称“荷”，《离骚》称“芙蓉”，《本草纲目》称“水华”。藕是莲的地下茎，北方有人称之为莲菜，南方多将之作为水果食用。藕原产印度，约在3000多年前引入我国。藕性喜温暖、湿润，适宜于静水池塘中生长，故我国江南水乡的江苏、湖南、湖北、安徽、浙江、江西及福建等地栽培甚多。河北、河南、山东等水泽之处也有小面积种植。藕的品种有七孔藕与九孔藕之分，七孔藕根茎粗肥，肉质细嫩，鲜嫩多汁，甘甜清香，洁白无瑕，且产量又高，颇受消费者欢迎。其中久负盛名的藕为杭州西湖塘栖所产。品质较差的藕皮厚丝多，微有苦涩味，多黑色斑痕，但花香、果多、产莲子多。另外也有人将藕分为红花藕、白花藕、麻花藕三种。红花藕细长，藕块肥状，外皮洁白，质地细嫩光滑，味甜多汁，为藕之上品；麻花藕为粉红色，外皮较粗，淀粉较多，为藕之中品。藕可炒、炖、烩、熘、煎、蒸、煮、煲、酿、生吃等。

（2）营养食疗价值。藕的营养丰富，芳香甘醇，有生津开胃、清热滋补、补肺养血之功效。除含有蛋白质等多种营养物质外，尤其含糖量高，可制藕粉食用。煮熟的藕性味甘温，能健脾开胃，益血补心，故主补五脏，有消食、止渴、生肌、止泻、固精的功效。藕含有淀粉、蛋白质、天门冬素、维生素C以及氧化酶成分，含糖量也很高，生吃鲜藕能清热解烦，解渴止呕；如将鲜藕压榨取汁，其功效更甚；老年人常吃藕，可以调中开胃，益血补髓，安神健脑，具有延年益寿之功效。

（3）初步加工。清洗去泥，刮去藕衣，削净藕节。煲汤则按节切断，原段使用，焖则应拍成块，炒、凉拌则切片或丝；藕节应该横切成片。

10. 荸荠

（1）产地、特征、应用。荸荠又称地栗、马蹄、地梨，其苗称通开草。因其根状茎如芋，表皮色泽发乌，故又名乌芋，属莎草科植物。荸荠原产我国，早在3000多年以前我国已有栽培。荸荠含丰富的淀粉，按淀粉含量可分为水马蹄类和红马蹄类。水马蹄含淀粉质高，肉质粗，宜熟食或加工马蹄粉。红马蹄水分含量高，淀粉含量少，肉甜嫩少渣，宜生吃，如桂林马蹄。广州的水马蹄属红马蹄，冬春为收获期。荸荠肉质洁白、清脆可口，可用于炒、煎、烧、爆、配菜、制成甜品或生吃。

（2）营养食疗价值。它具有凉血解毒、利尿通便、化湿祛痰、消食除胀等功效。荸荠中含有的磷是根茎蔬菜中最高的，能促进人体生长发育和维持生理功能，对牙齿骨骼的发育有很大好处；同时，可促进体内的糖、脂肪、蛋白质三大物质的代谢，调节酸碱平衡；因此，荸荠适于儿童食用。荸荠对降低血压也有一定效果，还对肺部、食道和乳腺的癌肿有防治作用。荸荠还有预防急性传染病的功能，在麻疹、流行性脑膜炎较易发生的春季，荸荠是很好的防病食品。荸荠是寒性食物，有清热泄火的良好功效，既可清热生津，又可补充营养，最宜用于发烧病人。

（3）初步加工。切去头尾，削净外皮，洗净，浸于清水中。根据菜式需要加工，加工形状有原个、丁、片、米粒、丝等。

11. 菱角

（1）产地、分类、特征、应用。菱角为菱之果实，又称菱芰、风菱、水菱角，属菱科菱属，是一种浮生于水面的食用物。对于菱角的性能功用，我国古代曾有详细记述，李时珍说："野菱自生湖中，叶实小。其角硬实刺人，其色嫩老黑。嫩时剥食甘美，老则蒸煮食之……家菱种于彼塘，叶实俱大。嫩时剥食，皮脆肉嫩，盖佳品也。"千百年来，经人们精心选育优良品种，多数菱角由野生转为家生，由四角菱变为两角菱，且两角菱也逐渐退化变小。浙江著名的"西湖无角菱"，肉质增厚，果皮变薄，个头增大，是优良品种的代表。菱角常栽培于池塘、湖泊之中，我国大江南北皆有分布，但仍以江南各省产量高而且品质佳，其中尤以浙江嘉兴南湖的无角菱和江苏邵伯湖的红风菱等品种盛誉全国。菱角分家菱和野菱，有硬壳，中间略凹，有凸起的角。按呈现角的数量的不同，可分为四角菱、两角菱和无角菱。菱角以肉脆嫩，肥大饱满，肉质白净脆嫩为好，一般秋季上市。鲜菱角生可以当做水果吃，若将其加工，可以制糕点、酿酒、酿醋，菱角若加工成粉，以开水冲服，则味道清香甘甜，可与藕粉媲美。

（2）营养食疗价值。菱角能补脾胃，强股膝，健力益气，菱粉粥有益胃肠，可解内热，老年人常食有益。菱角含有丰富的淀粉、蛋白质、葡萄糖、不饱和脂肪酸及多种维生素，如维生素 B_1、维生素 B_2、维生素 C、胡萝卜素及钙、磷、铁等微量元素。古人认为多吃菱角可以补五脏，除百病，且可轻身。所谓轻身，就是有减肥健美作用，因为菱角不含使人发胖的脂肪。

（3）初步加工。清洗干净，去壳取肉使用。

12. 慈姑

（1）产地、特征、应用。慈姑又称燕尾草、华夏慈姑、白地栗，属水生泽泻科植物。原产于我国，有久远的栽培历史。慈姑的球茎生于沼泽水田或浅水沟中，其球茎的顶端有凸出的顶尖，外表皮光滑，呈浅黄色，表面有环状节数条。球茎有圆形、印圆形及扁圆形之别。南方诸省于每年 8～9 月采摘其圆茎作为蔬菜食用。慈姑的成熟期大约在每年霜降以后，所以总是于每年 11 月至翌年 2 月大量上市。慈姑的纤维少，淀粉含量高，但有苦涩味，主要供主食，也可作为各种配菜或制作淀粉。烹饪中适用于烧、炖、煮等方法。

（2）营养食疗价值。慈姑性味甘平，生津润肺，补中益气，对劳伤、咳喘等病有独特疗效。慈姑每年处暑开始种植，元旦春节期间收获上市，为冬春补缺蔬菜种类之一，其营养价值较高，主要成分为淀粉、蛋白质和多种维生素，富含铁、钙、锌、磷、硼等多种活性物所需的微量无素，对人体机能有调节促进作用，具有较好的药用价值。

（3）初步加工。刮去外衣、洗净。用于焖则拍裂；用于炸则切成薄片，浸于清水中。也可先将外皮洗净，带着芽用沸水烫洗一下，放入锅内烧开，捞出后沥干水分，切瓣待用。

13. 圆葱

（1）产地、分类、应用。圆葱又称葱头、洋葱、胡葱、洋葱头、玉葱，属百合科植物。圆葱原产于亚洲西部大陆性气候的地带。这些地方温度变化幅度大，所以圆葱适应性

强。早在4000年前，古罗马帝国及古希腊已有栽培，但引进我国的时间不过100年左右。主要种植地为河北、河南、山东、辽宁、陕西、甘肃。江南地区虽有栽培，但种植面积不大。圆葱由播种到收获的时间，因气候条件而异，华北地区秋天播种，第二年秋末收获；长江流域秋季播种，翌年5～6月收获；东北地区以春播为主，夏末收获。圆葱按皮色可分为黄皮圆葱、红皮圆葱、白皮圆葱三种。黄皮圆葱主要产于北方地区，红皮圆葱主要产于南方地区，而白皮圆葱，南、北方都很少栽培。品质好的葱头应当是鳞基片肥厚、鳞茎抱合紧密，不抽芽、不变色、无冻伤。圆葱是两年生地下鳞茎，既有发芽繁殖能力，又是储藏养分的器官。圆葱和一般叶菜不同，圆葱收获后，生理活动变得缓慢，养分消耗降低，新陈代谢微弱，因而很耐储存。经过一定储存休眠期之后，一旦温度、湿度等条件适宜便开始发芽，为抑制其发芽，保管中要创造低温、干燥的环境条件。在烹饪中多炒食或做料头使用，西餐中应用较多。

(2) 营养食疗价值。圆葱具有发散风寒的作用；有较强的杀菌作用，其营养丰富，且气味辛辣，能刺激胃、肠及消化腺分泌，增进食欲，促进消化；不含脂肪，其精油中含有可降低胆固醇的含硫化合物的混合物，可用于治疗消化不良、食欲不振、食积内停等症。圆葱还是天然的血液稀释剂，经常食用对高血压、高血脂和心脑血管病人都有保健作用；圆葱有一定的提神作用；具有防癌抗癌作用；吃圆葱能提高骨密度，有助于防治骨质疏松症；可以抗哮喘、治疗糖尿病、分解脂肪。

(3) 初步加工。切去头尾，剥去外衣。根据菜式需要可切改成件、丁、粒、丝、圈等形。

14. 大蒜

(1) 产地、分类、应用。大蒜又称蒜，是百合科葱属植物，叶狭长扁平，淡绿色，表面有蜡粉，称青蒜；在茎中央抽生长条形的花茎，为蒜苔（蒜心）；蒜头是蒜的地下鳞茎，由单个或若干个蒜瓣组成，外为膜质蒜衣。大蒜原产于中亚，汉代张骞出使西域引入我国，距今已有2000多年历史，在我国南北各地皆有栽培。蒜的品种，若以色泽分，可分为紫皮蒜、白皮蒜，若以蒜瓣大小来分，分为大瓣种与小瓣种。紫皮蒜，外皮紫红属大瓣蒜种，一般在早春栽培，又称春蒜，蒜瓣肥大，瓣数较少辛味浓厚，适宜生食、调味等；白皮蒜，外皮白色，属小瓣蒜种，一般在秋季栽培，又称秋蒜，蒜瓣较小，瓣数较多辛味淡薄，适宜腌制，做糖醋蒜。独头蒜的形成，除了品种上的因素外，主要是由于播种过晚或幼苗肥大不足，或蒜种瓣小。以春蒜为例，由于上述原因以致在种后不能抽苔和发生侧芽，只能使最外层的叶鞘基部膨大，长成不分瓣的独头蒜，故农谚有“播种不出九，出九长独头”之说。大蒜生、熟食皆可。用于烧鱼、炖肉，不仅有除腥作用且兼有添新鲜香美味之妙用。蒜苔通常用于炒，青蒜可用于炒、焖、凉拌、生吃、做料头皆可，蒜头多用于调味做料头。每吃上几瓣，可增进食欲。尤其是夏秋季节，用蒜泥拌凉菜，不仅味道鲜美，而且有良好消毒杀菌功效。

(2) 营养食疗价值。大蒜鳞茎中大约含有2%挥发性油，其辛辣成分是硫醚类化合物。新鲜组织中含有蒜氨酸，蒜的组织被破坏后，在酶的作用下，蒜氨酸分解，产生有强烈刺激味的油状物大蒜素。大蒜素是一种植物杀菌素，具有广谱抗菌作用。大蒜具有调节胰岛素、抗癌防癌、降低血脂、防止血栓、延缓衰老、预防铅中毒、预防关节炎、抗炎灭菌等功效。大蒜中含有大量的蒜素，与维生素 B_1 结合可产生蒜硫胺素，具有消除疲劳、增强体力的奇效。大蒜含有的肌酸酐是参与肌肉活动不可缺少的成分，对精液的生成也有作用，可使精子数量大增，所谓“吃大蒜精力旺盛”即指此而言。大蒜还能促进新陈代谢，降低胆固醇和甘油三酯的含量，并有降血压、降血糖的作用，故对高血压、高血脂、动脉硬化、糖尿病等有一定疗效。大蒜外用可促进皮肤血液循环、去除皮肤的老化角质层、软化皮肤并增强其弹性，还可防日晒、防黑色素沉积，有祛色斑、增白的作用。

(3) 初步加工。蒜头，剥去外皮，主要用做料头，形状有蓉、片、蒜子、拍蒜子等；蒜苔，清洗干净去头尾，切成 4 厘米左右长段；青蒜，摘去根部，去掉老黄叶，拍裂头部、切段或茸使用。

15. 蒜苔

(1) 特征、应用。蒜苔即大蒜的花苔，包括花茎（苔茎）和总苞（苔苞）两部分。蒜苔是人们喜欢吃的蔬菜之一。蒜苔中所含的大蒜素、大蒜新素，可以抑制金黄色葡萄球菌、链球菌、痢疾杆菌、大肠杆菌、霍乱弧菌等细菌的生长繁殖。其多用于炒。

(2) 营养食疗价值。蒜苔可温中下气、补虚、调和脏腑。蒜苔含有糖类、粗纤维、胡萝卜素、维生素 A、维生素 B_2、维生素 C、尼克酸、钙、磷等成分，其中含有的粗纤维可预防便秘。蒜苔中含有丰富的维生素 C，具有明显的降血脂及预防冠心病和动脉硬化的作用，并可防止血栓的形成。它能保护肝脏，诱导肝细胞脱毒酶的活性，阻断亚硝胺致癌物质的合成，从而预防癌症的发生。蒜苔含有辣素，其杀菌能力可达到青霉素的 1/10，对病原菌和寄生虫都有良好的杀灭作用，可以起到预防流感，防止伤口感染和驱虫的功效。

(3) 初步加工。清洗干净、切去老根、切段使用。

16. 百合

(1) 产地、特征、应用。百合又称蓬花、蒜脑、夜百合等，为百合科多年生草本植物。百合原产于东亚，在欧美各国作为花卉栽植，我国则采取其鳞茎肉质鳞片食用。百合对土壤和气候的适应力较强，故在我国北方以及长江流域都能很好地生长，我国主要食用的品种有卷丹、山丹等。百合鳞茎质地肥厚、色泽洁白、醇香爽口、微带甜味，在烹调上以炒食为主，也可以烧、熘、做甜品。

(2) 营养食疗价值。鲜百合除含有淀粉、蛋白质、脂肪及钙、磷、铁、维生素 B_1、维生素 B_2、维生素 C 等营养素外，还含有一些特殊的营养成分，如秋水仙碱等多种生物碱。鲜百合具有润肺止咳、宁心安神、美容养颜、防癌抗癌等功效。本品甘凉清润，主入肺心，长于清肺润燥止咳，清心安神定惊，为肺燥咳嗽、虚烦不安等症所常用。

(3) 初步加工。切去头尾，剥开，拣去色黄、带黑斑点的洗净便可。

17. 雪莲果

(1) 产地、特征、应用。雪莲果别名晶薯、菊薯、神果、地参果（但叫菊薯更确切，更符合实际）；雪莲果原产自南美洲的安第斯山脉，是当地印第安人的一种传统根茎食品，雪莲果在国外叫“yacon”（亚贡）即神果之意。雪莲果是热带高山水果，果树貌似苎麻，可生长到高 2～3 米，成熟时，枝顶会先后开出，五朵美丽娇艳的太阳花，煞是可爱。果肉吃起来，口感却很像水梨，汁多而晶莹剔透，香甜脆爽。雪莲果可生吃、炒、煲等。

(2) 营养食疗价值。雪莲果属低热量食品，但其碳水化合物却并不为人体吸收。因此很适合糖尿病人及减肥者食用。雪莲果的果寡糖含量是所有植物中最高的。其性大寒，肠胃不好者慎食。雪莲果具有促进消化，调理胃肠道的功效；调理血液，清除高血脂，有效地控制胆固醇和糖尿病的功效；具有通便、防治下痢的功效；具有降火清毒、防治面疱、暗疮的功效；具有提高免疫力的功效。

(3) 初步加工。去皮，清洗干净，可切成各种形状。

18. 沙葛

(1) 产地、特征、应用。沙葛俗名地瓜、凉薯、土瓜、地萝卜等，是地下块根，原产热带美洲，后来传入中国，目前中国华北，西南、华南和台湾地区的栽培数量较多。其本身价格低廉而且味道不错，清吃爽口清脆，熟吃甜美细腻。从而受到广大人民的欢迎，是中国最常见的食物之一。其肉质洁白、嫩脆、香甜多汁，可炒、焖、煲等，可生食、熟食。

(2) 营养食疗价值。沙葛性甘、平、无毒，有解酒毒，降血压，止渴生津的功效。豆薯食用部分为肥大的块根，富含糖类、蛋白质，据测定，每千克块根中含水分 810～880 克、碳水化合物 76～119 克，及一些矿物质、维生素等。

(3) 初步加工。撕皮，切去头尾，根据需要切改形状。

19. 粉葛

(1) 产地、特征、应用。粉葛也称葛根，多年生落叶藤本，全株被黄褐色粗毛。块根圆柱状，肥厚，外皮灰黄色，内部粉质，纤维性很强。茎基部粗壮，上部多分枝，生于山坡、路边草丛中及较阴湿的地方，分布于广东、广西、四川、云南等地，多用于煲汤或焖制。

(2) 营养食疗价值。粉葛味甘性凉，能解肌退热、发表透诊、生津止渴、升阳止泻，多用于胃热口渴、脾虚泄泻、湿热泻痢等症。也用于感冒、发热、恶寒、无汗等症。

(3) 初步加工。撕皮，切去头尾，根据需要切改形状。

20. 豆芽

(1) 特征、应用。豆芽由大豆或绿豆经水泡至发芽而成。摘去芽瓣和根便称做“银针”，多用绿豆芽制成。豆芽可用于炒、滚、拌、熬素汤、做配料、垫底菜，银针可用于炒鱼翅等高档菜。

(2) 营养食疗价值。豆芽中含有丰富的维生素 C，可以治疗坏血病；它还有清除血管壁中胆固醇和脂肪的堆积、防止心血管病变的作用；绿豆芽中还含有核黄素，对口腔溃疡的人很适合食用；它还富含膳食纤维，是便秘患者的健康蔬菜；有预防消化道癌症（食道癌、胃癌、直肠癌）功效；豆芽的热量很低，而水分和纤维素含量很高，常吃豆芽，可以达到减肥的目的。

(3) 初步加工。清洗干净，去掉豆壳。一般用做炒，修切根须即可。绿豆芽择去头尾即为银针。大豆芽瓣与茎分别剁碎和切碎，称为松，可蒸可炒。

（三）根菜类

1. 萝卜

（1）产地、分类、应用。萝卜又称莱菔、芦菔、萝白，属于十字花科植物。萝卜原产我国，是我国最古老的根菜品种之一。其栽培已有2000多年历史，《诗经》、《尔雅》等书皆有记载。其大小、颜色因品种而异。外形一般呈纺锤形，有绿皮绿肉的青萝卜，有绿皮红心的心里美萝卜，有红皮白肉的小红萝卜，有里外皆白的白萝卜。萝卜质量以个体大小均匀，无病虫害，无黑心，水分充足，脆嫩为好。由于萝卜适应性强，产量高，栽植方法简便，又便于储存、运输，所以萝卜在我国黄河流域、长江流域都广为栽培，但盛产于北方各省，种植面积仅次于大白菜，在淡季市场调节供应方面发挥着很大作用。萝卜的品种很多，依其栽培时间可分为春萝卜、夏萝卜、秋萝卜三种。其优良品种甚多，春萝卜的优良品种有杭州洋红、四川三月热；夏萝卜的优良品种有北京的爆竹筒、成都的花缨子；秋萝卜的优良品种有天津卫青、济宁的红心、太湖的白萝卜等。萝卜的食用方法因地区生活习惯和品种不同而异。鲜萝卜可用于红烧、烩、炒、焖、煲、煮、做馅等，也可用做腌制、酱制、干制的加工原料，同时也是食品雕刻的重要原料，尤其是心里美萝卜，颜色鲜艳，应用更多。江苏、扬州的五香萝卜和山东济宁的糖醋萝卜，不仅作为特产畅销国内市场，而且远销国外，深受国内外人们的青睐。

（2）营养食疗价值。红萝卜性微温，具有清热、解毒、利湿、散淤、健胃消食、化痰止咳、顺气、利便、生津止渴、补中、安五脏等功能。萝卜含有能诱导人体自身产生干扰素的多种微量元素，可增强机体免疫力，并能抑制癌细胞的生长，对防癌、抗癌有重要意义。萝卜中的芥子油和膳食纤维可促进胃肠蠕动，有助于体内废物的排出。常吃萝卜可降低血脂、软化血管、稳定血压，预防冠心病、动脉硬化、胆石症等疾病。心里美萝卜所含热量较少，纤维素较多，吃后易产生饱胀感，这些都有助于减肥。

（3）初步加工。刨去外皮，切去苗，清洗干净。用做炒时选用白萝卜，切片或丝；汤、焖、炖用斧头块（滚刀块）。腌制时选用白萝卜，作菱形或叠梳形，主要用做腌制酸萝卜。

2. 胡萝卜

（1）产地、特征、应用。胡萝卜为伞形科植物，原产于亚洲冷凉干燥的高原地区，后传入我国。胡萝卜以其肉质根为食用部位，秋季大量上市。其肥大的肉质根为圆锥形或圆柱形，有紫红色、橘红色、黄色等颜色，其中以颜色深的含胡萝卜素最为丰富。品质优者质细味甜，脆嫩多汁，心柱少。胡萝卜对栽培条件要求不严，生长快而产量高，抗病虫能力强，耐储藏，且含有大量的胡萝卜素，所以尽管其味道不算诱人，地位却日趋引人注目。在欧美各国，胡萝卜被公认为营养丰富的上等蔬菜，西餐中几乎离不开它。胡萝卜的食用方法很多，既可生食又可熟制，适用于炒、拌、烧、炖、蒸、煮、焖、煲等烹调方法，胡萝卜所含的胡萝卜素是脂溶性维生素，加油烹调有助于人体消化吸收，也可用做点心、小吃、腌菜、酱菜的原料，或用于菜品的装饰和食品雕刻的原料。

（2）营养食疗价值。胡萝卜味甘，性平，有健脾和胃、补肝明目、清热解毒、壮阳补肾、透疹、降气止咳、除疳、增强免疫功能、降糖降脂等功效。其可用于肠胃不适、便秘、夜盲症（缺乏维生素A）、性功能低下、麻疹、百日咳、小儿营养不良等症状。

(3) 初步加工。可将胡萝卜刨去外皮，切头尾，根据需要切改形状。

(四) 花菜类

1. 金针菜

(1) 产地、特征、应用。金针菜又称黄花菜，古时称忘忧草；中药称萱草，为百合科草本植物。金针菜原产欧亚各国，大都作为观赏花卉。而我国自古以来，一直以其花做菜食用，为我国古老的园菜之一。金针菜主要产于山区丘陵地带，平原地区也少有种植，目前我国南北各地都有栽培，尤其以云南、湖南、江苏、山西、浙江、四川等省产量最多。其质量以陕西大荔、山西大同以及甘肃等地所产者为佳。金针菜的花位于茎的顶端，少则两朵，多则三朵。我们所食者是花蕾部分。花蕾的采取，应在花蕾即将开放而又未开放之时，此时花色鲜黄，质量佳；如果花蕾盛开时采收，则营养损失较多，又不好吃。花蕾开放的时间一般都在黄昏傍晚。采收后要迅速蒸熟，作为干制品储存。新鲜金针菜的花蕾初开时具有特殊的山野异香之品味，故可鲜食，也可作为多种佳肴的高级配菜。但做前要用开水浸烫，炒食新鲜的金针菜应注意火要大，加热彻底，否则金针菜中所含的秋水仙碱易在体内氧化成有很大毒性的物质（二秋水仙碱），能强烈刺激胃肠系统和呼吸系统，轻者会出现咽干、口渴、呕吐、腹泻等症状，严重时还会有血尿、闭尿、血便等症状。干制金针菜，因已经过蒸、煮、晾等过程，吃前又经水泡，因而食用不会发生中毒。金针菜在烹调中可炒、氽汤、煲、拌或作为菜肴的配料使用。

(2) 营养食疗价值。鲜黄花菜有健脑抗衰功效；具有降低动物血清胆固醇作用，是预防高血脂和延缓机体衰老的佳蔬；还有清热、利湿、利尿、健胃消食、明目、安神、止血、通乳、消肿等功效。

(3) 初步加工。切去花柄底部较老部分，清洗干净，灼水，整棵使用。

2. 花椰菜

(1) 产地、特征、应用。花椰菜又称菜花、花菜，花椰菜系十字花科一年或二年生植物，为甘蓝的变种。幼苗与甘蓝酷似，及至长大，众白色花蕾簇拥成花球。绿色叶片包着白色花球，叶片表面稍皱，以花柄、花梗及不育花组成的花球为食用部分，以花球洁白、肉厚细嫩、坚实，花柱细为好。花椰菜在我国南北均有栽培，因南北各地播种季节不同，上市季节也有差异。一般北方春、夏初播种，秋冬上市；南方秋季开始播种，次年的2～4月上市。花椰菜质地细嫩，所含纤维分布均匀，口感好，且风味鲜美，易消化。烹调时不宜加热过久，否则就会变得软烂，失去风味特点。常用的方法为先采取焯水，使其断生，然后再入烹调味，迅速出锅，这样可保持菜花的清香脆嫩。菜花除了炒制外，亦可烧焖、烩等，还可拌或炝制作冷菜。

(2) 营养食疗价值。花椰菜营养丰富，含有较多的维生素A、维生素B、维生素C和胡萝卜素，钙、磷、铁等无机盐含量也较丰富，尤其维生素C的含量特别丰富，比同类的白菜、油菜、金针菜多一倍以上。

(3) 初步加工。清洗干净，切去托叶，切成小朵便可。

3. 青花菜

(1) 产地、特征、应用。青花菜又称西兰花、绿花菜，为十字花科植物，亦为甘蓝变种，以绿色花球为食用部分，以色泽深绿、质地脆嫩者为好。青花菜原产于意大利，为西

餐常用原料，我国目前已广泛引种。青花菜从主茎顶端形成绿色花球，每个小花球结合松散，不及花椰菜密集，花茎较长。青花菜营养成分与花椰菜相近。青花菜通常作为菜肴的围边装饰使用，适合于烧、炒、炝、扒等，加热时间不宜过长。

(2) 营养食疗价值。婴幼儿常吃西兰花，可促进生长、维持牙齿及骨骼正常、保护视力、提高记忆力；西兰花还能提高肝脏解毒能力，增强机体免疫能力，预防感冒和坏血病的发生；西兰花中的维生素 K 能维护血管的韧性，不易破裂；西兰花中的维生素 C 含量极高，不但有利于人的生长发育，更重要的是能提高人体免疫功能，促进肝脏解毒，增强人的体质，增加抗病能力；西兰花中的抗氧化剂异硫氰化物可以避免眼睛受到阳光中紫外线的伤害；西兰花的主要成分具有抗癌作用。

(3) 初步加工。清洗干净，切成小朵便可。

(五) 果菜类

1. 番茄

(1) 产地、种类、应用。番茄又称西红柿、番柿，为茄科植物。其原产于南美洲的秘鲁和墨西哥，16 世纪初由西班牙人引种传入欧洲，最初仅作为观赏植物，后来才得知可以食用。在我国栽培的历史约 300 年，最初也仅供观赏，供食用不过 60 余年。番茄为一年生草本植物，因其适应性较强，全国各地都有栽培。番茄的品种很多，按番茄的作用，可分为加工品种与鲜食品种。加工品种果实鲜红，着色均匀坚韧，不易裂，耐储运，果皮较厚；鲜食品种果实大红、粉红、橙黄，近圆球形，易裂，不耐储运，果皮较薄。若按果实色泽分，有粉红（北方较多）、大红（南方较多）和橙黄（在生产上不占重要地位）三个品种。按生长期长短，则有早熟、中熟和晚熟三种。目前番茄温室栽培技术已日趋完善，所以一年四季市场都有供应。番茄中维生素 C 的含量较高，每 500 克番茄中维生素 C 的含量大约相当于 1250 克苹果或 1500 克香蕉中维生素 C 的含量，加之番茄肉质细嫩，其他营养成分又很丰富，故在国外享有“金色苹果”之美称，也是国内城乡市镇广大群众所喜欢的蔬菜。番茄的品质以形状周正、色泽鲜艳、无裂痕、无虫蛀、无死青者为佳。番茄中所含的有机酸主要是柠檬酸，其次是苹果酸。番茄生食熟食皆宜，既可做汤、炒、煮、焖、配料、料头、围边、凉菜等，又可加工成番茄酱、番茄汁及应用于肉鱼类罐头工业的生产。在冷盘的装饰上，番茄以其鲜艳的颜色应用广泛。

(2) 营养食疗价值。番茄具有降脂降压、抗真菌、消炎、退高烧、缓解咽喉疼痛、治高血压、皮肤病、贫血等功效。番茄含有丰富的营养，又有多种功用，被称为神奇的菜中之果。它所富含的维生素 A 原，在人体内转化为维生素 A，能促进骨骼生长，防治佝偻病、眼干燥症、夜盲症及某些皮肤病。番茄内的苹果酸和柠檬酸等有机酸，还有增加胃液酸度，帮助消化，调整胃肠功能的作用。番茄中含有果酸，能降低胆固醇的含量，对高血脂症很有益处。番茄中富含有维生素 C，可预防坏血病、美容及提高人体免疫能力。

(3) 初步加工。将番茄清洗干净摘去蒂，去头尾、切块，也可根据需要切改成其他形状；或者用沸水烫皮、剥皮后切成各种形状使用。

2. 茄子

(1) 产地、分类、应用。茄子又称矮瓜、落苏、吊菜子，为茄科植物。茄子原产于印度及东南亚，引入我国的历史已很久远，是我国古老的园菜。茄子生长期长，从夏初到秋末，可长期供应市场，颇受广大消费者的喜爱和好评。我国栽培茄子的地域很广，千百年来，劳动人民根据各自地区自然条件的特点，培育出了许多适合当地环境的优良品种。如华北、西北地区栽培的圆茄，江南地区栽培的长茄，东北地区栽培的矮茄等。茄子果实为浆果，如果按茄子的色泽区分，可分为紫茄子、青茄子、花茄子、白茄子四类。茄子以皮薄子小，肉厚细嫩的为好。茄子的吃法多种多样，烧、炒、焖、蒸、炸、酿、炖或拌茄泥皆相宜。茄子还可以做馅，又可腌、酱、干制，以供冬季缺菜之需。江苏、山东的蘑茄就是一种名贵的酱菜，因其肉质细嫩，味道鲜美而远销欧亚、美洲各地。

（2）营养食疗价值。荤素皆宜。既可炒、烧、蒸、煮，也可油炸、凉拌、做汤，都能烹调出美味可口的菜肴。吃茄子建议不要去皮，它的价值就在皮里面，茄子皮里面含有B族维生素，果蔬颜色的不同暗示独特的营养。常吃茄子（连皮）对防治高血压、脑血栓、老年斑等有一定功效。特别是茄子维生素P的含量很高。维生素P能使血管壁保持弹性和生理功能，防止硬化和破裂，所以经常吃些茄子，有助于防治高血压、冠心病、动脉硬化和出血性紫癜；茄子含有龙葵碱，能抑制消化系统肿瘤的增殖，对于防治胃癌有一定效果。此外，茄子还有清退癌热的作用；茄子含有维生素E，有防止出血和抗衰老功能。常吃茄子，可使血液中胆固醇水平不致增高，对延缓人体衰老具有积极的意义。

（3）初步加工。将茄子清洗干净、去头尾，可去皮、不去皮或刨间花皮使用；用做焖时切成三角块，浸于清水中；用做酿时则带皮切菱形双飞件或横切成圆形件及整条使用皆可；焖用则去头尾、刨去皮切成条形或带皮切成条形。

3. 辣椒

（1）产地、分类、应用。辣椒又称辣茄，中原一带称秦椒，西北一带称辣子，为茄科植物。其原产于美洲墨西哥、秘鲁等地，其中的某些种类很早就已传入印度，以致早期的植物学家误认为辣椒原产于东方。辣椒大约在明朝引入我国，是我国西北、西南地区及湖南、江西等省的重要蔬菜种类。在北方及长江流域两岸各地，辣椒都是一年生草本植物，每年冬季枯死。而在广西、广东、云南等亚热带及热带地区，辣椒老根可越冬，来年春季又可发芽。辣椒的品种很多，以其果实形态分，可分为四种：圆形辣椒、灯笼形辣椒、长圆锥形羊角椒、圆锥形辣椒。按其产辣强度可分为甜椒和辛椒。甜椒又叫柿子椒，味甜、肉厚、果形大、产量高、耐储存、运输，8～9月可调节淡季蔬菜市场，甜椒是北方地区夏秋两季供应市场的重要蔬菜品种。辛椒果形较小，其辛辣强度因品种不同而有差异。6月上市的小辣椒味较强，果小肉薄，主要供鲜食，还可加工成辣椒糊。8～9月上市的铁把黑，果为扁柿形，味甜、肉厚、味甜稍辣，适宜腌制。9月上市的小线椒，果长而尖，多子肉薄，紫红色，辛辣味浓烈，适于干制。辣椒可生食、熟食，可炒、炸、酿、焖、凉拌、做配料、做料头、围边等。

（2）营养食疗价值。辣椒除含有较高的维生素C和胡萝卜素外，还含特殊香辣味的辣椒素，适当食用可增进食欲、助消化、发汗、兴奋神经。辣椒性味辛热，有温中散寒，开胃消食作用。但辣椒有刺激性，有肠疾患者及牙痛、眼疾、高血压患者均不宜食用。甜椒在烹饪中可炒、腌制、凉拌，辛椒通常制成调料使用。辣椒具有预防胆结石、改善心脏功能、降血糖、缓解皮肤疼痛、防感冒、帮助长寿、防辐射、促进血液循环等功效。辣椒能缓解胸腹冷痛，制止痢疾，杀抑胃腹内寄生虫，控制心脏病及冠状动脉硬化；还能刺激口腔黏膜，引起胃的蠕动，促进唾液分泌，增强食欲，促进消化。

（3）初步加工。清洗干净，去蒂、开边刮去籽。用做炒时多切成三角形片；用做酿时则开边，修成略呈圆形片，尖椒不修。虎皮尖椒一般切去蒂部，去籽后（或不去籽）原个使用。椒件、椒丝、椒粒、椒米等做料头用。

4. 黄瓜

（1）产地、分类、应用。黄瓜又称胡瓜，为葫芦科一年生蔓生攀缘植物。黄瓜原产印度，自汉朝张骞出使西域传入我国，故名胡瓜。其在我国已有2000多年的栽培历史，现我国南北方均有栽培。以早春上市为鲜，可供应夏秋，北方冬季亦可用大棚生产，故四季均有供应。黄瓜的品种繁多，按成熟期可分为早黄瓜和晚黄瓜，按栽培方式可分为地黄瓜和架黄瓜，按其果实的外观可将其分为刺黄瓜、鞭黄瓜和秋黄瓜等。刺黄瓜（青瓜）是我国著名的黄瓜品种之一，其特点是表面疏生棘突，上有短刺，瓜形呈棒状，色泽翠绿带有光泽，瓜瓤少，籽少，肉质洁白，味甜多汁脆嫩。黄瓜可生食、熟食，可凉拌、炒、围边、果蔬雕刻等。

（2）营养食疗价值。黄瓜含有挥发性油，故而带有清香的味道，此外黄瓜中含有丙醇二酸，可抑制糖类转化为脂肪，所以多吃黄瓜具有减肥美容的功效。黄瓜的营养非常丰富，富含蛋白质及多种维生素，同时还含有钙、磷、铁等营养物质。黄瓜通身是宝，皮、秧、籽、根均可入药，中医认为黄瓜性凉，清血除热，利尿解毒。皮可利尿，籽可接骨，秧可降压，根可解毒。黄瓜具有防酒精中毒、降血糖、减肥强体、健脑安神的功效，还具有抗肿瘤的功效，黄瓜中含有的葫芦素C具有提高人体免疫功能的作用，达到抗肿瘤目的。此外，该物质还可治疗慢性肝炎和迁延性肝炎，对原发性肝癌患者有延长生存期作用。黄瓜具有抗衰老的功效，含有丰富的维生素E，可起到延年益寿，抗衰老的作用；黄瓜中的黄瓜酶有很强的生物活性，能有效地促进机体的新陈代谢。

（3）初步加工。青瓜可去皮、不去皮或间花去皮使用。炒——清洗干净、切去头尾，开边去瓤，切成片状、丝条形或丁粒形。凉拌——清洗干净、切去头尾，原条拍裂，再切成段，或切去头尾，开边去瓤，再切成瓜条。装饰——清洗干净切成瓜梳，间隔地把瓜片变曲，浸于水中定型。腌酸瓜——清洗干净切去头尾，去瓜瓤，瓜皮剞花纹，切菱形块。

5. 冬瓜

（1）产地、分类、应用。冬瓜又称东瓜、枕瓜、白瓜，为葫芦科植物。冬瓜产于我国南部。现在南北各地均有栽培，而以南方各地栽培居多，特别是浙江、江苏、安徽、四川等地产量较大。冬瓜品种很多，按其果型大小可分小型冬瓜和大型冬瓜两类。小型冬瓜结果多，个细小，成熟早，扁圆或圆形，其代表品种有北京一串铃，果实呈短圆筒形，外皮青绿色，老熟果实白色。大型冬瓜结果少、瓜硕大、成熟晚，果实呈长圆筒形或圆筒形，主要品种有湖北黄梅冬瓜、洛阳大冬瓜等。冬瓜喜温耐热，适应性强，易栽培，产量高，耐储藏，对于调节蔬菜淡季供应有重要作用。冬瓜可炒、焖、炖、扣、扒、煲、烩、灼、滚汤等。

（2）营养食疗价值。冬瓜味甘、性寒，具有清热解毒、利水消痰、除烦止渴、祛湿解暑的功效。冬瓜含蛋白质、糖类、胡萝卜素、多种维生素、粗纤维和钙、磷、铁，且钾盐含量高，钠盐含量低。冬瓜中因含钠量较低，为肾脏及浮肿病患者的理想蔬菜。

（3）初步加工。一般清洗干净表皮、去皮或带皮使用。用姜磨磨成瓜蓉，用于烩；去皮瓤，切成方丁粒，用于滚汤；取瓜肉，切改成扁圆柱形或梅花形，称棋子瓜，用于焖或炖；去皮瓤，改图案花后切双飞件，称瓜夹，用于蒸、扣；去皮瓤，切改成8～12厘米长方块，或改成图案花形，表面可剞出横竖浅槽，用于扒；连皮切成块状，用于煲汤；去瓤，将冬瓜修成圆角方形件，边长为18～20厘米，用于白玉藏珍；取蒂部长约24厘米的一截，须直身，在切口处修圆外沿，并将切口改成锯齿形，掏出瓜瓤，用于炖冬瓜盅。

6. 南瓜

（1）产地、分类、应用。南瓜又称倭瓜、饭瓜、番瓜、金瓜，属葫芦科植物，我国在明代已有栽培的南瓜有三个品种，即南瓜（中国南瓜）、笋瓜（印度南瓜）和西葫芦（美洲南瓜）。中国南瓜原产于亚洲南部，笋瓜原产于印度，西葫芦原产于美洲。这三种南瓜形态上有很大的差别：南瓜果实前端多凹入，表面光滑或呈瘤状凸起，成熟果实有香气，含糖分较多，果梗细长、质硬、基部膨大成五角形梗座，以嫩果或老熟果实供食用。笋瓜果实前端凸出或凹入，表面光滑，成熟果实无香气，含糖分较多，果梗短圆筒形，海绵质，基部不膨大，嫩果供食用或做饲料。西葫芦果实果形小，早熟，成熟后，外表皮极坚硬，果梗较短，质硬，基部稍膨大，有明显纵沟，以嫩果供食用。南瓜含糖、淀粉较多，尤其以胡萝卜素含量居瓜类之冠。南瓜嫩果可做瓜菜，老熟后甜软可口，可佐餐也可代替粮食，用以做馅，则有乡土风味，安徽素馔有“粉蒸南瓜盅”，是地方名莱。南瓜可炒、焖、蒸、烩、炖等，也可做点心、小吃等。南瓜子含油率可达50%左右，炒食时脆香可口。南瓜子是公认的驱虫药，对驱除体内绦虫有良效，对蛔虫、血吸虫、蛲虫等也有很好杀灭作用，这一点古今医学书籍皆有记载，驱虫时均需生食。

（2）营养食疗价值。南瓜具有解毒、保护胃黏膜、帮助消化、防治糖尿病、降低血糖等功效。南瓜含有丰富的钴，钴能活跃人体的新陈代谢，促进造血功能、消除致癌物质、促进生长发育、防治妊娠水肿和高血压。

（3）初步加工。清洗干净、刨皮去瓤，切块状用于焖，切片用于炒；切出瓜蒂做瓜盅盖，掏出瓜瓤做南瓜盅。

7. 丝瓜

（1）产地、特征、应用。丝瓜又称胜瓜、锦瓜、开丝瓜、布瓜、开罗，属葫芦科植物。丝瓜原产于东印度。宋代杜北山等人著有《咏丝瓜》之诗篇，可见丝瓜在宋初或唐末已引入我国。现在我国各地皆在栽培，但以南方各省居多，其中四川、两广的八棱丝瓜颇有名气。丝瓜形为长柱形，表面有皱褶，有数条墨绿色的棱。丝瓜纤维细嫩，爽脆清甜。丝瓜于夏秋间采摘嫩实，脆而适口，可炒可烧，宴席间以丝瓜皮为配料者也颇多，如“丝瓜卷”“干贝丝瓜”“菱角丝瓜”“丝瓜烧鸡腰”等。丝瓜可炒、蒸、扒、上汤、滚、围边等。以丝瓜做汤做菜，配以豆腐或虾仁，荤素皆宜。但做汤以清汤为佳，以便保持丝瓜特有风味。

（2）应用食疗价值。丝瓜味甘、性凉，有清暑凉血、解毒通便、祛风化痰、润肌美容、通经络、行血脉、下乳汁、调理月经不顺等功效。丝瓜中含防止皮肤老化的B族维生素和增白皮肤的维生素C等成分，能保护皮肤、消除斑块，使皮肤洁白、细嫩，是不可多得的美容佳品，故丝瓜汁有“美人水”之称。

(3) 初步加工。将丝瓜刨棱刮青，清洗干净、切去头尾使用。把丝瓜顺切成四条，削片去瓤，再切成长条，长约 12 厘米的叫瓜青，用于扒、伴、围；按瓜青方法开条，然后切成菱形块或用斜刀切成片，叫丝瓜片，用于炒；按瓜青方法开条，再切成细条，横切成粒，叫瓜粒，做汤的配料；刨棱后，用滚料切刀法切成三角块，叫瓜块，用于滚汤。

8. 节瓜

(1) 特征、应用。节瓜又称毛瓜，因表面有短粗毛而得名，长圆形，皮青肉白，皮极薄嫩，以仔嫩、新鲜的为好。节瓜可煲、扒、蒸、酿、滚、炒、焖等。

(2) 营养食疗价值。中医认为节瓜不寒不热，相较于冬瓜的寒凉，很具“正气”。节瓜具有清热、清暑、解毒、利尿、消肿等功效；对肾脏病、浮肿病、糖尿病的治疗也有一定的辅助作用。营养价值方面，节瓜含有碳水化合物、蛋白质、维生素 A、维生素 B_1、维生素 B_2、维生素 C、核黄素、果糖、胡萝卜素以及磷质、钙质和铁质等矿物质，节瓜乃体弱的病愈者最合适的食物，其养分较一般蔬菜为高，各种营养分量均不特殊，属体虚者较易吸收的食用蔬果。

(3) 初步加工。刨去外皮清洗干净，按需要加工形状。煲汤：横切成段。焖、滚汤：横切成段，对切后再切成片。炒：斜切成大片，再切成丝。扒：对半切开，成瓜脯。节瓜盅：选大小合适的节瓜，横切一截，成盅形。酿：挑选瓤小的节瓜，横切成约 2 厘米的段去瓤，灼水即可使用。

9. 苦瓜

(1) 产地、分类、应用。苦瓜又称金荔枝、凉瓜、癞瓜，属葫芦科植物。因其果实有特殊的苦味，故名苦瓜。苦瓜原产于印度，性喜温热，但也能适应较低的温度，所以在我国华南各省及西南地区栽培者居多，在长江流域的夏秋高温季节也能生长繁殖。苦瓜的优良品种很多，主要有：大顶苦瓜，为广州市郊地方品种，瓜大肉厚，苦味较小，苦中带甘。其特性耐热、耐肥、忌涝、适应性强。大白苦瓜系湖南省园艺研究所由株洲白苦瓜品系选育而成，瓜皮白色，肉厚籽少。滑瓜，果实平滑有纵沟，皮纹不深、早熟、味较苦、肉质细嫩。苦瓜因果实中含苦瓜苷而有苦味。在采摘时，宜采嫩瓜，不但风味好，且能保证品质和增加结果率。苦瓜用于炖鱼炖肉，不但无苦味，而且鲜美，广州一带习惯以苦瓜制成凉菜，供夏季解暑之需。苦瓜可炒、焖、酿、煲、灼、拌、煎蛋饼、做配料、腌咸菜等，苦瓜青可炒、煮，可上汤。

(2) 营养食疗价值。苦瓜具有清热祛心火、消暑止渴、清肝明目、补气益精、治痈解毒、养血益气、补肾健脾的功效。苦瓜的维生素 C 含量很高，具有预防坏血病、保护细胞膜、防止动脉粥样硬化、提高机体应激能力、保护心脏等作用；苦瓜中的有效成分可以抑制正常细胞的癌变和促进突变细胞的复原，具有一定的抗癌作用；苦瓜中的苦瓜素被誉为“脂肪杀手”。

(3) 初步加工。将苦瓜清洗干净。炒：切去头尾，开边去瓤，灼水后斜刀切片。焖：切去头尾，开边去瓤，灼水后切成菱形块或日字形块。酿：选用形瘦长的苦瓜切去头尾，横切成段，厚约 2 厘米去瓤。煎或用于凉瓜煎蛋饼：切去头尾，开边去瓤，横切成薄条形片，下盐拌匀腌制 10 分钟后搓软，挤出瓜汁，也可用于生炒。瓜青：原个凉瓜刨出薄片

或幼条，刨至瓜瓤为止。

10. 佛手瓜

(1) 特征、应用。佛手瓜，又名隼人瓜、安南瓜、寿瓜等，属葫芦科品种。佛手瓜清脆多汁，味美可口，营养价值较高，既可做菜，又能当水果生吃。加上瓜形如两掌合十，有佛教祝福之意，深受人们喜爱。可炒、焖、烧等。

(2) 营养食疗价值。佛手瓜性凉、味甘，具有祛风解热，健脾开胃的功效。锌对儿童智力发育影响较大，常食含锌较多的佛手瓜，有助于提高智力。中医认为它具有理气和中，疏肝止咳的作用，适宜于消化不良、胸闷气胀、呕吐、肝胃气痛以及气管炎咳嗽多痰者食用。佛手瓜在瓜类蔬菜中营养全面丰富，常食对增强人体抵抗疾病的能力有益。经常吃佛手瓜可利尿排钠，有扩张血管、降压之功能。佛手瓜对男女因营养原因引起的不育症，尤其对男士性功能衰退有益。

(3) 初步加工。清洗干净，去头尾，开边、去瓤、切片使用。

11. 西葫芦

(1) 产地、应用。西葫芦别名茭瓜、白瓜、番瓜、美洲南瓜、云南小瓜、菜瓜、荨瓜，属葫芦科，南瓜属 。其原产北美洲南部，今广泛栽培，多用于做配料、炒等。

(2) 营养食疗价值。西葫芦含有较多维生素 C、葡萄糖等营养物质，尤其是钙的含量极高。中医认为西葫芦具有清热利尿、除烦止渴、润肺止咳、消肿散结的功能，可用于辅助治疗水肿腹胀、烦渴疮毒以及肾炎、肝硬化腹水等症。西葫芦含有一种干扰素的诱生剂，可刺激机体产生干扰素，提高免疫力，发挥抗病毒和肿瘤的作用。西葫芦富含水分，有润泽肌肤的作用。西葫芦能调节人体代谢，具有减肥、抗癌防癌的功效。

(3) 初步加工。清洗干净，去头尾，开边、切片使用。

12. 瓠子

(1) 产地、特征、应用。瓠子又称蒲瓜，一年生攀缘草本植物，具软毛；卷须有分枝。叶互生，叶片心状卵圆形至肾状卵圆形，长 10～40 厘米，宽与长略相等，稍有角裂或 3 浅裂，先端短尖或钝圆，边缘具短齿，基部心形；叶柄长 5～30 厘米，顶端具腺齿 2 枚。花单生，夕开早萎；雄花具长柄，较叶柄为长；雌花柄较短。花萼长 2～3 厘米，萼漏斗状，5 裂，裂齿狭三角形，被柔毛；花瓣 5，白色，广卵形或倒卵形，长 3～4 厘米，宽 2～3 厘米，边缘皱曲。花期 6 月，果期 7 月。全国大部分地区均有栽培，可炒、煮、焖、烧等。

(2) 营养食疗价值。瓠子味甘、性平，具有利水、清热、止渴、除烦的功效，适宜各种类型的水肿，诸如心脏性水肿，肾炎水肿，肝硬化腹水等患者食用；适宜夏季烦热口渴，或热病口干之时食用。

13. 菜豆

(1) 产地、分类、应用。菜豆又称四季豆、芸豆、玉豆等，为豆科类属中以嫩荚或种子为食用对象的栽培种，一年生缠绕性草本植物。菜豆起源于美洲中部和南部，目前世界各地均有栽培，我国南北各地均有种植，四季均有上市。按其生长习性可分为矮生型菜豆和蔓生型菜豆两类：①蔓生型菜豆。其茎节较长，蔓生，成熟迟，收获期长，产量高，品质好，品种有棍儿豆、白子四季豆、中花玉豆、青岛架豆等。②矮生型菜豆。植株矮，生长期短，产量低，品质不如蔓生型菜豆。品种有嫩荚菜豆、矮生棍豆、圆英三月豆等。菜豆的品质以豆荚鲜嫩肥厚、折之易断、色泽鲜绿、无虫咬、斑点者为佳。菜豆以烧、炒、煮、焖等吃法较多，菜豆含有血球凝集素等，烹调时要煮熟、煮透，否则易中毒。老的种子也可食用，可制作豆沙、豆泥等。

(2) 营养食疗价值。菜豆有调和脏腑、安养精神、益气健脾、消暑化湿和利水消肿的功效；菜豆有抗乙肝病毒的作用。

(3) 初步加工。将菜豆清洗干净，择去头尾，顺撕豆筋，切段使用。

14. 长豇豆

(1) 产地、分类、应用。长豇豆又称豆角、长豆角、带豆、裙带豆等。为豆科一年生缠绕性草本植物。长豇豆原产于非洲和亚洲中南部，我国自古就有栽培。现在全国各地均有种植，在豆类蔬菜中产量仅次于菜豆。每年夏秋两季大量上市。长豇豆的品种依据其荚果的颜色可分为三个类型。①青荚类型长豇豆。豆荚细长、绿色，嫩荚肉较厚，质地脆嫩。品种有广东的铁线青、浙江的青豆角、山东的大条青等。②白荚类型长豇豆。豆荚较肥大，浅绿或绿白色，肉薄质地较疏松。品种有广东的长身白、浙江白豆角、陕西罗裙带等。③红荚类型长豇豆。豆荚紫红色、较短，嫩荚肉质中等。品种有上海和南京等地的紫豇豆、广东的西圆红、北京紫豇等。长豇豆做菜，可烧、炒、煮、蒸、焖、酿等，还可烫熟后凉拌。老熟的种子可做粮食，制作豆汤、豆饭等多种粥饭类食品。长豇豆也可加工成腌菜、酱菜或泡菜等。

(2) 营养食疗价值。长豇豆除了有健脾、和胃的作用外，最重要的是能够补肾。妇女多白带者，皮肤瘙痒，急性肠炎者更适合食用，同时适宜癌症、急性肠胃炎、食欲不振者食用；不适宜腹胀者。豆角可使人情绪安静；调理消化系统，消除胸膈胀满。豆角可防治急性肠胃炎、呕吐腹泻。

(3) 初步加工。将长豇豆清洗干净、去头尾，切成 5 厘米长的段。适用于炒或凉拌；切成幼粒，适用于青豆角炒鸡蛋等。用于酿的，将原条长豇豆灼水变软后，弯绕成带凹形的豆角盏即可。

15. 豌豆

(1) 产地、特征、应用。豌豆又称回回豆、荷兰豆、麦豆等，为豆科一年或二年生攀缘性草本植物。豌豆起源于非洲、地中海沿岸和中亚，现在主要分布在亚洲和欧洲。我国汉朝时即开始种植，目前南北各地都有栽培，菜用豌豆以江南各省种植较普遍。豌豆豆身扁平，略有弯曲，似月牙形，豆荚薄，荚果色青绿，脆嫩味甜。荚果 5 月成熟，豌豆的栽培品种有粮用豌豆、菜用豌豆和软荚豌豆三类，按豆荚的结构分为硬荚和软荚两类。硬荚类型的豆荚不可食用，以种子（即青豆粒）供食，主要豆种有大荚豌豆、福州软荚等。豌豆的嫩荚、嫩豆和嫩梢均可做蔬菜。嫩荚可炒、烧、焖等，青豆适用于炒、烧、烩、做汤等，也可做多种菜肴的配料，有时可做配色料应用；嫩梢是优质的鲜菜，称豌豆苗，可炒、涮、氽等，也可做荤菜的围边或垫底；老熟的子粒可当粮食，还可加工成多种制品，如粉丝、粉皮等。

(2) 营养食疗价值。在豌豆荚和豆苗的嫩叶中富含维生素 C 和能分解体内亚硝胺的酶，可以分解亚硝胺，具有抗癌防癌的作用。豌豆与一般蔬菜有所不同，所含的止杈酸、

赤霉素和植物凝素等物质，具有抗菌消炎，增强新陈代谢的功能。在豆苗中含有较为丰富的膳食纤维，可以防止便秘，有清肠作用；豌豆能增强机体免疫功能。

(3) 初步加工。清洗干净、择去头尾，顺撕豆筋即可。

16. 刀豆

(1) 产地、特征。刀豆是豆科刀豆属的栽培亚种，一年生缠绕性草本植物。也是豆科植物刀豆的种子。秋、冬季采收成熟荚果，晒干，剥取种子备用；或秋季采摘嫩荚果鲜用。刀豆原产于美洲热带地区，西印度群岛。北京地区、长江流域及南方各省均有栽培，广东、海南、广西、四川、云南、湖南、江西、湖北、江苏、山东、浙江、安徽、陕西普遍栽培。嫩荚可炒、烧、焖等。

(2) 营养食疗价值。刀豆性温、味甘、无毒，具有温中下气、利肠胃、止呕吐、益肾补元气的功效。刀豆含有尿毒酶、血细胞凝集素、刀豆氨酸等，近年来，又在嫩荚中发现刀豆赤霉Ⅰ和Ⅱ等，有治疗肝性昏迷和抗癌的作用。刀豆对人体镇静也有很好的作用，可以增强大脑皮质的抑制过程，使神志清晰，精力充沛。

(3) 初步加工：将刀豆清洗干净、择去头尾，顺撕豆筋即可。

17. 甜豆

(1) 产地、特征。甜豆是豆科属，一年生攀缘草本植物，食用嫩荚，又称蜜豆。甜豆早在纪元前 6000 年，在近东和希腊新石器部落时期已有栽培，中国从汉朝起就开始栽培。其营养价值很高，属于高档细菜，在欧美国家种植普遍，中国在广东、广西、四川和云南等南方省市种植广泛。随着对外开放，北京地区开始逐年扩大种植面积。其可清炒，做汤、涮食皆可。

(2) 营养食疗价值。甜豆能益脾和胃、生津止渴、和中下气、除呃逆、止泻痢、通利小便。甜豆含有 17 种人体必需氨基酸、营养丰富，经常食用，对脾胃虚弱、小腹胀满、呕吐泻痢、产后乳汁不下、烦热口渴均有疗效。它对增强人体新陈代谢功能也有重要作用。甜豆在豆类中营养成分一般，但较其他蔬菜高。其含有胡萝卜素和钙，B 族维生素的含量也较高；富含蛋白质和多种氨基酸，常食对脾胃有益，能增进食欲。夏天多吃有消暑清口的作用。一般人群均适用，但腹胀者应少吃。相比四季豆，甜豆还具有延缓衰老、美容保健等功能。

(3) 初步加工。将甜豆清洗干净、择去头尾，顺撕豆筋即可。

五、蔬菜类原料的品质鉴定

蔬菜的品质主要从感观指标来判断。根据国家标准，蔬菜的质量取决于色泽、质地、含水量、病虫害等情况。

(一) 色泽

正常的蔬菜都有固有的颜色。优质的蔬菜色泽鲜艳，有光泽，如叶茎类通常都是翠绿色，萝卜有红、黄、青、白等色，番茄为红色，茄子为紫黑色或青白色等；次质的蔬菜虽有一定的光泽，但其色泽较优质的暗淡；劣质的蔬菜则色泽较暗，无光泽。

(二) 质地

质地是检验蔬菜品质的重要指标。优质的蔬菜质地鲜嫩、挺拔、发育充分、无黄叶、无刀伤；次质的蔬菜则梗硬，叶子较老且枯萎；劣质的蔬菜黄叶多、梗粗老、有刀伤、萎蔫严重。

（三）含水量

蔬菜是水分含量较多的原料。优质的蔬菜无霉烂及虫害的情况，植株饱满完整；次质的蔬菜有少量霉斑或病虫害，经拣挑后仍可食用；劣质的蔬菜严重霉烂，有很重的霉味或虫蛀、空心现象，基本失去食用价值。

此外，蔬菜的品质还与存放的时间有很大的关系。存放时间越长，蔬菜的质量就下降得越多。

六、蔬菜的储存保鲜及基本要求

蔬菜是人们每天都不可缺少的副食品，而它们的生产却受着气候、季节的影响，因此，蔬菜的储存有着重要的意义。

蔬菜采收后，仍然是进行生命活动的有机体，在储存过程中，一方面由于一系列的生理性变化而引起风味、质地和营养价值的改变和降低；另一方面由于微生物的侵袭而发生变质腐烂。

因此对蔬菜的储存基本要求为：一方面是降低蔬菜自身的生理活动能力；另一方面是减少微生物的侵袭。通常控制温度、湿度和气流量的方法，来达到储存蔬菜的目的。目前常用的储存方法有以下几种。

(1) 冰藏。冰藏是利用冰块使其温度处于 0℃左右，并保持一定湿度的保藏方法。这是我国特有的一种传统方法，主要用于储藏运蒜苔、茄子、豆类、瓜类、花椰菜、莴苣等。

(2) 速冻储藏。速冻储藏是将新鲜蔬菜清洗整理，高温烫漂后进行快速冻结的保藏方法。此法适合于多种蔬菜。

(3) 冷藏。把蔬菜包装好或密封后，放进冰箱冷藏格进行保管，适用于短时间保管蔬菜。

(4) 堆藏和埋藏。这是最简易最普通的储藏方法。适于堆藏的蔬菜主要有洋葱、马铃薯、大白菜、大蒜等，适于埋藏的主要是根菜类，如萝卜、胡萝卜等。在有些地区，大白菜、卷心菜也可采用埋藏的方法储藏。

(5) 窖藏。窖藏是指利用棚窖、窑窖等对蔬菜进行储藏，一般适用于根菜类和大白菜等。

(6) 假植储藏。当蔬菜成熟后，连根收刨，密集假植于阳畦、沟、窖中。其主要适用于各种绿叶蔬菜及幼嫩蔬菜，如芹菜、油菜、花椰菜、莴苣等。

本章小结

本章详细介绍了蔬菜的营养食疗价值、初步加工等知识，对每种常见蔬菜的名称、产地及烹饪运用方法进行了系统的阐述，可以使学员对常用蔬菜的性质、特点及初步加工技

术等有较全面的认识，为今后的实际工作打下坚实的基础。蔬菜是人们日常生活中不可缺少的食物，由于种植业的发展使其品种不断创新，种植技术的提高也使得原来的南北差距和季节差距越来越小，这大大地丰富了蔬菜的使用范围。万变不离其宗，只要掌握了现有蔬菜的使用方法，无论出现什么新品种的蔬菜，都能应对自如。

思考题

一、概念理解题

1. 蔬菜是以植物的________、________、________、________、________等可食部分供食用的一类烹饪原料。

2. 蔬菜含有的化学成分有：________、________、________、________、________、________、________。

3. 蔬菜按主要食用部位来划分可以分为：________、________、________、________、________。

4. 按主要食用部位来分，萝卜、胡萝卜属于________。

5. 按主要食用部位来分，生姜、洋葱属于________。

6. 按主要食用部位来分，西兰花、黄花菜属于________。

7. 按主要食用部位来分，上海青、茼蒿属于________。

8. 按主要食用部位来分，番茄、青瓜属于________。

二、技能应用题

1. 如何鉴别蔬菜的品质？
2. 蔬菜在烹饪中都有哪些应用？
3. 举例说明哪些蔬菜可以用来围边、盘饰？
4. 请说出冬瓜、苦瓜的初步加工方法。
5. 请说出油菜、生菜的初步加工方法。
6. 请说出茄子、辣椒的初步加工方法。

第四章　畜类及其副产品类原料

【知识目标】

掌握畜肉及其副产品的品质鉴定方法及保管要求。

【能力目标】

通过学习，具备正确鉴定畜肉及其副产品的能力。

【德育目标】

培养学生在畜肉及其副产品初步加工过程中使用正确加工方法的习惯，尽可能利用可食部分，物尽其用，同时注意养成良好的卫生习惯。

【学习重点】

各种畜肉及副产品的营养食疗价值。

【学习难点】

各种副产品的初步加工方法。

一、畜类原料的概念

畜类原料是指动物性原料中的哺乳类动物原料及其制品。哺乳动物的主要特征为：体一般分为头、颈、躯干、尾和四肢五部分；体表被毛；体温恒定；胎生哺乳。畜类原料主要包括家畜、野畜（野生兽类）、畜肉制品、蛋乳及其制品。家畜是以食肉或役用为主要目的的人工饲养的哺乳类动物，野畜为在自然环境中生活的、可以食用的哺乳动物。畜肉则为宰杀后的畜体去除皮、毛、头、蹄、内脏所剩余的肉质部分。家畜肉在烹饪中占有非常重要的地位，它是人们日常肉食的主要来源，在烹饪中有广泛的应用。尤其是猪肉、牛肉、羊肉在人们的膳食结构中占有相当大的比重。

二、畜类原料的化学成分

任何家畜的肉，其化学组成都包括蛋白质、糖类、脂类、矿物质（灰分）、维生素及水。这些物质的含量因家畜种类、品种、性别、年龄、畜体部位及个体营养状况而略微有差异。

（一）蛋白质

畜肉蛋白质含量约占肌肉的18%，这些蛋白质在肌肉的组织结构中参考不同的生理功

能活动。从营养学的角度来说，也是最有食用价值的部分，包括肌动蛋白、肌球蛋白、肌红蛋白、胶原蛋白、弹性蛋白、网状蛋白等。

（二）糖类

肉中的糖类约占体重的5%，主要以糖原形式存在，又称动物淀粉；此外含少量的葡萄糖和麦芽糖。畜肉中的糖原的含量与宰杀前状况（包括应用、疲劳程度等）有关。营养状况良好、宰杀前运动较少的畜体含糖原量相对较高。

（三）脂类

肉中脂类包括各种甘油三脂及少量的磷脂、固醇、游离脂肪酸、脂溶性色素等。牛、羊脂肪中饱和脂肪酸含量较多，猪脂肪中含油酸、亚油酸等不饱和脂肪酸较多。因此，猪脂肪比牛、羊脂肪不耐藏，易氧化变质。牛、羊脂肪中还含有一些能够产生膻味的低碳链挥发性脂肪酸。磷脂对保持肉的品质与香味起着重要作用。胆固醇在动物脂肪中含量相对较少，但摄取动物脂肪过多时，人体血浆中的胆固醇含量会明显升高。

（四）矿物质

肉中的矿物质含量一般为0.8%～1.2%，主要有钙、磷、硫、氯、钾、钠等常量元素及铍、锌、锰、铜、钴、镍、氟等微量元素，通常以游离形式或结合形式存在于畜体内，但脂肪组织中含量较少。畜肉中矿物质的含量及种类与畜体的部位及动物生存的土壤环境、饲料、饮水有一定关系。土壤、饲料、水中某种矿物质多，就会在肌肉中有积累。

（五）维生素

畜肉中脂溶性维生素很少，几乎不含维生素C，但含有一定的B族维生素，特别是猪瘦肉中含有维生素B_1较丰富。

（六）水

水分含量与脂类含量有密切关系。随着动物肥度的增加，脂肪含量增加而水分含量相应减少。肥育越好的畜体，含水量越少。幼龄动物比老龄动物含水多。

（七）其他成分

肉中除上述六大类物质外，还存在一些浸出物，即肉汁中所含的成分，包括一些非蛋白质含氮物质及有机酸等，这些物质可溶于盐水，在肌肉中约占1.5%，对肉的味道形成有重要意义。

三、畜类原料的组织结构

畜肉的组织结构决定了它在烹饪运用中的性质特点。了解畜肉的组织结构就能在烹饪加工运用中根据原料的组织学特点合理运用。

畜肉是由多种组织构成，烹饪中所涉及的是肌肉组织、脂肪组织、结缔组织和骨骼组织。肌肉组织富含人体所需要的优质蛋白质，是构成瘦肉的核心部分，是食用的主要部位。脂肪组织是结缔组织的变形，由退化的疏松结缔组织和大量的脂肪细胞组成。结缔组织在动物体内分布很广，是构成肌腱、筋膜、韧带及肌肉内外膜的主要成分。骨骼组织包括硬骨、软骨，是动物体的支柱组织。骨骼的构造一般包括骨膜、骨质和骨髓。

畜肉的组织结构与肉质的嫩度有密切的关系。从肌肉组织看，肌纤维越细，肉质就越嫩；肌纤维越粗，肉质就越老。从结缔组织看，结缔组织越多，肉质的嫩度就越差；结缔组织越少，肌肉组织越多，肉质就越嫩。从脂肪组织看，肌间脂肪越多，肉质就越嫩；肌间脂肪越少，肉质就会较柴。骨骼中一般含有5%～27%的脂肪和10%～32%的骨胶原蛋白，此外还含有钙、磷、钠和水。煮熬骨骼时能产生大量的骨油和骨胶，可增加肉汤的滋味，并使之具有凝固性。骨骼所占的比例越低，肉的食用价值就越大。

不同种类的畜体以及同一畜体的不同部位，上述四种组织的相对含量不同。肌肉组织和脂肪组织食用价值较高，含量越高，肉品质越好；骨骼组织和结缔组织难于吸收利用，比例越大，肉品质越差。

四、畜肉在烹调中的运用

畜肉在烹饪中主要做菜肴的主料，独立成菜，表现出明显的风味特点。偶尔也做配料，并适用于和较多种蔬菜合烹，也适应多种烹调方法。尤其是猪肉，一般无膻味，在调味上适应味型较广。牛肉含水量较多，但因纤维粗糙而紧密，加热后蛋白质凝固而收缩，持水能力反而降低，失水量大，使肉质变得老韧，因此，炖、焖、卤是常用的烹调方法。羊肉因有较重的膻味，烹调时使用的配料及调味品要根据除膻的原则进行选择。畜肉也可做料头、馅心等。

五、畜肉的初步加工

由于常见的大型畜类都由专门的屠宰场去宰杀，家畜肉在购买时已由屠宰场进行分类，所以本章只对家畜的副产品及个别常见小型家畜的初步加工进行叙述。畜肉在购进时一般要去除筋膜，清洗干净后，根据需要加工成各种形状使用。

六、常用的家畜种类

常用的家畜主要包括猪、牛、羊、驴、兔等。

（一）猪

(1) 产地、分类、应用。猪属哺乳纲偶蹄目猪科动物，在我国有着悠久的饲养历史，约在6000～7000年前就开始养殖。现有品种100多个。猪按商品类型可分为腌肉型（瘦肉型）猪、脂用型（脂肪型）猪、肉脂兼用型猪；按产区可分为华北型猪、华南型猪、华中型猪、江海型猪、西南型猪和高原型猪；按血统分类有本地种、外来种和杂交改良种。目前人们根据对瘦肉和脂肪的需求差异，结合地区特点、饲料来源和加工方向，仍在选育饲料利用率高、繁殖能力强、肉质细嫩的新品种，现就我国主要的猪的品种按地区分述如下。

①华北型猪。其主要分布在淮海、秦岭以北。这些地区气候寒冷、干燥，土壤中钙、磷含量较多。这一类型的猪皮厚多皱褶、骨骼发达。如河南项城猪，腿脚高，骨架大，毛长皮厚，肉质差，出肉率低。东北猪有两类品种：一类为本地种，如东北民猪；另一类为改良品种，新金猪和哈白猪。新金猪产于辽宁省新金县，其特征是头大、耳小前立、体躯圆长、背腰平直、四肢粗壮、被毛黑色，四肢、头和尾为白色，称为“六白”，肉嫩皮薄，出肉率高。哈白猪产于黑龙江省，该猪由约克夏和西伯利亚种白猪杂交繁育而成，出肉率高。

②华南型猪。其主要分布在华南地区。这一地区气候适宜，环境温暖潮湿。该地区猪的新陈代谢旺盛、早熟，皮薄毛稀，臀部饱满。代表品种有广东梅花猪，其特征是：体躯较小，背宽腹圆，腰部微凹，四肢短小，早熟易肥，骨细皮薄。

我国土地辽阔，各地区的自然条件和饲养方法不同，在全国各地（除禁猪地区外）培育成了许多优良猪种。较有名的品种有北京黑猪、河北定县猪、山东垛山猪、辽宁新金猪、四川荣昌猪、浙江金华猪、湖北宁乡猪、广东梅花猪、江苏太湖猪等。这些猪种均有较大的饲养量，肉质较好，出肉率较高。除上述猪种外，在我国各地还有由外国引入的猪种，如长白猪、约克猪、俄罗斯大白猪。它们的特点是体形较大，头蹄较小，出肉率较高，肉质细嫩。猪肉除了在斋菜、穆斯林菜、回族菜等禁止使用外，其他菜系基本都可使用，适用的烹调法多种多样，可做主菜、馅心、料头等。

(2) 营养食疗价值。猪肉性味甘咸平，含有丰富的蛋白质及脂肪、碳水化合物、钙、磷、铁等成分。猪肉是人们日常生活的主要副食品，具有补虚强身，滋阴润燥、丰肌泽肤的作用。凡病后体弱、产后血虚、面黄羸瘦者，皆可用之作营养滋补之品。猪肉为人类提供优质蛋白质和必需的脂肪酸。猪肉可提供血红素（有机铁）和促进铁吸收的半胱氨酸，能改善缺铁性贫血，具有补肾养血之功效。

(二) 牛

1. 产地、分类、应用

牛属哺乳纲偶蹄目牛科动物。牛按用途分为肉用牛、乳用牛、役用牛及兼用型牛等。我国传统的肉用牛主要是黄牛、牦牛、水牛等。目前的肉用牛已大量采用杂交改良品种，其中西门塔尔牛是重要的品系来源。

(1) 黄牛。

①蒙古牛。其原产于内蒙古兴安岭的东西两麓，主要分布在内蒙古、华北北部、东北西部、西北一带的牧区和农牧区。以内蒙古乌珠穆沁牛、呼伦贝尔牛最为著名。毛色以黄褐多，前躯大后躯小，颈细肩平，胸深，肋圆拱，无肩峰。一般体重为376千克，净肉率44.6%，年产奶500～700千克。

②秦川牛。其主要产于秦岭以北、渭河流域的陕西关中平原。骨骼粗大，躯体大，毛色呈紫红色，且富有光泽，肌肉发达，体质健壮，前躯发育良好，具有役肉兼用的特点。秦川牛成熟早，肥育快，肉质鲜嫩，大理石纹明显。

③鲁西黄牛。其产于山东西部济宁与菏泽一带，是我国优良的役肉兼用品种，身躯高大，肌肉发达，角短粗，肩峰丰满，毛色以黄色为主。饲料利用能力强，肥育性能良好，肉质细嫩，肌间脂肪沉积良好且分布均匀，出肉率高。

(2) 牦牛。共主要分布于青藏高原及川西、甘南等地。我国牦牛占世界总数的90%以上。牦牛肉呈鲜红色，质地致密细嫩，肌间脂肪沉积较多，是肉用牛中肉质较好的一种。我国用牦牛与黑白花奶牛杂交选育形成优良品种——犏牛，其各种性能包括乳用、肉用都超过牦牛、黑白花奶牛。

(3) 水牛。其主要分布于长江流域及其以南的水稻产区，肌肉发达，多作役用。食用水牛大多为淘汰的老残牛，纤维粗，组织不紧密，肉色为暗红色，肌间脂肪少，食用价值比黄牛差。

（4）黑白花奶牛。一般机械化饲养，为工业化挤奶用。黑白花奶牛是世界著名的乳用牛品种，具有产奶量大、乳脂率高的特点。

（5）西门塔尔牛。西门塔尔牛原产于瑞士西部的阿尔卑斯山区，我国从20世纪初开始引种。该牛毛色为黄白花或淡红白花，体躯庞大，呈圆筒形，肌肉丰满。成年公牛体重为800～1200千克，母牛为650～800千克，平均年产乳量为4070千克，是肉乳兼用型的优良品种。

（6）夏洛来牛。夏洛来牛原产于法国，是闻名世界的大型肉用牛品种。该牛毛为白色或乳白色，全身肌肉特别发达，骨骼结实，四肢强壮，肌肉丰满。成年公牛体重为1100～1200千克，母牛体重为700～800千克，生长速度快，瘦肉产量高，胴体瘦肉率为80％～85％，一个泌乳周期可产奶2000千克。我国用其改良黄牛品种已取得成功。牛肉适用范围广，适用的烹调法多种多样，可做主菜、馅心、小吃等。

2. 营养食疗价值

牛肉具有补中益气、滋养脾胃、强健筋骨、化痰息风、止渴止涎的功效，适用于中气下陷、气短体虚、筋骨酸软、贫血久病及面黄目眩之人食用。

（三）羊

（1）产地、分类、应用。羊属哺乳纲偶蹄目牛科动物。我国羊的品种有绵羊和山羊，绵羊多为皮、毛、肉兼用；山羊多为皮肉兼用。绵羊按其类型大致可分为四个品种：蒙古绵羊、西藏绵羊、哈萨克绵羊和改良种绵羊。其中以蒙古绵羊最多，蒙古绵羊一般为白色，多数在头部和四肢为黑色，故又称黑头羊。公羊有角，母羊无角，尾有多量脂肪，呈圆形而下垂，又称肥尾羊。肉质坚实，色暗红，纤维细而较软，肌间脂肪少，膻味小。西藏绵羊几乎无膻味，是上等肉用羊。山羊有蒙古山羊、四川山羊、沙毛山羊等品种。山羊肉质不如绵羊坚实，肉脂均有明显的膻味。羊肉适用范围广，适用的烹调法多种多样，可做主菜、馅心、小吃等。

（2）营养食疗价值。羊肉具有暖中补虚、开胃健力、滋肾气、养肝明目、健脾健胃、补肺助气的功效。羊肉能御风寒，又可补身体，对一般风寒咳嗽、慢性气管炎、虚寒哮喘、肾亏阳痿、腹部冷痛、体虚怕冷、腰膝酸软、面黄肌瘦、气血两亏、病后或产后身体虚亏等一切虚状均有治疗和补益效果，最适宜于冬季食用，故被称为冬令补品，深受人们欢迎。羊肉是助元阳、补精血、疗肺虚、益劳损、暖中胃之佳品。

（四）驴

（1）产地、特征、应用。驴是哺乳纲奇蹄筋目马科马属家畜，主要分布于华北、西北地区。驴肉有“天上的龙肉，地上的驴肉”之誉，肉质比牛肉细嫩，味道鲜美，肉色暗红，肌肉组织结实而有弹性。驴肉稍有腥味，且因含有致病微生物，故烹制要得法。其常用于焖、炒、煮、火锅等。

（2）营养食疗价值。驴肉性味甘凉，有补气养血、滋阴壮阳、安神去烦的功效，并能治元阳劳损。驴肉比牛肉、猪肉口感好、营养高。驴肉中氨基酸构成十分全面，8种人体必需氨基酸和10种非必需氨基酸的含量都十分丰富，是一种高蛋白、低脂肪、低胆固醇肉类。驴肾味甘性温，有益肾壮阳、强筋壮骨功效。

(五) 兔

(1) 产地、特征、应用。家兔由野兔驯化而来，属哺乳纲兔形目兔科动物。它的皮、毛、肉均可利用，是很有饲养价值的动物。品种较多，在我国饲养量逐渐加大。兔的肉色一般为淡红色或红色，肌纤维细而柔软，没有粗糙的结缔组织，味道鲜美，但略带土腥味。兔肉品质细嫩，营养丰富，与其他肉类相比，蛋白质含量高，脂肪含量低，消化率高，被称做“保健美容肉”。兔肉味淡，本味不足，配什么原料有什么原料的味，故俗称“百味肉”。兔的脊骨、生殖器官及各种腺体有很浓的腥臊味，初加工时应注意除去。

(2) 营养食疗价值。兔肉具有补中益气、凉血解毒、清热止渴等功效。兔肉质地细嫩，味道鲜美，营养丰富，与其他肉类相比较，具有很高的消化率（可达 85%），食后极易被消化吸收，这是其他肉类所没有的，因此，兔肉极受消费者的欢迎。兔肉属于高蛋白质、低脂肪、少胆固醇的肉类，兔肉中蛋白质含量高达 70%，比一般肉类都高，但脂肪和胆固醇含量却低于所有的肉类，故对它有“荤中之素”的说法。兔肉富含大脑和其他器官发育不可缺少的卵磷脂，有健脑益智的功效；经常食用可保护血管壁，阻止血栓形成，对高血压、冠心病、糖尿病患者有益处，并增强体质，健美肌肉，它还能保护皮肤细胞活性，维护皮肤弹性；兔肉中含有多种维生素和 8 种人体所必需的氨基酸，含有较多人体最易缺乏的赖氨酸、色氨酸，因此，常食兔肉可防止有害物质在身体的沉积，让儿童健康成长，助老人延年益寿。

(3) 初步加工。手抓兔的后腿，将其摔昏，割喉放血，放进 70℃～75℃的热水中烫毛，取出煺毛，开膛取内脏，洗涤干净。

七、家畜的副产品

畜体除胴体以外，所剩下的头、尾、蹄、内脏、血液、公畜外生殖器等统称为副产品，又称下水或杂碎。这些副产品在食用后产生的热量几乎和中等肥度的牛肉相等，并且含有丰富的浸出物和维生素，主要采自猪、牛、羊的畜体，包括肝、心、肾、胃、肠、肺、皮、蹄、舌、尾、蹄筋、公畜外生殖器、脑等。

(一) 肝

(1) 特征、应用。烹饪上应用较多的是猪、牛、羊的肝脏。肝呈扁平状，一般为红褐色。牛、羊肝脏较厚实，分叶不明显。猪肝比牛、羊的发达，其重量约为体重的 2.5%，中央部分厚而边缘薄，分叶很明显，猪肝分四叶。从组织结构看，肝脏属实质性器官，由实质和间质两部分组成，是一团柔软的组织，表面被覆浆膜。富含弹性纤维的结缔组织在肝实质内构成肝的支架，同时将肝分隔成许多肝小叶。猪肝的小叶间结缔组织特别发达，使肝小叶界限很清楚，不易破裂。牛肝小叶间结缔组织较少，肝小叶分界不明显。肝小叶内部由网状纤维构成支架，分布有肝实质细胞。肝实质细胞胞浆丰富，细胞成分多，使得整个肝组织质地脆嫩。新鲜的肝呈褐色或紫红色，有光泽，柔软有弹性，色较淡，变色的肝则是已经不新鲜或变质的，此时的肝脏无光泽，表面萎缩有皱纹，质地松软，并有异味。根据肝脏的组织结构特点，肝脏烹制适合于旺火速成的烹调方法，如炒、爆、氽等。而采用酱卤得到的成品，质地较硬。

(2) 营养食疗价值。猪肝具有补肝、明目、养血的功效。猪肝含有丰富的铁、磷，它是造血不可缺少的原料；猪肝中富含蛋白质、卵磷脂和微量元素，有利于儿童的智力发育和身体发育；猪肝中含有丰富的维生素 A，常吃猪肝，可逐渐消除眼科病症；猪肝具有多种抗癌物质，如维生素 C、硒等，而且肝脏还具有较强的抑癌能力和抗疲劳的特殊物质。牛肝因富含优质蛋白、铁、铜及维生素 A、维生素 B、维生素 C 等，所以是治疗营养不良性贫血的要物，又具有良好的补肝明目功能。

(3) 初步加工。可将肝用清水浸泡 30 分钟，再清洗干净血污，切片、块使用。

（二）心

(1) 特征、应用。家畜的心脏为中空的肌质器官，呈稍左、右扁的圆锥体形，分心室和心房两部分，外被心包。上部宽大，为心基；下部尖，为心尖。心脏的表面近心基处有呈环状的冠状沟。心脏最有食用价值的部位是心脏壁，分三层：外层为心外膜，中层为心肌，内层为心内膜。心壁最厚的一层是心肌，由心肌纤维构成。心房肌层较薄，心室肌层较厚，尤以左心室肌层最厚。肌纤维呈螺旋状排列，大致可分为外纵行肌、中环行肌、内斜行肌三层，中环行肌层紧厚。心肌纤维呈短柱状相互连接，形成网状。心肌纤维肌浆很多，内含丰富的线粒体和糖原颗粒。新鲜的家畜心脏心肌组织质地紧密，肌纤维中肌浆丰富，用手挤压有鲜红的血块排出，富有弹性。如变色或肌肉松软无弹性，并有异味，则表示此时的心已变质，不能食用。烹饪上常用爆、炒、焗、卤、炖、煲等方法加工烹制家畜的心，如炒心花、炸槟榔心块、卤猪心等。

(2) 营养食疗价值。家畜的心脏具有补虚，安神定惊，养心补血的功效，多用于治疗心虚失眠、惊悸、自汗、精神恍惚等症。猪心虽不能完全改善心脏器质性病变，但可以增强心肌、营养心肌，有利于功能性或神经性心脏疾病的痊愈。心脏中磷、铁、维生素 B_1、维生素 B_2 含量较多。

(3) 初步加工。将畜心开边清洗干净血块、血污，切片或整只使用。

（三）肾

(1) 特征、应用。家畜的肾俗称腰子，是在动物体内成对存在的实质性器官，左右各一，呈豆形，较长扁，位于腹腔背侧腰椎的腹侧。营养良好的家畜肾周围包有脂肪。烹饪应用较多的是猪肾，外被纤维膜，由致密结缔组织构成，又称被膜，正常情况下容易剥离。肾分皮质部和髓质部，皮质部为主要食用部位，髓质部有尿臊味，一般去除不用。羊肾和马肾的皮质与髓质合并，烹饪初加工难度大，一般不利用。牛肾分叶，应用也较少。新鲜的猪腰呈淡红色，表面有一层薄膜，柔润有光泽，富有弹性。无光泽、无弹性、有异味、组织松弛的腰说明已变质，不可再食用。肾烹制方法多用爆、炒、汆、泡、滚汤、焗等。

(2) 营养食疗价值。猪腰具有益肺、补脾、润燥、补肾、强腰、益气的功效，多用于治疗肺虚咳嗽、咯血、消渴、脾胃虚弱、消化不良、乳汁不通、手足皲裂、下痢等症。

(3) 初步加工。剥去外膜，开边片去髓质，清洗干净，在皮质部剖麦花刀、十字刀等，再切片使用或整块使用。

（四）胃

(1) 特征、应用。家畜的胃俗称肚子，如猪的胃可称为猪肚，前端以贲门接食管，后端以幽门与十二指肠相通。家畜胃分为单室胃和多室胃。猪胃属单室胃，呈扁平弯曲的囊

状。左端大而圆，近贲门处有　盲突，称为胃憩室。贲门周围为无腺部，呈苍白色。幽门处有自小弯一侧胃壁向内突出的一个纵长鞍形隆起，称为幽门圆枕。幽门肌层（幽门括约肌）厚实，行业上俗称肚尖、肚头、肚仁。胃壁由里到外可分为四层，包括黏膜、黏膜下组织、肌层、浆膜。其中肌膜层最厚，由内斜行肌、中环行肌、纵行行肌三层平滑肌组成。黏膜包括黏膜上皮、胃底腺、固有膜（很发达，富含网状纤维）、黏膜肌层（由内环、外纵两层平滑肌组成），在初加工时，常采用盐醋搓洗、烫洗等方法，去掉其腥异味。牛、羊胃属多室胃（复胃），包括瘤胃、网胃、瓣胃、皱胃，前三个胃的黏膜内无腺体。牛的瘤胃最大，网胃最小，分别称第一胃、第二胃。瘤胃和网胃的肌层很发达，由内环行肌、外纵行肌组成；而黏膜中无黏膜肌层，且富含弹性纤维，所以一般加工时将黏膜和浆膜分别撕去（剩下的部分称为肚仁），但毛肚仍保留黏膜。瓣胃的瓣叶有发达的黏膜肌层。皱胃的结构与单室胃相似。羊的瓣胃比网胃大，俗称羊百叶或散丹。肚的烹制适合于爆、炒、煮、拌、煨、煲、炖、灼、焗等。总体来讲瘤胃、网胃的风味及利用价值要优于瓣胃、皱胃。

（2）营养食疗价值。猪肚味甘、性温，能补益脾胃，具有补虚损、健脾胃，治虚劳羸弱、泄泻、下痢、消渴、小便频数、小儿疳积的功效。牛胃，亦为补益之品。牛胃含蛋白质、脂肪、钙、磷、铁、维生素 B_1、维生素 B_2、尼克酸等，能补中益气、养脾胃、解毒。多用于病后虚羸、气血不足、消渴 、风眩。

（3）初步加工。①猪肚：将猪肚里外翻转，先用清水冲洗污物及部分黏液，再放进沸水中略烫（不能烫得过久），当肚苔白膜发白时立即捞起，用小刀刮去肚苔及黏液，再用清水洗净，整只、切片、切块、切件使用。②牛百叶、牛草肚：放进 90℃的热水中烫过，捞起后放到清水中，擦去黑衣，洗净，切块、件使用。羊百叶加工方法与其相同。也可用姜葱酒、盐、干生粉、生油等搓洗去除异味。

（五）肠

（1）特征、应用。畜类的肠包括小肠和大肠。小肠又分十二指肠、空肠、回肠三部分，一般用来作肠衣。大肠又分结肠、盲肠、直肠，是烹饪利用的主要部位。大肠管径较粗，黏膜表面光滑，无肠绒毛，又称肥肠。肠壁的结构与胃壁相似，也包括黏膜、黏膜下组织、肌层、浆膜。肌层由内环肌和纵肌带组成。黏膜中的固有层和黏膜肌层较发达。总体来看，肠肌层比胃肌层要薄，而大肠的肌层比小肠发达得多。烹饪上应用较多的是猪肠、羊肠、牛肠，适于烧、炒、卤、煨、酱、炸等，如九转大肠、炒肥肠、卤五香大肠等。新鲜猪肠呈乳白色，稍软，有黏膜，具有韧性。若呈淡绿色或灰绿色、组织软、无韧性、易断、具有腐败恶臭味，则不能食用。

（2）营养食疗价值。畜类的肠有润燥、补虚、止渴止血、促进消化之功效。可用于治虚弱口渴、脱肛、痔疮、便血、便秘等症。

（3）初步加工。把猪肠翻转一小截，然后往翻转处灌水。随水的不断灌进，猪肠就会逐步翻转，直至全部翻转过来。先用清水冲洗，再放入食盐、姜葱酒、干生粉、生油等搓揉，最后用清水洗干净切段使用。猪粉肠不用翻转，直接清洗干净即可。

（六）肺

（1）特征、应用。畜类的肺位于胸腔内，呈左右分布，猪、牛、羊肺分七叶，马肺分叶不明显。肺表面覆有一层浆膜，平滑、湿润、有光泽。家畜正常的肺为粉红色，呈海绵状，质软而轻，富有弹性。含丰富弹性纤维的结缔组织伸入肺内构成肺的间质。肺实质是由肺内各级支气管和无数肺泡形成的肺小叶。所以在烹饪初加工时，可从气管中直接将水灌入肺内，使肺叶充水膨胀，使血污外溢。肺实质含丰富的弹性纤维、平滑肌纤维、少量网状纤维及胶原纤维等。变质的肺色灰绿，带异臭味，无弹性、无光泽，不可食用。肺适合于煨、煮、炖、煲等烹调方法，如奶汤银肺、银杏炖肺。

(2) 营养食疗价值。猪肺有补虚、止咳、止血之功效。可用于治疗肺虚咳嗽、久咳咯血等症。

(3) 初步加工。把猪肺的硬喉套在自来水笼头上，打开水笼头，将清水注入猪肺内，使肺叶扩张；胀满后，用手按压猪肺，将注入的水连同血污、泡沫一齐挤出。按此方法连续灌洗四五次，直至猪肺转为白色洁净为止。烹制时还要将猪肺放在锅内汆水。汆水时，气喉置于锅外，便于肺内泡沫排出。汆完水清洗干净，切片或切块使用。牛肺的清洗方法与猪肺相同。

（七）皮、蹄

(1) 特征、应用。家畜的皮多做工业用，烹饪上也有运用，且很多菜肴要求使用带皮肉。而皮和肉的组织结构、特性有很大的区别。皮被覆于躯体的表面，其厚度随家畜种类、品种、年龄、性别、部位不同而厚薄不一，但结构相似，均由表皮、真皮、皮下组织构成。表皮位于皮肤最表层，由角化的复层扁平上皮构成；由表及里分为角质层、颗粒层、棘层、基底层等。真皮位于表面下面，是皮肤最厚的一层，由致密结缔组织构成，细胞成分少，含有大量的胶原纤维和弹性纤维。皮下组织位于真皮的深层，由疏松结缔组织构成，营养良好的动物含有大量的脂肪细胞。在烹饪中运用较多的是猪皮，猪皮质韧，极富胶质，宜制皮冻、清冻和各种花冻，也可经煮透晒干（或直接晒干）后，再经油发或盐发制作炸肉皮，用烩、炖、扒、熘等烹法而单独成菜。同时猪皮还可加工成皮丝。蹄是由皮肤衍变而成的，指马、牛、猪等有蹄类动物的指（趾）端着地的部分，分蹄匣、肉蹄和皮下组织。肉蹄内含有丰富的弹性纤维，包括肉壁、肉底和肉球三部分。在饮食业常把猪的腕、跗关节以下带皮部分（包括蹄）称为前、后猪扒，将牛、羊的相应部位称为前、后腱子。这些部位含皮、筋、骨，适合于烧、酱、卤等。

(2) 营养食疗价值。猪皮味甘、性凉，有滋阴补虚，清热利咽的功能。猪皮通常指猪肉的皮，富含胶原蛋白和弹性蛋白，能使细胞变得丰满，减少皱纹、增强皮肤弹性；经常食用猪皮或猪蹄有延缓衰老和抗癌的作用。因为猪皮中含有大量的胶原蛋白，能减慢机体细胞老化。还有，胶原蛋白是构成人体筋与骨不可缺少的组织，可促进毛发、指甲生长。蹄筋味甘，性温，有益气补虚，温中暖中的作用。可治虚劳羸瘦、腰膝酸软、产后虚冷、腹痛寒疝、中虚反胃等症；蹄筋中含有丰富的胶原蛋白质和生物钙，脂肪含量也比肥肉低，并且不含胆固醇，能增强细胞生理代谢；其中，胶原蛋白被肠道吸收后，可使皮肤白嫩、滋润、富有弹性，延缓皮肤的衰老；牛蹄筋中的生物钙，人体吸收率在70%以上，具有强筋壮骨之功效，对腰膝酸软、身体瘦弱者有很好的食疗作用，有助于青少年生长发育并可减缓中老年妇女的骨质疏松。

(3) 初步加工。猪皮，将猪皮的表毛用火烧干净，清洗干净汆水后使用。猪蹄，将猪

蹄用刀背敲去硬甲，用火将表皮的毛烧干净，清洗干净后斩块使用；如是整只扒用，烧干净毛后需开边氽水后使用。

（八）舌

（1）特征、运用。舌在饮食业称口条，是位于口腔内的一个肌性器官。舌分舌尖、舌体和舌根三部分。舌尖为舌前端游离的部分；舌体为位于两侧臼齿之间，附着于口腔底的部分；舌根为附着于舌骨的部分。舌根背侧的固有膜内存在舌扁桃体，属淋巴上皮器官，烹饪加工时应去掉。舌表面覆以黏膜，黏膜较厚，角质化程度较高，称为舌苔，因其异味较浓，烹饪初加工时先用沸水泡烫至发白，然后刮去白苔。舌的肌肉属横纹肌，由纵、横和垂直三种肌束组成，并在不同方向互相交织。舌含结缔组织少，肉质细腻，宜酱、卤、烧、炒。

（2）营养食疗价值。猪舌含有丰富的胆固醇、蛋白质、维生素A、烟酸、铁、硒等营养元素，有滋阴润燥的功效。

（3）初步加工。把猪舌放进85℃左右的热水烫至舌苔变白，捞起后用小刀刮去舌苔，洗净。猪、牛、羊舌加工方法相同。

（九）尾

（1）特征、应用。尾是由畜类尾椎起支架作用形成的一种结构。尾椎间有分节性小肌束，如横突间肌等。不同动物尾椎的数目不一。尾的特点是多骨节，胶原蛋白丰富，瘦肉少。猪尾又称皮打皮、节节香。牛尾皮薄，肉质肥美。羊中的绵羊尾要优于山羊尾，绵羊尾又称东篱，特别是肥尾羊，其羊尾肥大脂厚，可炼油或煮熟后去骨制甜味菜肴；羊尾去掉尾油、稍带尾肉的部位称羊杆，宜炖。尾的烹饪加工多用烧、卤、酱、煮、煲、焖、炖等方法。

（2）营养食疗价值。猪尾有补腰力、益骨髓的功效。猪尾连尾椎骨一道熬汤，具有补阴益髓的效果，可改善腰酸背痛，预防骨质疏松；在青少年男女发育过程中，可促进骨骼发育，中老年人食用，则可延缓骨质老化、早衰。民间多用其治疗遗尿症。

（3）初步加工。将猪尾表毛用火烧干净，清洗干净后，斩件使用。

（十）公畜外生殖器

（1）特征、应用。烹饪应用较多的是牛、羊等公畜的外生殖器（即阴茎），又称牛鞭、羊鞭。其他动物如鹿、猴的阴茎也有运用，称为鹿鞭、猴鞭。有鲜品和干制品两种。阴茎分为阴茎根、阴茎体和阴茎头。阴茎体呈圆柱状，占阴茎的大部分，由阴茎海绵体和尿生殖道阴茎部构成。阴茎海绵体外面包有很厚的致密结缔组织白膜，富含弹性纤维，向内伸入形成小梁并相互交织，阴茎内含有丰富血管、神经、平滑肌及球海绵体肌、坐骨海绵体肌和阴茎缩肌。公畜外生殖器适于长时间加热的烹调方法，如烧、焖、炖、扒、煨等。

（2）营养食疗价值。牛鞭是雄牛的外生殖器，具有温补肾阳、益精补髓的功效。

（3）初步加工。去掉白膜和尿生殖道膜，经氽水、浸泡、焖煮去异味后使用。

（十一）脑

（1）特征、应用。脑位于颅腔内，分左右两个大脑半球。脑的表面为大脑皮质，深面为白质（髓质），由各种神经纤维构成。脑的质地较脆，细腻。脑的表层有层透明的筋膜，初加工时应剔去，漂洗。烹饪上常用的有牛脑、猪脑（又称脑花），适合于烩、拌、烧、卤、涮等烹调方法，如烩奶汤猪脑、白烧牛脑等。

（2）营养食疗价值。猪脑具有补益脑髓、疏风、润泽生肌的功效。

（3）初步加工。用水湿润猪脑，用牙签挑出血筋膜，轻轻洗净便可。

（十二）其他副产品的营养食疗价值

（1）猪脾（猪横脷）。猪脾味甘，性平，无毒，具有治脾虚、纳差、腹泻、善养虚劳瘦弱、消渴、除疳积等功效。

（2）牛三星。牛三星汤里面一般有牛心、牛肚、牛腰，部分还有牛百叶，牛双胘（牛肚边），具有滋养脾胃，强健筋骨，化痰息风的功效，能提高机体抗病能力，对生长发育及术后、病后调养的人特别适宜。

（3）猪红。猪红（猪血）为猪科动物猪的血，动物形态像猪肉条。味咸平，有解毒清肠、补血美容的功效。猪红富含维生素 B_2、维生素C、蛋白质、铁、磷、钙、尼克酸等营养成分。猪红中的血浆蛋白被人体内的胃酸分解后，产生一种解毒、清肠分解物，能够与侵入人体内的粉尘、有害金属微粒发生化合反应，易于毒素排出体外。长期接触有毒有害粉尘的人，特别是每日驾驶车辆的司机，应多吃猪红。另外，猪红富含铁，对贫血而面色苍白者有改善作用，是排毒养颜的理想食物。猪红的营养十分丰富，素有“液态肉”之称。据测定每100克猪红含蛋白质16克，高于牛肉、瘦猪肉蛋白质的含量，而且容易消化吸收。猪红蛋白质所含的氨基酸比例与人体中氨基酸的比例接近，非常容易被机体利用，因此，猪红的蛋白质在动物食物中最容易被消化、吸收。猪红的另一特点是含脂肪量极少，猪红中所含人体必需的无机盐，如钙、磷、钾、钠等，以及微量元素铁、锌、铜、锰也较多。猪红含铁量非常丰富，每100克含铁高达45毫克，比猪肝高2倍，比鸡蛋高18倍，比瘦肉高20倍。其铁吸收率可高达到22%以上，铁是造血的重要材料，人体缺乏铁元素将患缺铁性贫血，所以，贫血病人常吃猪红可以起到补血的作用。猪红所含的锌、铜等微量元素，具有提高免疫功能及抗衰老的作用，老年人常吃猪红，能延缓机体衰老，耳聪目明。猪红中还含有一定量的卵磷脂，能抑制低密度脂蛋白的有害作用，有助于防治动脉粥样硬化，是老人及冠心病、高脂血症及脑血管病患者的理想食品，对防治老年痴呆、记忆力减退、健忘、多梦、失眠等症也颇为有益。

八、常用家畜制品

我国的肉制品种类繁多，地方名产风味独特。按加工处理的方法不同可分为腌腊制品、烟熏制品、灌制品、酱卤制品、干制品、烤制品等；按地方风味特色分为广式、川式、京式、苏式、西式肉制品等。

（一）火腿

（1）特征、分类、应用。火腿是用猪的前后腿部肉经腌制、洗晒、整形、陈放发酵等工艺加工成的腌制品。火腿为我国传统名产，品种非常多。按传统类别可分为南腿、北腿、云腿。按产地分，有金华火腿、安福火腿、如皋火腿、宣威火腿、冕宁火腿、达县火腿等。按形状分，有竹叶形火腿、琵琶形火腿、圆形火腿、方盘形火腿。按季节分，有早冬腿、正冬腿、早春腿、晚春腿。按所选原料、所加辅料及腌制加工方法分，有金华蒋腿、糖腿、酱腿、风冬腿、风腿、茶腿等。在商品业，将产于浙江义乌、金华等地的金华

火腿称为“南腿”；将产于江苏如皋、靖江等地的如皋火腿称为“北腿”；将产于云南宣威、曲靖、腾越等地的宣威火腿，称为“云腿”。在所有的火腿制品中以浙江的金华火腿最为著名。金华火腿是选用金华地区所产的“两头乌”猪制作，这种猪肉质细嫩、皮薄脚细、后腿特别发达，瘦多肥大，腿心饱满。制成的火腿造型美观、刀工整洁、精工细作，肉质细嫩、味淡清香，为南腿的代表品种。如皋火腿为北腿代表品种，是引用金华火腿的加工技术，用当地猪种的后腿制成，味道不及金华火腿，口味稍咸。云腿又称宣腿，腿形肥大，形似琵琶，口味甜。火腿营养丰富，由于经过较长时间发酵，所含的蛋白质已部分分解，可提高人体的消化吸收率。其成品肉质红白鲜艳、食而不腻，具有特殊的风味与香气，为烹饪中常用的高级辅料。火腿适应于多种刀工加工方法、多种调味，可制成各种菜式，如冷盘、爆炒、汤羹和火锅，并可做糕点的馅料。使用时突出其味道鲜香的特点，不宜与牛羊肉合烹。若做主料，忌用酱油、醋、色素和香料。火腿的制作多采用干腌法，在选料、工艺上很有讲究，同时受气候等环境因素的影响。如金华火腿多以金华猪——“两头乌”的腿部作原料，原料的特点是：组织坚实度适中，皮薄，脂肪沉积小，腿心丰满等。施盐量、发酵鲜化的时间因腿的部位不同及特定气温条件而异。不同季节加工的火腿品质有差异。隆冬加工的品质最好，称“正冬腿”，皮呈金黄色，肉面酱黄色，脂肪黏性小，骨髓呈红色。早冬和春季加工的品质次之，称“早冬腿”和“春腿”，皮呈淡黄色，脂肪黏性大，骨髓呈黄色，有时表面有食盐析出。生火腿按不同部位分档零斩的方法，在各地习惯有所不同。在浙江分小爪、膧儿、上腰；膛骨、中腰、二刀、底头七个档次；而上海分为小爪、蹄膀、上方、中方、油头五个档次，其中膧骨（即上方）部位粗肉最好，肥膘最少，膧骨最细，即所谓“火腿心”，是最好的部位。火腿的品质检验以感官检验为主，一般采用看、扦、斩三步检验法判断其坚实度、色泽、弹性、组织状态、气味等。看主要是观察表面和切面状态，正常火腿腿细直、油头小、腿心长、骨不外露、刀工整齐、呈竹叶形或琵琶形，无斑点，无虫蛀；肌肉切面呈深玫瑰色、桃红色或暗红色，脂肪组织呈白色、淡黄色或淡红色。扦是探测火腿深部的气味，通常用三扦签的方法。第一签在蹄膀部分膝盖骨附近，扦入膝关节处；第二签在髋骨部分，从髋关节附近扦入；第三签在中方与油头交界处，从髋骨与荐椎间扦入。正常火腿具有火腿特有的香味，无显著哈喇味。斩是在看和扦所得印象基础上，对内部质量发生疑问时所采用的辅助方法。火腿的保藏主要是避免油脂酸败、回潮发霉、虫蛀，应放在阴凉、干燥、通风、清洁处。避免高温和光射，力求密闭隔氧，即用食品袋密闭保存或涂擦一层芝麻油作保护。

(2) 营养食疗价值。火腿历来被看做是席上佳肴，馈赠珍品。火腿制作经冬历夏，经过发酵分解，各种营养成分更易被人体所吸收，具有养胃生津、益肾壮阳、固骨髓、健足力、愈创口等作用。火腿内含丰富的蛋白质和适度的脂肪，十多种氨基酸、多种维生素和矿物质；能治疗虚劳怔忡、胃口不开、虚痢久泻等症。

(3) 初步加工。用热水将火腿表面的油脂、油污清洗干净，按部位斩件使用。

(二) 腊肉、腊肠

(1) 特征、应用。将鲜猪肉切成条状腌制或切碎腌制灌入肠衣后，经烘焙或晾晒而成的肉制品分别称为腊肉和腊肠。因民间一般在农历十二月（腊月）加工，故名腊制品，冬天特定的气候条件促进其风味的形成。现在可人为模拟和控制某些因素而不受季节限制来生产腊肉、腊肠。腊肉种类繁多，按产地有广东腊肉、四川腊肉、湖南腊肉、云南腊肉等。其成品要求色泽鲜明，肌肉呈鲜红色或暗红色。腊肠脂肪透明或呈乳白色，腊肉脂肪呈金黄色，干爽、有弹性，指压无明显凹痕，具有该制品固有的风味。一般悬挂保存在阴凉、干燥、通风处。腌腊制品在烹饪中应用很广，可做主料，如湖南菜腊味合蒸；也有提鲜增香的作用，如洪山菜菜薹炒腊肉，可炒、蒸、焖、做馅料等。

(2) 营养食疗价值。腊肉：腊肉有开胃、驱寒、消食等功效。腊肠：腊肠可开胃助食、增进食欲。

(3) 初步加工。原条蒸熟后，切片、切粒、切丝使用。

(三) 咸肉

(1) 特征、应用。咸肉是将鲜猪肉经过干、湿腌加工而成的制品。腌好的咸肉质地密而结实，切面平整有光泽，肌肉呈红色或暗红色，具有咸肉固有的风味。咸肉久放不变质。在我国南方各省加工较普遍。浙江所产称“南肉”，皮薄肉嫩、醇香鲜美；江苏所产称“北肉”，肉断面五花三层、红白分明、肉质鲜嫩。咸肉可采用低温（−5℃）保藏和浸卤保藏，烹饪中适于烧、蒸、煮、炒，可单独用，也可配其他味清淡的原料。

(2) 营养食疗价值。咸肉中磷、钾、钠的含量丰富，还含有脂肪、蛋白质等元素，具有开胃祛寒、消食等功效。

(3) 初步加工。咸肉不需初步加工，直接切成各种形状使用。

九、常用野畜原料

我国各地以野生畜肉作为烹饪原料的很多，尤以东北、安徽、湖南、湖北及广东、广西最为普遍。野生畜肉制作的莱肴风味别致，很受人们喜爱。现有些畜肉动物已被作为禁猎的保护种类，改变这种状况，除了要求人们遵守《野生动物保护法》，按一定的规律有节制地捕猎外，另一条途径就是采用科学的方法人工饲养。常用野畜有袍子、野猪、野兔、果子狸等。

(一) 狍子

(1) 特征、应用。狍子，又称山狍子、傻狍子、草上飞。国家二级保护动物。常生活在人烟稀少的山区、草原地带。狍子肉可食，有较好的滋味。其内脏是异常脆嫩的佳品。狍子稍有草腥味和土气味。烹饪中适用炒、爆、炸、熘等，可作热菜，也可作冷菜。

(2) 营养食疗价值。狍子含有丰富的蛋白质、无机盐，营养价值较高，其内脏还含有多种维生素，有温暖脾胃、强心润肺、利湿、壮阳及延年益寿之功效。

(3) 初步加工。烹制前必须用冷水浸泡 2～3 天，以去其腥味，在浸泡中应多换几次水，肉色会更白，滋味会更好。

(二) 野猪

(1) 特征、应用。野猪，别名山猪。国家三级保护动物。产地主要是山区、半山区。秋冬猎捕为好，野猪肉有松脂味和土腥味，制作菜肴以炸、烹、烧为多，并调以酸辣、麻辣、酸甜等味为宜。

(2) 营养食疗价值。野猪肉和内脏均含有丰富的蛋白质，特别是肌肉中蛋白质的含量多于家畜，胆固醇含量低于家畜肉类。野猪胃，药用价值高，含有大量人体必需的氨基

酸、维生素和微量元素，可助消化，促进新陈代谢，特别对胃出血、胃炎、胃溃疡、肠溃疡等有一定的药理疗效。猪胃性微温、味甘，有中止胃炎、健胃补虚的功效。

(3) 初步加工。烹制野猪肉必须事先用冷水浸泡，一昼夜换两次水以去除不良气味。

（三）野兔

(1) 特征、应用。野兔，也叫山兔，生活在草原地带和靠近山区的边缘地带。野兔的肥壮期在 9 月、10 月，其肉发达，纹路细腻，质嫩，蛋白质含量较高，是人们喜爱的野味。兔肉可制作凉菜，如五香兔肉、麻辣兔肉等。制作热菜时，适于炸、炖、炒、爆等方法。

(2) 营养食疗价值。野兔肉具有补中益气、凉血解毒的功效。可用于病后体虚、小儿痘疹不出、便血、便秘等症，还能增加人体血液中的磷脂，抑制胆固醇的有害作用，有助于避免动脉粥样硬化的发生和发展。吃野兔肉可以防止血栓的形成。野兔肉不但营养丰富，而且是一种对人体十分有益的药用补品。

(3) 初步加工。手抓兔的后腿，将其摔昏，割喉放血，放进 70℃～75℃的热水中烫毛，取出煺毛，开膛取内脏，洗涤干净。

（四）果子狸

(1) 特征应用。果子狸，亦称花面狸、白额灵猫，大小如家猫，多栖息于山林中。我国长江流域和南方各省均有分布。其肉可食，肉质细嫩鲜美有异香味，可炖可烩，是一种名贵的野味，可制各式菜肴，如广东拆烩果子狸、红烧果子狸、果子狸卷。

(2) 营养食疗价值。果子狸味甘、性平，能补中益气、治诸症、去游风、愈肠风下血。

(3) 初步加工。用木棍击其头部致其昏死，然后用刀割喉放血，放进 75℃～80℃的热水中烫毛，取出煺毛后用火燎去汗毛，用小刀刮洗干净，开膛取出内脏，冲洗干净。

十、畜肉类原料的品质鉴定

影响畜类原料质量变化的外界因素较多，有物理因素，如温度、湿度、渗透压、空气等。有化学因素，如金属盐类、酸碱度、氧化剂等。这些因素在原料储存过程中对原料的品质变化有相当大的影响，它们对原料品质的影响主要有两个方面：一是影响原料在储存过程中的新陈代谢速度，即影响酶的活性；二是影响微生物对原料污染的能力和速度，即影响微生物生长繁殖的速度。

（一）新鲜猪肉的感观鉴定

肌肉有光泽，红色均匀，脂肪洁白；外表微干或微湿润、不粘手；具有新鲜猪肉特有的气味；切断面的肉致密，富有弹性，手指压凹后能立即恢复；肉汤透明、芳香，脂肪有良好气味，并大量聚集在表面。

（二）新鲜牛、羊肉的感观鉴定

肌肉有光泽、红色均匀，脂肪洁白或呈淡黄色；外表微干或有风干的薄膜，不粘手；具备该肉的正常气味；肌肉弹性大，手指按压后，凹陷处能立即恢复；肉汤澄清，脂肪团聚于表面，具有特殊香味。

（三）新鲜畜类内脏的感官鉴定

肝：深紫红色，表面平滑，有光泽，柔软而有弹性，切面整齐，无臭味。

肠：柔软有弹性，黏液多，白色或粉红色，无腐败臭味，有光泽。

肾：紫红色有弹性，质地硬，有光泽，切面条纹清晰，无臭味。

肺：粉红色，表面光滑，有弹性，无臭味，有灰黑色的灰尘点。

心：红褐色，质地坚韧，有弹性无臭味。

舌：粉红色、质地坚韧，有弹性无臭味。

肚：有光泽、色浅黄，黏液多、质地坚实，无异味。

十一、畜类原料的储存方法

畜肉是易腐食品，在常温下能很快变质，这主要是由于各种微生物的侵害造成的，所以保管储存畜肉最主要的措施，就是要控制有害微生物的活动和繁殖。较长时间保藏畜肉的方法有高温消毒保藏、低温保藏和辐射处理保藏等。但就目前看，低温保藏是一种既经济方便又可较长时间保藏肉品的方法，现普遍使用这种方法。

鲜肉的保管必须控制微生物的生长繁殖，而低温环境则能抑制微生物的生长，所以保管鲜肉最重要的就是要有一个低温储存的环境条件。其保藏方法有：

（1）土冰箱保管法。这是一种较原始的天然冰冷藏法，当气温在25℃时，冰上加入10%的粗盐，箱内可保持5℃左右，如不加盐，则温度略高些，可达8℃，用此法储存原料，只适宜短时间的储存，一般不超过一天。

（2）电冰箱保管法。这是现代常用的机械制冷的方法，它可以迅速降低温度，较长时间地保藏原料。

（3）自然冷冻保管法。我国北方冬季寒冷，故而可利用低温进行冻藏，即将鲜肉放入瓶内或坛内，加盖进行储藏，也可放入食品塑料袋内进行储藏，这样可以防止空气中的氧化作用，亦能防止变色、变味。

本章小结

本章介绍了畜类原料及其副产品在烹饪中的性质、特点、烹饪应用方法、初步加工方法及营养食疗作用等。畜类原料在人们日常膳食结构中占有非常重要的地位，因此在烹饪中使用非常广泛。畜类属恒温动物，在操作使用上要结合原料本身的组织结构特点，选择相应的烹饪方法进行烹制。畜类的加工制品是人们在生活劳动中用总结出的方法制成的，其特点是具有较长的保存时间，由于加工方法不同形成了各自的风味特点，但由于技术水平的局限性，储藏的时间和条件受到一定的限制，使用时要注意鉴别质量。畜类副产品的性质、特点各不相同，通过学习要掌握其组织结构和品质鉴定方法、初步加工方法及使用方法，正确加工和烹制。

思考题

一、概念理解题

1. 畜肉则为宰杀后的畜体去除________、________、________、________、________所剩余的________。

2. 畜肉是由多种组织构成，烹饪中所涉及的是____________、____________、____________和____________。

3. 畜体除胴体以外所剩下的________、________、________、________、________、________等统称为副产品，又称________或________。

4. 火腿是用猪的前后腿部肉经________、________、________、________等工艺加工成的腌制品。按传统类别可分为________、________、________。

二、技能应用题

1. 如何鉴定新鲜的猪肉？

2. 如何鉴定新鲜的牛、羊肉？

3. 如何鉴定新鲜的猪肚？

4. 请运用你所学的知识，叙述“黑大豆煲猪尾”的营养食疗价值。

第五章 禽类及其副产品类原料

【知识目标】

掌握禽肉及蛋品品质鉴定方法及保管要求。

【能力目标】

通过学习，具备正确鉴定禽肉及加工禽肉的能力。

【德育目标】

培养学生在禽肉初步加工过程中使用正确加工方法的习惯，保证原料的质量，尽可能利用可食部分，物尽其用，同时注意养成良好的卫生习惯。

【学习重点】

各种禽肉及副产品的营养食疗价值。

【学习难点】

各种禽肉的初步加工方法。

一、禽类原料的概念及化学成分

禽类原料指鸟类动物原料及其制品，主要包括家禽、野禽、禽蛋及其制品。禽肉化学成分主要包括糖类、脂类、蛋白质、矿物质、维生素、水和浸出物等。随禽的种类、饲养状况、营养状况、宰后变化等因素的影响，其构成略有差异。

（一）蛋白质

禽肉蛋白质含量约为20%，大多为优质蛋白。其中肌蛋白的含量和性质对禽肉颜色影响极大，禽肉因品种不同有淡红色、灰白色或暗红色，子鸡肉的颜色比老鸡淡些，瘦鸡肉呈暗红色或淡青色，一般急宰的鸡多呈淡黄色。

（二）脂类

禽肉脂类含量较少，其中不饱和脂肪酸的含量要高于饱和脂肪酸的含量。鸡脂肪中亚油酸的含量达20%，因此其脂类熔点较低（30℃～32℃），消化吸收率高。其他禽类脂类的熔点为：鸭27℃～39℃、鹅26℃～34℃，其消化率为97%～98%。禽脂类中胆固醇的含量也较高。

（三）维生素和矿物质

禽肉中含有较多的B族维生素。禽肉可食部分100克中维生素含量（毫克）：维生素

B_1 为 0.2、泛酸为 0.33～0.43（小鸭肉）、叶酸为 0.12～0.14（小鸡肉）。脂溶性维生素的含量也很高，每 100 克鸡肝所含的维生素 A 是猪肝的 3 倍（含 0.02 毫克维生素 A）。此外，鸡肉还有积聚维生素 E 的作用（火鸡积聚的能力差），每 100 克鸡肉含维生素 E90～400 微克，维生素 E 是一种抗氧化剂，对禽肉的保藏有一定的意义。禽肉中磷、铁的含量较丰富，是补充这些物质的良好来源。此外，禽肉中还含有很多微量元素。

（四）浸出物

禽肉中含有大量的含氮浸出物，随禽种类、年龄、生态环境的不同，其含量和成分略有差异。浸出物对禽肉滋味及风味的影响已为大多实验所证实。浸出物中的许多成分本身就是呈味物质，如琥珀酸、氨基酸、肌苷酸是鲜味成分，肌醇有甜味，乳酸呈酸味等。但浸出物中也不乏存在某些烹饪嫌忌成分，如某些胺类、尿酸等。同一禽类随年龄不同所含的浸出物有差异。幼禽所含浸出物比老禽少，公禽所含浸出物比母禽少，所以老母鸡适宜炖汤，而子鸡适合爆炒。野禽肉比家禽肉含有更多的浸出物，使肉汤带有强烈刺激味，不宜炖汤。

二、禽肉的组织结构

禽肉的组织与畜类一样，从烹饪加工及可利用的程度来看，包括肌肉组织、结缔组织、脂肪组织和骨骼组织。这四种组织相对比例的不同决定了禽肉品质和风味的差异。组织比例依禽的种类、品种、性别、年龄、饲养状况、禽体部位不同而不同。

（一）肌肉组织

禽类肌肉组织的基本组成单位是肌纤维，其结构与畜类肌肉组织的结构基本相同。但禽肉肌纤维比畜肉细。禽类肌纤维的粗细与禽的种类、品种、性别、年龄、部位、饲养状况有关：老龄禽比幼禽肌纤维粗，公禽比母禽肌纤维粗，大型禽类比小型禽类肌纤维粗，活动量大的部位比活动量小的部位肌纤维粗。禽肉肌纤维根据肌浆的性质，有红肌纤维和白肌纤维之分，而且比畜肉明显。如家鸡腿部和背部的肌肉为红肌，胸部的肌肉为白肌。红肌纤维和白肌纤维功能略有差异，前者耐疲劳，后者收缩力强，持续时间短。

（二）脂肪组织

禽类的脂肪组织含量很少，一般沉积在体腔内部或皮下（除水禽外），而不在肌肉间沉积，所以很难看到禽肉断面像畜肉呈大理石样斑纹。脂肪在皮下沉积使皮肤呈现一定颜色，沉积多的呈微红色或黄色；沉积少的（如飞禽）则呈淡红色。

（三）结缔组织

禽肉中结缔组织的含量总的来讲比畜类少得多，而且禽肉中结缔组织较柔软。禽体内白肌含结缔组织较少，红肌含结缔组织相对较多。结缔组织的含量与禽肉的嫩度有关，幼禽肌纤维较丰满、肌膜较薄、结缔组织较少，所以肉质较细嫩。而老禽和野禽结缔组织相对较多。

（四）骨骼组织

禽类的骨骼分长骨、短骨和扁平骨，轻而坚固。除长骨内充满骨髓外，短骨和扁平骨中空并通过气孔与其囊相连充满气体，且很多骨片相互愈合，分界不明显。这是与禽类的飞翔生活相适应的，既减轻了体重又增加了浮力。

三、禽肉在烹调中的运用

禽肉与畜肉相比，禽的肌肉发达，特别是胸肌和腿肌，占禽体的50%以上。这部分肉成型条件好，蛋白质含量高，吸水能力强，尤其是鸡胸脯肉可剁成茸制作各种茸类成型菜。禽肉的结缔组织少，肉纤维柔细，硬度较低，适合于多种烹调方法，在菜肴中大多单用，与配料合烹较少。其构成的鲜味物质丰富，组氨酸含量高于其他肉类，水解氨基酸数量多，故鲜味更加突出，制作的菜肴风味显著，并可制汤，作为其他菜肴制作的调味之用。可作主料、馅心、制汤等。

四、常用的家禽种类

家禽是指人类为满足对肉、蛋等的需要，经过长期饲养而驯化的鸟类。

随着饲养工业的发展和饲养技术的提高，家禽在动物性食品中的比例越来越高，同时育种科学的进步使得食用禽类的品种增多，且使用越来越专门化，例如，人们通过对鸡的长期选育形成肉用、蛋用、肉蛋兼用、药用等品种。由于鹅肝食用价值高，通过选种杂交已培育产肝快性能优的鹅。目前我国饲养的家禽主要包括鸡、鸭、鹅、鸽、鹌鹑、火鸡等。近年来，有些地方开始规模化养殖孔雀、驼鸟等。但饲养广泛的家禽主要是鸡、鸭、鹅、火鸡。

（一）鸡

(1) 产地、种类、特征。鸡起源于鸟纲鸡形目雉科原鸡属。原鸡属有绿颈原鸡、红色原鸡、黑尾原鸡、灰纹原鸡等。一般认为红色原鸡是家鸡的祖先，现今在我国云南、广西南部及海南岛丛林中，仍有少量红色原鸡分布。鸡在我国的驯养至少有3000年历史，其标准品种和地方品种种类繁多，现根据鸡的主要用途将鸡品种分类介绍如下。

①肉用鸡。其性能以产肉为主，这种类型的鸡往往容易肥育，我国有名的品种有九斤黄、狼山鸡、惠阳鸡、桃源鸡、浦东鸡等，国外有名的品种有白科尼什鸡等。九斤黄产于山东、安徽及长江流域一带，体躯大而宽深，背短而上隆起，胸部饱满，具有胫羽和趾羽，该鸡肉质嫩滑，肉色微黄。狼山鸡由于最早产于南通港南部的狼山而得名。体高腿长，背短，骨骼小，毛呈黑色且带有翠绿色光泽，胸部肌肉发达，肉质好，成年公鸡体重3.5～4.0千克，白科尼什鸡原产于英国的康瓦耳，毛呈白色，体躯坚实，胸肌、腿肌发达，胫粗壮，成年公鸡4.5～5.0千克，成年母鸡3.5～4.0千克。广东的肉用鸡按本地的个别特征把鸡分为项鸡（将要下蛋的嫩母鸡）、骟鸡（经过阉割失去交配能力的公鸡）、老母鸡。产地以广东本地为主，由于品质不同，肉质、风味有异，适用的烹调方法也有所区别。

②蛋用鸡。其性能以产蛋为主。世界著名的品种有白来航鸡、新汉夏鸡。白来航鸡全身羽毛白色而紧贴，冠大鲜红，母鸡冠较薄，多倒向一侧，年平均产蛋量220个以上，饲养良好的情况下可超过300枚，蛋重54～60克，蛋壳白色。新汉夏鸡年产蛋量180～200枚，蛋重56～60克，蛋壳褐色。我国所饲养的蛋用鸡品种多为白来航鸡和星杂288型鸡等。

③肉蛋兼用鸡。这种类型的鸡产肉、产蛋性能均优，但没有蛋用、肉用鸡突出。世界

有名的品种有白洛克鸡、澳洲黑鸡等。我国著名的肉蛋兼用型品种有山东寿光鸡、北京油鸡等。寿光鸡产于山东省寿光县，分布最广，喙、胫、爪均为黑色，皮肤白色，全身黑羽，并带有金属光泽，成年公鸡体重为3.6～4.0千克，成年母鸡体重为2.5～3.0千克，肉质鲜美，蛋大，为60～75克，年产蛋量为140～160枚。

④药食兼用鸡。其具有明显的药用性能，同时具有很高的食用性。著名的品种有乌鸡，又称竹丝鸡、乌骨鸡、丝毛鸡，因其产于江西泰和县武山，又有泰和鸡、武山鸡之称。该鸡全身羽毛纯白，反卷呈丝状，总体外貌特征民间谓之“十全”，即紫冠（复冠，如桑葚状）、缨头（顶上毛冠）、绿耳、胡子、五爪、毛脚、丝毛、乌皮、乌骨、乌肉。此外，喙、趾、内脏及脂肪也呈乌黑色。成年公鸡体重1.0～1.5千克，成年母鸡体重1.0～1.25千克，年产蛋80枚左右，蛋壳呈褐色。乌鸡是重要的药膳原料。

（2）营养食疗价值。鸡肉有温中益气、补虚填精、健脾胃、活血脉、强筋骨的功效。鸡肉消化率高，很容易被人体吸收利用、有增强体力、强壮身体的作用；鸡肉对营养不良、畏寒怕冷、乏力疲劳、月经不调、贫血、虚弱等有很好的食疗作用。乌鸡肉具有温中益气、补肾填精、养血乌发、滋润肌肤的作用。凡虚劳羸瘦、面瘦、面色无华、水肿消渴、产后血虚乳少者，可将之作食疗滋补之品。

（二）鸭

（1）产地、种类、特征。鸭是由野鸭驯化而来的，一般认为起源于凫，“凫”特指绿头鸭，为鸟纲雁形目鸭科动物。现今在我国分布极广，雄鸭的主要特征是头和颈呈绿色而带金属反光，尾部中央有4枚尾羽向上卷曲如钩，体表密生绒毛，尾脂腺发达。根据用途不同，逐渐选育出肉用型鸭、蛋用型鸭、肉蛋兼用型鸭三个类型。

①肉用型鸭。世界著名的肉用鸭品种有北京鸭和瘤头鸭。北京鸭产于北京西部玉泉山一带，多采用“填食”饲喂方式育肥，故又称为“填鸭”，其羽毛丰满呈纯白色，胸部丰满突起，腹部深广下垂，腿短，趾蹼呈橘红色，生长快，消化系统发达，易肥育，孵出两个月后开始填肥，体重可达3～4千克；北京填鸭肌肉纤维细致，富含脂肪，在皮下和肌肉间分布均匀，提高了肉质的风味，是北京烤鸭的专用鸭。此外，瘤头鸭又称番鸭，也是有名的肉用鸭，多在南方各省饲养，以海南岛琼海县嘉积产的瘤头鸭较为著名，该鸭头部两侧和脸上长有赤色肉瘤，体质强健，肉厚，肉质良好，味美油多，尾脂腺分泌物少；成年公鸭体重3.5～4.5千克，成年母鸭体重2.7～3.2千克。用瘤头公鸭与北京母鸭杂交的鸭可生产鸭油脂肝，肝重450～470克，鸭油脂肝是珍贵的烹饪原料。

②蛋用型鸭。我国主要的品种有金定鸭，原产于福建九龙江下游潮汐所及的地区。公鸭体重比母鸭轻，年产蛋量可达240～280枚，蛋重60～80克，蛋壳为灰白色或青色。

③肉蛋兼用型鸭。主要品种有高邮麻鸭、娄门鸭等。高邮麻鸭原产于江苏省高邮县，成年公鸭体重3.5～4.0千克，成年母鸭体重3.5千克，肉质鲜美；年产蛋量160～200枚，蛋形大，重80～85克，以绿色壳居多，以产双黄蛋著名，双黄蛋均重106.4克。娄门鸭产于江苏苏州娄门地区，体形大，肉质细嫩而白，口味鲜美。除此以外，我国蛋肉兼用鸭还有江苏海安鸭、四川建昌鸭、广东东莞麻鸭、广西五通麻鸭、湖南监武鸭等。

（2）营养食疗价值。鸭肉的营养价值与鸡肉相仿。鸭子吃的食物多为水生物，故其肉性味甘、寒，有滋补、养胃、补肾、除痨热骨蒸、消水肿、止热痢、止咳化痰等作用。凡体内有热的人适宜食鸭肉，体质虚弱、食欲不振、发热、大便干燥和水肿的人食之更为有益。

（三）鹅

(1) 产地、种类、特征。鹅属鸟纲雁形目鸭科动物，中国鹅的远祖是鸿雁。我国养殖鹅的历史悠久，鸿雁经人类驯化后产生的家鹅也有肉用型鹅、蛋用型鹅、肉蛋兼用型鹅三个类型。

①肉用型鹅。主要品种有中国鹅、狮头鹅。中国鹅头上有肉瘤，体躯宽而长，尾短向上，发育迅速，肉质鲜美。狮头鹅是我国最大的一种鹅，头大，头顶上部和两颊均有显著突出的肉瘤，从头部下面观之如雄狮头状，故得名，成年公鹅体重10～17千克，成年母鹅体重9～13千克。

②蛋用型鹅。主要品种有烟台王龙鹅，产于山东烟台地区。王龙鹅前端有圆而光滑的肉瘤，背扁平，体躯似长方形，两腿粗短，母鹅腹部有1～2个褶皱，称之为“蛋窝”。年产蛋量120枚左右，蛋平均重128.5～163克，蛋壳白色。

③肉蛋兼用型鹅。主要品种有太湖鹅，原产于江浙两省的太湖地区。太湖鹅全身羽毛雪白，肉瘤圆而光滑无褶皱。成年公鹅体重3.5～4.5千克，成年母鹅体重3.3～4.3千克。年产蛋量60～70枚，蛋重135.3～136.8克。

(2) 营养食疗价值。鹅肉具有益气补虚、和胃止渴、止咳化痰、解铅毒等作用。适宜身体虚弱、气血不足、营养不良之人食用。凡经常口渴、乏力、气短、食欲不振者，可常喝鹅汤，吃鹅肉。特别适合在冬季进补。

（四）火鸡

(1) 产地、种类、特征。火鸡属鸟纲鸡形目吐绶鸡科，火鸡起源于野火鸡。火鸡身躯高大，颈部短直，头、颈没有羽毛而秃裸。头上有珊瑚状的皮瘤，皮瘤的颜色可变化，安静时为赤色，激动时变为浅蓝色或紫色。尾羽发达，公火鸡尾羽展开呈扇形，母火鸡尾羽不展开，前额有一肉锥。根据羽毛的颜色，火鸡可分为青铜火鸡和白色火鸡。青铜火鸡原产于美洲，个体较大，胸部很宽，头上的皮瘤由红色到紫白色；成长迅速，肉量肥满，成年公火鸡体重约16千克，成年母火鸡体重约9千克，年产蛋量50～60枚，蛋重75～80克。白色火鸡原产于荷兰，全身羽毛呈白色，肉质良好，细嫩多汁，成年公火鸡体重12.5千克，成年母火鸡体重8千克。

(2) 营养食疗价值。火鸡肉有野生动物的特性，高蛋白（蛋白质含量27%，普通肉鸡只有23%），低脂肪（2%～3%），胆固醇含量低（0.06%～0.1%），肉质鲜嫩可口，是妇女、儿童、老年人的保健食品，更是肥胖人士理想的减肥食品。常食火鸡肉对高血压、糖尿病、心脑血管有防治作用。火鸡肉含有丰富的铁、锌、磷、钾及维生素B。火鸡肉所含的脂肪是不饱和脂肪酸，不会导致血液中胆固醇量的增加；其次，火鸡胸肉的铁含量也相当高，对于生理期、妊娠期和受伤需调养的人而言，火鸡肉是供应铁质的最佳来源之一。火鸡肉在营养学上的另外特色还包括其富含色氨酸和赖氨酸，可协助人体减少压力、消除紧张和焦躁不安。

五、常用的野禽种类

（一）鸽

(1) 产地、种类、特征。鸽有家鸽、岩鸽、原鸽等。

①家鸽。由原鸽驯化而成，喙短，翼长大，善飞，足短，体呈纺锤形，毛色有青灰、纯白、茶褐、黑白相杂等。雌雄双栖，喜群飞，孵化期约18天，雌雄交替孵卵，并均能从嗉囊中吐出乳糜以哺幼鸽。家鸽品种很多，按用途分有玩赏型鸽、传书型鸽、肉用型鸽三大类。肉用型鸽体形较大，重1～1.5千克，成长快，繁殖力强，肉质鲜美。著名品种如落地王鸽，广东中山石岐乳鸽。乳鸽可用于炸、蒸、炒、卤、烧、焖、烤等，成年鸽可炖、烧、煮。

②岩鸽。亦称山石鸽，分布于我国东北、西北一带，肉质鲜美，头和颈呈暗青灰色，肩、上背、颈基以及喉、胸等带紫绿色光泽，形成很明显的颈环，嘴黑色；两翅折合时有两道明显的横带斑；食果实、种子、谷类等；飞行快速，并善疾走。

③原鸽。亦称野鸽，为家鸽的原种，体形大小与家鸽相似。羽毛大体呈灰色，颈紫绿色，此鸽食谷类及蔬菜种子，分布于欧洲、非洲大陆，以及伊朗、印度等地，我国也有，肉可食。

(2) 营养食疗价值。鸽肉味咸、性平、无毒，具有滋补肝肾之作用。可以补气血，托毒排脓；可用于治疗恶疮、久病虚羸、消渴等症。常吃可使身体强健，清肺顺气。对于肾虚体弱、心神不宁、儿童成长、体力透支者均有功效。乳鸽的骨内含丰富的软骨素，常食能增加皮肤弹性，改善血液循环。乳鸽肉含有较多的支链氨基酸和精氨酸，可促进体内蛋白质的合成，加快创伤愈合。

（二）斑鸠

(1) 特征、应用。斑鸠体形如鸽，大小及羽毛色彩因种类而异。在我国分布较广的为棕背斑鸠，亦称金斑鸠或山斑鸠。背羽为淡褐色，而羽喙微带棕色，两胁、腋羽及尾下腹羽皆为灰蓝色，栖于平原和山地的林间，食浆果及种子等。斑鸠肉可食，适合炸、熘、炒、烧、烤等烹调方法。

(2) 营养食疗价值。斑鸠肉能益气补虚、明目、强筋骨。其用于久病虚损，少气乏力；眼目昏花，视力减退；肝肾不足，筋骨不健等症。

（三）鹌鹑

(1) 特征、应用。鹌鹑简称鹑，体形小，一般体长20厘米，头小尾秃，额、头侧、须和喉部均为淡红色。周身羽毛都有白色的羽干纹，常潜伏于杂草和灌木丛中，以谷类和种子为食。鹌鹑肉味甚佳，蛋亦可食，且营养丰富，为高档菜肴的制作原料。适合炸、炖、烧、焖、烤等。

(2) 营养食疗价值。鹌鹑肉味甘、性平，可补中益气、清利湿热；鹌鹑肉适宜于营养不良、体虚乏力、贫血头晕、肾炎浮肿、泻痢、高血压、肥胖症、动脉硬化症等患者食用。其所含丰富的卵磷脂，可生成溶血磷脂，抑制血小板凝聚的作用，可阻止血栓形成，保护血管壁，阻止动脉硬化。磷脂是高级神经活动不可缺少的营养物质，具有健脑作用。

（四）鹧鸪

（1）特征、应用。鹧鸪形似鹌鹑，体长约 30 厘米，羽毛大都黑白相杂，尤以背上和胸腹部的眼状白斑更为显著，常栖息于灌木丛和疏树的山地，肉肥味美。适合炸、炖、烧、焖、烤等烹调方法。

（2）营养食疗价值。鹧鸪味甘、性温、无毒，能利五脏，开胃，益心神，补中消痰。鹧鸪小巧，骨细肉厚，肌肉味美，营养丰富，食用价值高，它不但是野味肉食，还是人体的滋补品，含有人体所需的多种氨基酸及锌等多种微量无素，尤其是被誉为脑黄金的牛黄酸，每 100 克鹧鸪肉含量为 27.38 毫克。

（五）野鸭

（1）特征、应用。狭义的野鸭是指绿头鸭，广义的包括多种野鸭。野鸭体形比家鸭小，趾间有蹼，善游水，多群栖湖泊中，杂食或主要以植物为食。肉味鲜美，羽毛可制绒，是重要的经济水禽。烹调上多用于炖汤、煲汤。

（2）营养食疗价值。野鸭味甘，微寒，能补脾益气，多用于病后或产后体虚、脾胃不健、食欲不振、少气乏力、脾虚水肿等症。

六、禽类的初步加工

（一）宰杀活禽

本节以宰杀活鸡为例进行说明。其余禽类的宰杀与宰杀鸡的步骤相同。宰杀形体较小的禽类也可直接掐死或摔死，但肉色发黑。

（1）割喉放血。一手抓住鸡翼，用小指勾着一只鸡脚，大拇指和食指捏鸡颈，使鸡喉管突出，迅速切断喉管及颈部动脉；持刀的手放下刀，转抓住鸡头，捏鸡颈的手松开，让鸡血流出。宰杀鸭则割下巴位置放血，其余方法步骤与杀鸡相同。

（2）褪毛。把断气的鸡放进热水中烫毛，片刻后取出拔净鸡毛。烫毛时，应先烫鸡脚试水温。若鸡脚衣能轻易脱出，说明水温合适；若脱不出，则是水温太低；若脚变形，脚衣难脱，就是水温偏高。等水温合适时再烫全身。宰杀的禽类不同，烫毛的水温也不同，一般鸡项 65℃～70℃，鸽 60℃～65℃，鹌鹑 55℃～60℃，鹅 70℃～75℃，鸭 75℃～80℃。水温还要根据当时的气温、鸡只的数量和鸡毛的干湿度灵活调节。

（3）开腹取内脏。在鸡颈背切开一个 3 厘米的小口，取出嗉囊、气管及食管。将鸡放在砧板上，鸡胸朝上，用手按压鸡腿，使鸡腹鼓起，用刀在鸡腹上顺切开口，掏出所有内脏及肛门边的肠头蒂（屎囊），在鸡脚关节稍下一点的地方剁下双脚。

（4）洗涤。将鸡全面冲洗干净。禽鸟经宰杀后便称为光禽，如光鸡、光鸭、光鹅、光鸽等。

（二）光禽的起肉加工

此处以鸡为例，其他禽鸟起肉方法相同。

（1）在鸡嗉囊前横圈一刀，切断颈皮。

（2）在鸡背由颈至尾划一刀，在鸡胸正中也顺划一刀，手执一鸡翼，将翼膊关节割离，然后用刀压住鸡壳，抓住鸡翼往后拉，将鸡肉整边拉出至大腿。

（3）将大腿往上翻拗，用刀割断腿部与鸡壳相连的关节和筋络，继续将鸡肉完全拉

出。另一边用同样方法将鸡肉拉出，在鸡胸骨上起出鸡柳肉。

(4) 割下鸡翼。

(5) 在鸡脚内侧上沿腿骨划一刀，在大脚骨与小腿骨之间关节剁一刀，使两者分开，再分别起出大腿骨和小腿骨。

(6) 将起出的鸡肉皮在外卷好，放好。起出的禽肉要求干净、完整、无碎骨。

(三) 扒鸭的加工

将光鸭翼尖及第二节斩去，用刀背敲折鸭小腿和翼骨，再在鸭背上呈十字形地剁两刀，起出鸭尾臊；然后切去鸭下巴。

七、家禽的副产品

家禽副产品俗称禽杂，是禽胃、肝、心、肠等内脏及舌、脑、血、皮等的统称。禽杂是一类重要的烹饪原料，可单独入馔，也可合烹成菜，如心与肝、舌与肾合烹等。

(一) 舌

禽舌常用的多为鸭舌。鸭舌外被角质化的表皮，内有脆骨，初加工时去除表皮和骨，剩下的部分质地鲜嫩，较名贵，适于烩、氽等烹调方法，如烩鸭四宝、口磨鸭舌汤、烩鸭舌腰等。

(二) 胃

禽胃分为明显的两部分：腺胃和肌胃。腺胃即嗉束。肌胃俗称肫或砂囊，呈圆形或椭圆形的双凸透镜状，背侧部和腹侧部壁很厚，里层有革质的皮称内金。禽胃肌肉层非常发达，由环行的平滑肌纤维构成，肌纤维中富含肌红蛋白而呈暗红色，所以肌胃肉质坚实而呈暗红色。肌膜在肌胃两侧以厚而致密的腱中心相连接。禽胃质韧，适于爆、炒、炸、卤、拌等烹调方法，所成菜肴脆嫩。

(三) 肠

禽肠与畜类一样分小肠和大肠，但一般较短。禽肠可用来作肠衣或直接入馔。烹饪中应用最为广泛的是鸭肠。鸭肠质韧，色浅红，外附油脂，初加工去异味后，适于爆、炒、涮等烹调方法，如盐爆鸭肠。

(四) 肝

禽肝位于腹腔前下部，附有胆囊，烹饪加工时应去掉。禽肝呈淡褐色至红褐色，分左右两叶，右叶略大。肥育的禽因肝内含有脂肪而呈黄褐色或土黄色。禽肝中含有丰富的维生素和无机盐，如维生素 A、维生素 B_1、维生素 B_2、维生素 C、维生素 D、维生素 E 与烟酸、叶酸及磷、钾、钠、铁、钙等。鸡肝含有丰富的蛋白质、钙、磷、铁、锌、维生素 A、B 族维生素。肝中铁质丰富，是补血食品中最常用的食物。动物肝中维生素 A 的含量远远超过奶、蛋、肉、鱼等食品，具有维持正常生长和生殖机能的作用，能保护眼睛，维持正常视力，防止眼睛干涩、疲劳，维持健康的肤色，对皮肤的健美具有重要意义。禽肝中还具有一般肉类食品不含的维生素 C 和微量元素硒，能增强人体的免疫反应，抗氧化，防衰老，并能抑制肿瘤细胞的产生。经过长期选育，已培育出生产肝的鸭和鹅。禽肝质地细嫩，适于爆、炒、熘、炸、卤等烹调方法，如酥炸鸭肝、卤鸡肝、熘鸭肝片等。

（五）胰

胰长形，淡黄或淡红色，质地细腻。鸭胰是常用的烹饪原料，所成菜肴有芫爆鸭胰、烩鸭胰等。

（六）心

禽心的构造与畜类的心相似，分心基部和心尖部，呈锥形，表面附着油脂。禽心质韧，宜爆、炒、熘、炸、卤等，如炸心花、软熘鸭心等，常与禽肝共同成菜。

（七）睾丸

雄禽有一对睾丸，其外形与畜类的肾很相似，故常被称为“腰”（肾），位于腹腔内，被一片短的薄膜悬挂于肾脏前部腹侧。其大小因年龄和季节而变化，性成熟后较大，颜色转为乳白色。可制作各种菜肴，如鸡丝烩鸡腰、烩白玉兔、芙蓉鸡腰、清汤鸡腰、烩奶汤鸡腰等。

（八）蹼、鸭掌

蹼是由皮肤形成的固定的皮肤褶，鸭科动物的蹼较为发达，质韧。鸭掌又称鸭爪，是高档的烹饪原料，常出骨后使用，适于蒸、煎、烧、烩、拌等多种烹调方法，熟制后菜肴脆嫩可口，如煎瓤鸭掌、芥末鸭掌等。

八、家禽副产品的初步加工

（一）肫（俗称肾）

割去食管及肠，剥除油脂，切开肫的凸边，除去内容物，剥掉内壁黄衣（内金），洗净。

（二）肝

剥离胆囊，洗净即可。

（三）肠

将肠理直，用尖刀或剪刀剖开肠子，洗净污物，用食盐搓擦，去掉肠壁上的黏液和异味，冲洗干净即可。鸡生肠洗干净即可，不必剪开。

（四）脂肪块

油脂块用水洗净即可。

（五）心、鸡子、未成熟的鸡卵

用水洗净即可。

（六）血

已凝固的血放进沸水中，慢火浸熟。

（七）拆鸭掌

将鸭掌剥去掌衣，洗净，再把鸭掌放进沸水中滚熟，用清水漂凉，撕离后趾骨；然后折断胫骨关节，拆出胫骨，再逐一折断趾骨关节，拆出趾骨，直至全部骨块被拆出。

九、鲜蛋及蛋制品

广义的蛋是指卵生动物为了繁衍后代排出体外的卵，除禽类外，爬行类的蛇、龟、鳖均可产蛋。而本节所介绍的是特指禽类所产的蛋，包括鸡蛋、鸭蛋、鹅蛋、鸽蛋、鹌鹑蛋等，这些蛋的结构基本相似，化学组成大同小异。蛋制品是指经过加工后的蛋品。蛋及蛋制品所含营养物质丰富，极具食用价值，同时烹饪应用也相当广泛，可作主料、配料及调辅料，是烹饪中最常用的原料之一。

（一）鲜蛋

(1) 鲜蛋的构造。禽蛋由蛋黄、蛋白和蛋壳三个主要部分构成。横切面呈圆形，纵切面呈不规则椭圆形，一头尖，一头钝。蛋黄占全蛋重的 32%～35%，蛋白占全蛋重的 55%～66%，蛋壳与蛋壳膜占全蛋重的 12%～13%。

(2) 鲜蛋的化学组成。蛋白中的主要固形物是蛋白质，包括卵清蛋白、卵球蛋白、卵黏蛋白等，均属优质蛋白。其中还含有溶菌酶、抗胰蛋白酶等酶类及抗生物素等活性物质。溶菌酶具有一定的杀菌作用，抗胰蛋白酶可抑制人体胰蛋白酶的活性，抗生物素与人体内生物素结合导致人体生物素缺乏。加热可使这些物质复活。

蛋黄中含有卵黄磷蛋白及卵黄球蛋白，也是优质蛋白，大多与脂类结合，主要形成低密度脂蛋白，蛋所含的脂类主要集中在蛋黄中，其中磷脂约占 10%，主要成分有卵磷脂、脑磷脂、神经磷脂等。此外蛋黄中的脂溶性维生素、B 族维生素及铁、磷含量较丰富。鲜蛋适用范围广可独立成菜，做配菜、点心、小吃、甜品等。适用的烹调方法有煎、炒、炸、焖、扒、蒸、炖、煮、卤、烩、腌制肉类、上浆、挂糊、做包卷菜肴的蛋皮、拼盘原料、盘饰、垫底菜等。

(3) 鲜蛋的营养食疗价值。

① 鸡蛋。鸡蛋富含 DHA 和卵磷脂、卵黄素，对神经系统和身体发育有利，能健脑益智，改善记忆力，并促进肝细胞再生；健脑益智、保护肝脏、防治动脉硬化、预防癌症、延缓衰老。

②鹌鹑蛋。鹌鹑蛋有较好护肤、美肤作用；可补气益血、强身健脑，对于治疗贫血、营养不良、神经衰弱、气管炎、结核病、高血压、代谢障碍等有助益。鹌鹑蛋对贫血、营养不良、神经衰弱、月经不调、高血压、支气管炎、血管硬化等病人具有调补作用。

（二）蛋制品

(1) 皮蛋。皮蛋又称松花蛋，因胶冻状蛋清表面有氨基酸结晶形成的松枝状花纹而得名。皮蛋一般以鲜鸭蛋（或鲜鸡蛋、鹌鹑蛋）为原料，加生石灰、烧碱、食盐、茶叶及其他添加物质加工而成，是我国独特的风味产品。皮蛋的产地很多，地区不同，制造方法略有差异，主要有包泥法和浸泡法。制作过程中，产生的氢氧化钠可使蛋白质凝固，并使部分蛋白质分解生成二氧化碳和氢等。二氧化碳可与蛋清中的黏蛋白发生作用形成暗黑色透明体，蛋黄中生成的硫化氢或硫化铁使蛋黄呈褐绿色，食盐可减弱松花蛋的辛辣味。所得的成品分为溏心皮蛋和硬心皮蛋，前者要添加氧化铅或氧化锌，后者要添加草木灰等。皮蛋在 20℃可存放两个月，优质的皮蛋蛋壳完整，无破损。两蛋轻击时有清脆声，并能感觉到内部的弹动。剥去蛋壳，可见蛋清凝固完整，光滑清洁，不黏壳，棕褐色，绵软而富有弹性，晶莹透亮，呈现松针样结晶（松花）；纵刻后蛋黄外围黑绿色，里面呈淡褐或淡黄色；溏心皮蛋中胶质较稀薄，有清香味，无辛辣味与臭味。皮蛋多作凉菜，也可熘、炸、炒、烩而制成热菜。同时，也是制作风味小吃以及药膳的原料。皮蛋性寒凉、味苦，能清热去火，具有特殊风味。皮蛋里含铅，这很多人都知道，所以大家买无铅皮蛋，以为这样就可以放心食用了。其实，无铅松花蛋同样含铅，成人还可以，对于儿童还是少吃为好。皮蛋可生食、熟食、作配菜料头等。

(2) 咸蛋。咸蛋是将蛋放在浓盐水中浸泡或以含食盐的泥土敷在蛋表面腌制加工而成的产品。优质的咸蛋蛋壳完整，轻微摇动时有轻度水荡声。以灯光透视时，蛋白透明，蛋黄缩小；打开蛋壳，可见蛋白稀薄透明，浓厚蛋白层消失，蛋黄浓缩，黏度增强，呈红色或淡红色。咸蛋在适宜条件下可保存 2～4 个月，煮熟即可食用。有香味，蛋黄呈朱砂色，食时有沙感，富有油脂，咸度适当。咸蛋味道鲜美，容易消化。咸蛋主要做配菜或煮熟后整颗食用；蛋黄可做糕饼的馅心，如月饼。

(3) 糟蛋。糟蛋是以鲜蛋裂壳后（不破坏壳内膜），埋在酒糟中，加入一定量食盐制成的蛋制品。在糟渍过程中，所产生的醇类使蛋白和蛋黄凝固变性，并具有酒的芳香气味；产生的醋酸可使蛋壳软化，蛋壳中的钙盐渗透到薄膜内使糟蛋含钙量增高；所加的食盐使蛋黄中的脂肪聚积，使蛋黄起油、细腻，蛋白略带咸味。糟蛋主要做配菜或煮熟后食用。

十、蛋品的初步加工

鲜蛋一般剥壳后使用蛋液，也可整只煮熟后再剥壳原只或切开使用。皮蛋、咸蛋可直接剥壳后使用，皮蛋剥壳后可切碎或抓烂成泥；咸蛋剥壳后一般需将蛋黄拍扁切块使用，或原只蛋黄使用。皮蛋、咸蛋也可原只煮熟或蒸熟后剥壳切块或切粒使用。

十一、禽类原料的品质鉴定

（一）鲜光禽的品质鉴定

鲜光禽眼球饱满；皮肤有光泽，肉的切断面发光，不同的禽类其颜色不一样，有淡黄、淡红、灰白、灰黑；外表微干或湿润，不黏滑；肉有弹性，手指按压后凹陷处立即恢复；有正常的鲜禽气味；肉汤透明澄清，脂肪浮于汤的表面，有特殊香味。

（二）活禽的品质鉴定

首先，应鉴别其雌雄、嫩老。雄禽体态魁梧，羽毛艳丽，雌体则身材稍短。嫩老主要从啄、爪上看、啄坚硬，脚掌皮厚而僵者是老禽。

其次，应鉴别是否是病禽，健康的禽体质健壮，活泼好动，对外界响动敏捷，眼睛明亮，叫声宏亮，颜面及冠均为鲜红色，羽毛紧密而有光泽，尾部高耸，很有精神，食欲强，有觅食能力。病禽一般为眼睛无神，离群孤立，口角流涎，呼吸急促，食道（嗉囊）膨胀，有积食，羽毛松乱无光泽，翼尾下垂，肛门周围绒毛有污物，行动迟缓艰难，摇晃不定。

最后，检查家禽的肥度，主要是看胸部和尾部，胸部肌肉发达，胸骨不显著，皮下脂肪丰富，皮细嫩光滑，全身呈圆弧形，丰满肥壮者为上品，次之品质就差。

（三）鲜蛋的品质鉴定

鲜蛋的品质鉴定主要是感官鉴定法。新鲜蛋的壳附着于石灰质的微粒，好似有一薄层霜状粉末，没有光泽。陈蛋常有光泽，经过孵化的蛋异常光亮。将蛋迎光透视，若全蛋透光，蛋黄暗影不见或略沉、空室小、蛋内部无斑块，蛋清浓厚，则为新鲜蛋。摇晃无响声

为新鲜蛋，有响声为陈蛋。

十二、禽类原料的保管方法

（一）光禽

鲜肉的保管必须控制微生物的生长繁殖，而低温环境则能抑制微生物的生长，所以保管鲜肉最重要的就是要有一个低温储存的环境条件。

①冷藏法。在温度为0℃的低温中可保存7～11天。

②冷冻法。在温度为－4℃时禽肉可保存1个月左右。

（二）活禽

活禽可以通过活养法进行保管。饲养活禽的笼子要清洁，不宜过挤，要通风，适时喂食及水，活养的时间不宜过长。

（三）鲜蛋

鲜蛋储存的基本原则是：维持蛋黄和蛋白的理化性质，尽量保持原有的新鲜度；控制干耗；阻止微生物侵入蛋内及蛋壳，抑制蛋内微生物（由于禽生殖器官不健康导致在蛋壳形成之前被微生物侵入蛋内）的生长繁殖。针对这三条原则采用的措施包括：调节储存的温度、湿度、阻塞蛋壳上的气孔；保持蛋内二氧化碳浓度。具体方法有冷藏法、浸渍法、气调法、涂膜法等。

①冷藏法。鲜蛋冷藏可抑制微生物的活动及蛋内容物的生理变化。最佳储藏温度略高于冰点，一般为0℃～5℃，相对湿度为80％～90％，温度过高，易导致胚胎发育，蛋黄扩大，蛋白变稀；温度过低易造成蛋被冻裂。由于蛋纵轴耐压力较横轴强，鲜蛋冷藏时应纵向排列且最好大头向上。此外蛋能吸收异味，因此尽可能不与鱼类等有异味的食品同室冷藏。

②浸渍法。浸渍法的基本原理是，利用化学反应产生不溶性沉淀物质堵塞蛋壳气孔。一般采用石灰水或泡花碱储存法。石灰水溶液为碱性液，有一定杀菌作用，同时蛋内逸出二氧化碳与其反应生成碳酸钙沉积在蛋壳表面，将气孔堵塞；泡花碱又名水玻璃，加水后生成胶体硅酸附着于蛋壳上而堵塞气孔，这样可阻止微生物侵入及蛋内水分二氧化碳逸出。

③气调法。气体储藏法多使用二氧化碳、氮、臭氧等改变蛋的储存环境，以尽量减少蛋内二氧化碳逸出的一种储存方法。具体操作方法很多，如将鲜蛋存放到粮食（或锯末、谷糠）中，利用粮食呼吸产生的二氧化碳来抑制蛋的呼吸及壳表面微生物的活动。

④涂膜法。涂膜法是将各种被覆剂（如液体石蜡、矿物油、聚乙烯醇等）涂在蛋壳表面堵塞蛋壳气孔，以阻止蛋内二氧化碳逸出和微生物侵入蛋内。

这些储存方法中，使用最多的是冷藏法，其他各种方法都有不同程度的缺点，较少使用。

本章小结

本章介绍了禽类原料及其副产品在烹饪中的性质、特点、烹饪应用方法、初步加工方法及营养食疗作用等。禽类原料在烹饪中使用非常广泛，其蛋品在烹饪中应用也较多。禽类副产品的性质、特点各不相同，通过学习要掌握其特征和品质鉴定方法、初步加工方法及使用方法，正确加工和烹制，以保证菜肴的品质。

思考题

一、概念理解题

1. 禽类原料指＿＿＿＿＿＿原料及其制品。主要包括＿＿＿＿、＿＿＿＿、＿＿＿＿及其制品。

2. 禽肉脂类的熔点较低，光鸡的脂类熔点为＿＿＿＿＿＿，光鸭的脂类熔点为＿＿＿＿，光鹅的脂类熔点为＿＿＿＿。

3. 鸡的种类可分为＿＿＿＿、＿＿＿＿、＿＿＿＿、＿＿＿＿。

4. 宰杀活禽经过的步骤是＿＿＿＿、＿＿＿＿、＿＿＿＿、＿＿＿＿。

5. 家禽副产品俗称＿＿＿＿，是禽＿＿＿＿、＿＿＿＿、＿＿＿＿、＿＿＿＿等内脏及＿＿＿＿、＿＿＿＿、＿＿＿＿、＿＿＿＿等的统称。

6. 禽蛋由＿＿＿＿、＿＿＿＿和＿＿＿＿三个主要部分构成。

二、技能应用题

1. 如何鉴定光禽的质量？

2. 如何鉴定鲜蛋的质量？

3. 鸡蛋在烹饪中有何用途？

4. 假如让你到农贸市场去购买一只活鸡，你应该如何去挑选？

第六章 水产品类原料

【知识目标】

掌握水产品类原料品质鉴定方法及在烹饪中的运用。

【能力目标】

通过学习，具备正确鉴定水产品及加工水产品的能力。

【德育目标】

培养学生在水产品初步加工过程中使用正确加工方法的习惯，保证原料的质量，尽可能利用可食部分，物尽其用，同时注意养成良好的卫生习惯。

【学习重点】

常见水产品类原料营养食疗价值。

【学习难点】

常见鱼类的初步加工方法。

一、水产品的概念及分类

我国海岸线长，内陆江河湖泊纵横交错，水域辽阔，而且跨气候的地形又呈多样性，构成水产动、植物生长的有利条件。近年来，生物科学的不断发展，渔业养殖技术的提高，水产品原料已成为烹饪原料的重要组成部分。在了解水产品的组织结构特点之前，首先需要熟悉水产品的概念及分类。

（一）水产品的概念

水产品原料是指生长在水域里的动植物，并具有一定的营养价值和经济价值，能被人们食用的动植物烹饪原料。水产类原料品种多、分布广、营养丰富，是人类蛋白质食品的重要来源。

（二）水产品的分类

由于水产品原料品种较多，本章根据行业中的习惯，将水产品原料分为五类。

1. 鱼类

鱼类是终身生活在水中，以鳍游泳，以鳃呼吸，只有颅骨和上下颌的变温脊椎动物。在商品学上常根据鱼的生长环境和习性将鱼类分为淡水鱼、洄游鱼、海产鱼三类，或者分为淡水鱼和海产鱼两大类。

（1）淡水鱼。淡水鱼是指生活在陆上江、河、湖、塘、溪涧等淡水中的各种鱼类。在生物类群的分布上，我国的淡水鱼最大的类群是鲤形目，约占淡水鱼数目的 1/3，其余种类分布在鲟形目、鲱形目、合鳃目、鳗鲡目、鲶形目、鲈形目等。

（2）海产鱼。海产鱼是指生长在海洋中的各种鱼类。我国共有海产鱼类 3023 种，其中软骨纲 237 种，硬骨纲 2786 种，在硬骨鱼类中，鲈形目鱼类占总种类数目的一半以上，其余种类主要分布在鲱形目、鳗形目、鲽形目、鲀形目等。

2. 节肢动物类

节肢动物是动物界中最大的一门。节肢动物种类繁多，分布极广，现存的节肢动物种类达 100 万种，占动物界总数的 84%左右，在水、陆、空中均有分布。节肢动物门分为七个纲：甲壳纲、三叶虫纲、肢口纲、蛛形纲、原气管纲、多足纲、昆虫纲。其中，可作为烹饪原料的主要是甲壳纲中的虾类和蟹类。

（1）虾类。虾为甲壳纲十足目长尾亚目动物的通称。虾的种类很多，作为烹饪原料运用的主要有海产的龙虾、对虾、新对虾、白虾、毛虾、鹰爪虾、美人虾等，淡水中的主要有沼虾、中华新米虾等。

（2）蟹类。蟹为甲壳纲十足目短尾亚目动物的通称。蟹的种类也很多，作为烹饪原料的主要有海产的梭子蟹、锯缘青蟹等，淡水的主要有中华绒螯蟹、溪蟹等。

3. 软体动物类

软体动物是低等动物中的一门。软体动物包括五个纲：多板纲、掘足纲、腹足纲、瓣鳃纲、头足纲，其中经济价值较高、可作为烹饪原料运用的主要是后三类。

4. 棘皮动物类

棘皮动物是一类低等动物，主要特征为：幼体呈两侧对称，而成体呈辐射对称；无头，不分体节；体表为表皮，其下为内骨骼，再下面是体腔衬膜，即纤毛体腔上皮；体腔发达，一部分体腔形成了棘皮动物所特有的水管系统，另一部分体腔形成了围血系统；消化系统简单，为囊状或管状；呼吸用皮肺、管足或水肺；雌雄异体，一般体外受精。棘皮动物约 5300 种，全部海产，主要为底栖生活。棘皮动物门分为四个纲：海星纲、住尾纲、海胆纲、海百合纲。其中可作为烹饪原料利用的是海参、海胆的种类。

5. 两栖动物类

两栖动物通常是水陆两栖的，习惯将这一类的烹饪原料划分在水产品中。两栖类的主要特征是：体分为头、躯干、四肢三部分；皮肤裸露而湿润，通透性强；皮肤腺丰富，用肺和皮肤呼吸，体温不恒定，从幼体发育到成体的过程中，部分种类有变态过程。两栖动物属于脊椎动物亚门的两栖纲。两栖类根据其外形可分为无足类、有尾类和无尾类，无足类在烹饪上运用不多。

二、鱼类的组织结构及营养成分

（一）鱼类的外部结构

（1）鳞。鱼鳞是保护鱼体、减少水中阻力的器官，绝大多数鱼有鳞，少数鱼已退化无鳞。大多数的鱼类鱼鳞无食用价值，初步加工时要刮去；少量的鱼由于鳞质较软且鳞中含有丰富的钙质、磷脂等营养素，加工时可不去鳞，如鲤鱼、鲥鱼。

(2) 鳍。鱼鳍是鱼类运动和保持平衡的器官，含有钙质及脂肪，可食用。

(3) 鳃。鳃是鱼的呼吸器官，鱼类有两鳃，每鳃有五个鳃裂。无食用价值，初步加工时要去除。

(4) 眼。鱼的眼睛没有眼睑，不能闭合，所以眼总是开着的，大多数鱼的眼位于头的两侧，但也有生在头的一侧的，如鳎鱼。鱼眼可食用。

(5) 触须。鱼类的触须是一种感觉器官，生长在口旁或口的四周，分为颌须和腭须，它是分类的特征之一。触须可食用。

（二）鱼的体形

由于不同的鱼类所处的环境条件和生活习惯不同，在长期适应和自然条件的影响下，形成各种不同的形状，常见的可以分为：梭形鱼，扁形鱼，侧扁形鱼，圆形鱼。

（三）鱼的组织结构

(1) 肌肉组织。鱼的肌肉组织是主要的食用部分，主要由横纹肌组成，有红肌与白肌之分，红肌多分布于经常运动部位，如胸鳍肌与尾部肌的表层肌肉等。

(2) 脂肪组织。鱼类的脂肪根据分布和生理功能可分为积累脂肪和组织脂肪。积累脂肪主要集中在鱼体的皮下组织、内脏各个器官，为运动时能量的主要来源，不同的鱼类脂肪分布有很大差异，有的集中于皮下，如沙丁鱼、鲐鱼等，有的存在于内脏四周，此外，同一种鱼的脂肪含量还因营养状态、季节、年龄等不同而存在差异。

(3) 骨骼组织。鱼类的骨骼组织可分为软骨和硬骨两种，大多数骨骼组织无食用价值，但鲨鱼、鳐鱼的软骨可加工成鱼翅，鳕鱼、鳇鱼的头骨可加工成明骨，作为烹饪原料。

(4) 内脏组织。鱼的内脏可利用的有肠、鳔、肝等。某些大型鱼的鳔壁较厚实，胶原蛋白含量丰富，可加工成鱼肚，肠和肝脏也可食用。

（四）鱼类的营养成分

鱼类营养丰富，含有人体所需的主要营养成分。

(1) 蛋白质。鱼体中主要是肌肉蛋白质，鱼类蛋白质属完全蛋白，易被人体吸收，不同鱼类的蛋白含量也不尽相同，大多数为15%～22%，鱼的蛋白中含有人体必需的8种氨基酸，而且含量丰富。

(2) 脂肪。鱼类所含脂肪比较少，含1%～10%，但个别鱼的脂肪含量也很高，如鲥鱼，其脂肪含量可以高达17%，鱼类的脂肪多为不饱和脂肪酸，熔点较低，通常呈液态，易被人体消化。

(3) 维生素。鱼类的内脏中含有丰富的维生素A、维生素D，另外鱼的肝脏还含有大量的维生素B_1、维生素B_2以及烟酸、泛酸等。

(4) 矿物质。鱼类的矿物质含量高于其他烹饪原料，其含量为1%～2%，主要有钾、磷、铁、锌、碘、硒，其中海水鱼比淡水鱼含碘量要高。

(5) 水分。鱼体的含水量一般达到60%～80%，所以鱼肉非常细嫩，有利于人体消化吸收。

三、虾蟹类的组织结构及营养成分

（一）虾蟹的组织结构

虾蟹属于节肢动物门甲壳纲动物，其组织结构与其他动物最大的区别在于它们有坚硬的外壳，可以保护壳内柔软组织，这外壳就是虾蟹的骨骼，称为外骨骼，这也是甲壳类动物的显著特征。甲壳类动物包括虾、蟹、水蚤等。绝大多数水生，而且多数为海产，体分节，胸部有些体节同头部愈合成头胸部，每个体节几乎都有一对附肢，且保持原始的双肢型，触角两对，用鳃呼吸。

甲壳纲中可供食用的主要是虾、蟹。

（1）虾。虾为甲壳纲十足目长尾亚目动物的通称，体分为头、胸部和腹部，体外披甲壳，头部附肢 5 对，胸部附肢 8 对，腹部有附肢 6 对。

（2）蟹。蟹为甲壳纲十足目短尾亚目动物的通称，体分为头、胸部和腹部，体外披甲壳。头部具有附肢 5 对，胸部腹肢 8 对，这与虾类相似，其中大多数附肢细小，1 对螯足和 4 对步足发达，腹部附肢雄性 2 对，雌性 4 对。

（二）虾蟹的营养成分

虾蟹的外骨骼里面是柔软纤细的肌肉和内脏，虾的内脏比较小，肌肉蛋白质含量较高，虾性甘温，为温补强壮养生佳品，更是极其鲜美的烹饪原料。蟹的营养成分同虾很接近，只是蟹性寒，食用时一般用姜醋佐食，既可暖胃祛寒，又可杀菌消毒，还可以去腥增加美味。

四、软体类的组织结构及营养成分

（一）软体类的组织结构

软体动物可以分为五个种：多枢类软体动物、掘足类软体动物、腹足类软体动物、瓣鳃类软体动物和头足类软体动物，其中可以作为烹饪原料的是腹足类软体动物、瓣鳃类软体动物和头足类软体动物。

1. 腹足类软体动物

腹足类软体动物原料的主要特征为：足部发达，位于身体腹面，身体具有一个螺形的贝壳，头部发达，有口、眼以及一对或二对触角，外套膜呈袋装，包裹整个身体，其壳为膨大的体螺层和盘曲的螺旋层两部分，尖端为壳顶，体螺层表面常有生长线，突起肋、棘和花纹，体螺层的末端开口称为壳口，是头和足的出口。

2. 瓣鳃类软体动物

瓣鳃类软体动物原料的形状特征是：体形左右对称，外面有两枚贝壳，头部不明显，没有腭片、齿舌、触角和眼等头部器官，口位于前端，口的两侧有发达的唇瓣，外套膜由背向腹扩展，左右各一片，外套膜内有发达的瓣状鳃两枚，故称瓣鳃纲，足位于身体侧面，肉质发达，通常偏重，呈斧状，故又称斧足纲。

3. 头足类软体动物

头足类软体动物原料的形态特征是：身体两侧对称，分为头、足和胴体三部分，头部明显，但无触角；头部两侧各有一个眼睛和嗅觉器官，口内有腭片和齿足，足环列于头前

和四周，形成十条或八条腕，外壳膜的肌肉肥厚，呈口袋状、筒状，包着整个内脏，是食用的主要部分。

（二）软体类的营养成分

软体类烹饪原料味道鲜美，营养丰富，是人们非常喜爱的烹饪原料，它的主要营养成分为蛋白质、矿物质和水分，其中脂肪和糖含量较少。

五、常用水产品

（一）鱼类

鱼类种类繁多，营养丰富，味道鲜美，成为人们餐桌上不可缺少的重要烹饪原料，鱼类根据其生长环境可分为淡水鱼和海产鱼两大类。

1. 淡水鱼类

（1）鲤鱼。

①产地、特征、应用。鲤鱼又称鲤拐子，体长、背侧扁、腹部较圆，头后背部稍有隆起，鳞片大，浑圆，口下部有须两对，背鳍、臀鳍均有硬刺，最后一刺有锯齿，栖息于水的底层。我国除西部高原，各地淡水中均有生长，是我国水产养殖的主要淡水鱼类之一。鲤鱼按生长区域分，可分为河鲤鱼、江鲤鱼和池鲤鱼。河鲤鱼为黄色，带有金属光泽，鳞白色，上腭两侧有须两对，尾红、肉嫩、味鲜，以我国黄河上游“花园口”所产最为名贵，称为“黄河鲤鱼”。江鲤鱼鳞片和肉为白色，肉质次于河产鲤鱼；池鲤鱼有青黑鳞，刺硬，有泥土腥味，但肉质细嫩。鲤鱼肉质厚实，细嫩少刺，适于多种食用方法。一般可以整尾鱼使用，又可切段、块、片、丁等料形进行烹调，可红烧、干烧、醋熘。各地用鲤鱼制作的名菜很多，如“糖醋鲤鱼”“醋椒鲤鱼”“红烧黄河鲤”“三鲜脱骨鱼”等。

②营养食疗价值。鲤鱼性甘泽，有消肿下气、通乳的功效。食用鲤鱼有利于硬化浮肿或腹水、慢性肾炎水肿患者的恢复。鲤鱼不但蛋白质含量高，而且蛋白质质量也佳，人体消化吸收率可达96％，并能供给人体必需的氨基酸、矿物质、维生素A和维生素D；鲤鱼的脂肪多为不饱和脂肪酸，能很好地降低胆固醇，可以防治动脉硬化、冠心病，因此，多吃鱼可以健康长寿。

③初步加工。用刀背拍鱼头、把鱼拍晕，用刀尖插入鳃根放血，撬去鱼鳃，打去鱼鳞（或不打鳞），切开腹部，取出内脏，刮去黑膜，然后冲洗干净便可。如有鱼子或鱼精也要清洗干净，整块留起使用。

（2）鲫鱼。

①产地、特征、应用。鲫鱼又称鲫瓜子，也称白鲫。体侧扁而稍高，背部较高，呈青褐色，腹部较圆，银灰色，头小、吻钝，口端无须，眼大，背鳍、臀鳍均具硬棘，最后一棘后缘具有锯齿，尾鳍呈叉形，大多栖息于水草丛生的淡水湖泊和池塘里，我国绝大多数淡水中均产，鲫鱼肉味鲜美，营养价值较高，但刺细而且多。用鲫鱼制作菜肴一般都整尾使用，且最宜用来做汤，以体现其鲜美滋味，如“奶汤鲫鱼”“萝卜丝鲫鱼”等菜肴，亦可以采用红烧、炸等烹调方法。

②营养食疗价值。鲫鱼药用价值极高，其性味甘、平、温，具有和中补虚、除湿利水、补虚羸、温胃进食、补中生气之功效。鲫鱼肉质细嫩，肉味甜美，营养价值很高，每

百克肉含蛋白质 13 克、脂肪 11 克，并含有大量的钙、磷、铁等矿物质，尤其是活鲫鱼汆汤在通乳方面有其他药物不可比拟的作用。

③初步加工。用刀背拍鱼头、把鱼拍晕，用刀尖插入鳃根放血，撬去鱼鳃，打去鱼鳞，切开腹部，取出内脏，刮去黑膜，然后冲洗干净便可。如有鱼子或鱼精也要清洗干净，整块留起使用。

(3) 青鱼。

①产地、特征、应用。青鱼又称黑鲩、乌鲭、螺蛳等。体延长，略呈圆筒形，头稍平扁，尾部稍侧扁，体重一般 3.5～4 千克，体背部青黑，腹部灰白，各鳍均为灰黑色，口端位无须，鳍无硬刺，鳞大而圆，栖息于水的中下层，主食螺蛳等小型动物。它主要产于长江以南的平原地区水域，与草鱼、鲢鱼、鳙鱼合称我国四大家鱼，青鱼肉多刺少，质细而洁白，适于炒、熘、烧、炸、煎、蒸、烤等多种方法，亦可以加工成鱼茸，制作菜肴。

②营养食疗价值。青鱼肉性味甘、平，无毒，有益气化湿、和中、截疟、养肝明目、养胃的功效、可治脚气湿痹、烦闷、疟疾、血淋等症；青鱼中除含有丰富蛋白质、脂肪外，还含丰富的硒、碘等微量元素，故有抗衰老、抗癌作用。

③初步加工。

a. 原条使用。用刀背拍鱼头、把鱼拍晕，用刀尖插入鳃根放血，撬去鱼鳃，打去鱼鳞，切开腹部，取出内脏，刮去黑膜，然后冲洗干净便可。

b. 不是原条使用。用刀背拍鱼头、把鱼拍晕，用刀尖插入鳃根放血，在鱼身肛门稍靠尾部下刀，紧贴脊骨，切开鱼脊，劈开鱼头，这样就得到胸腹相连的鱼体，内脏和鱼鳃可以轻易取出。最后刮出黑膜，冲洗干净即可；当鱼体被剖成两半时，带脊骨和鱼尾的一边称为硬边，另一边为软边，两边均已切去鱼头，从软边斜片出鱼腩即可得到鱼肉，一条鱼最多可得两条鱼肉。

(4) 草鱼。

①产地、特征、应用。草鱼又称鲩鱼、草根鱼。体延长，略呈圆筒形，头部平扁，尾部稍侧扁，体重一般 2～3 千克，体背部青黄，腹部灰白，胸鳍与腹鳍灰黄，其余各鳍色淡，口端无须，各鳍均无硬刺，背鳍起点与腹鳍相对，鳞大而圆，栖息于水的中下层，主食水草，分布于我国各大水系，为主要养殖对象之一，草鱼肉质细嫩、肥厚、多脂，适于清蒸、滑炒、红烧、油煎等多种方法，可整条烹制，也可分料取用。在烹调草鱼时应注意，草鱼含水量大，土腥气重，出水易烂，所以用其制作菜肴时，应选料鲜活，烹制时间不宜过长，调味应多放酒、醋、葱、姜等调料。

②营养食疗价值。草鱼含有丰富的不饱和脂肪酸，对血液循环有利，是心血管病人的良好食物；草鱼含有丰富的硒元素，经常食用有抗衰老、养颜的功效，而且对肿瘤也有一定的防治作用；对于身体瘦弱、食欲不振的人来说，草鱼肉嫩而不腻，可以开胃、滋补。

③初步加工。

a. 原条使用。用刀背拍鱼头、把鱼拍晕，用刀尖插入鳃根放血，撬去鱼鳃，打去鱼鳞，切开腹部，取出内脏，刮去黑膜，然后冲洗干净便可。

b. 不是原条使用。用刀背拍鱼头、把鱼拍晕，用刀尖插入鳃根放血，在鱼身肛门稍靠尾部下刀，紧贴脊骨，切开鱼脊，劈开鱼头，这样就得到胸腹相连的鱼体，内脏和鱼鳃

可以轻易取出。最后刮出黑膜，冲洗干净即可；当鱼体被剖成两半时，带脊骨和鱼尾的一边称为硬边，另一边为软边，两边均已切去鱼头，从软边斜片出鱼腩即可得到鱼肉，一条鱼最多可得两条鱼肉。

(5) 鲢鱼。

①特征、应用。鲢鱼又称白鲢、鲢子。体侧扁较高，一般体长10～40厘米，大的可长达1米，重达30千克。该鱼头大约占体长的1/4，口较大，眼下侧位，体银灰色，鳞片细小，胸鳍末端伸达腹鳍基部，栖息于河中上层，鲢鱼的烹调方法较多，常红烧、炖焖、油炸等，也可煮、煎、炒、汆，可整鱼烹制，也可加工成段、块、片、丁、茸等料形进行烹制。常见的以鲢鱼为原料的菜肴有：红烧鲢鱼、炒链鱼片、汆鲢鱼丸、沙锅鱼头豆腐。

②营养食疗价值。鲢鱼为温中补气、暖胃、泽肌肤的养生食品，适用于脾胃虚寒体质、溏便、皮肤干燥者，也可用于脾胃气虚所致的乳少等症。鲢鱼可提供丰富的胶质蛋白，既能健身，又能美容，是女性滋养肌肤的理想食品；它对皮肤粗糙、脱屑、头发干脆易脱落等症均有疗效，是女性美容不可忽视的佳肴。

③初步加工。

a. 原条使用。用刀背拍鱼头、把鱼拍晕，用刀尖插入鳃根放血，撬去鱼鳃，打去鱼鳞，切开腹部，取出内脏，刮去黑膜，然后冲洗干净便可。

b. 不是原条使用。用刀背拍鱼头、把鱼拍晕，用刀尖插入鳃根放血，在鱼身肛门稍靠尾部下刀，紧贴脊骨，切开鱼脊，劈开鱼头，这样就得到胸腹相连的鱼体，内脏和鱼鳃可以轻易取出。最后刮出黑膜，冲洗干净即可；当鱼体被剖成两半时，带脊骨和鱼尾的一边称为硬边，另一边为软边，两边均已切去鱼头，从软边斜片出鱼腩即可得到鱼肉，一般地，一条鱼最多可得两条鱼肉。

(6) 鳙鱼。

①特征、应用。鳙鱼又称花鲢、黄鲢、胖头鱼。体侧扁稍高，体长一般20～40厘米。体背部暗黑色，腹部银白色，体侧有许多不规则黑斑，头很大，吻钝而宽圆，口很宽，上唇中部很厚，眼较小，位置特别低。从腹鳍基底至肛门有腹棱，胸鳍末端伸达腹鳍基底，鳙鱼肉质不及鲫、鲤、鳜、青鱼等肥美，但在冬季肉质较厚实，可红烧、炖汤等。鳙鱼头部较大，富含蛋白质，口感滑润，常配以豆腐、粉丝、粉皮等单独制作菜肴，如沙锅鱼头豆腐、拆烩鳙鱼头、清炖鳙鱼头等。

②营养食疗价值。也称胖头鱼，是属高蛋白、低脂肪、低胆固醇鱼类，对心血管系统有保护作用；鳙鱼富含磷脂及改善记忆力的脑垂体后叶素，特别是脑髓含量很高，常食能暖胃、祛头眩、益智商、助记忆、延缓衰老，还可润泽皮肤。

③初步加工。用刀背拍鱼头、把鱼拍晕，撬去鱼鳃，打去鱼鳞，在鱼前侧鳍往后1厘米左右位置把鱼头砍断，切开腹部，取出内脏，刮去黑膜，然后冲洗干净便可；使用时一般鱼头与鱼腹腩、鱼身分开使用。

(7) 刀鱼。

①产地、特征、应用。刀鱼又称刀鲚、毛花鱼。体长20～30厘米，形状像一把刀，体修长侧扁，背部青灰色，侧部与腹部为银白色，臀鳍与尾鳍相连，胸鳍处有五条须，头尖、嘴小、鳞片小，刺细软，味鲜美，刀鱼每年春夏之交集群溯河，在长江、钱塘江、珠

江等水系产卵形成鱼汛，产卵后又返回海中，为长江中下游重要经济鱼类。因为刀鱼在清明后鱼刺逐渐变硬，故江苏民间有“刀鱼不过清明”之说。烹制刀鱼多用蒸、红烧、油炸、熏制，也可出肉制茸做鱼丸，名菜有：清蒸刀鱼、双皮刀鱼、芙蓉刀鱼片、白炒刀鱼。

②营养食疗价值。刀鱼补气虚，健脾胃；鱼肉富含丰富蛋白质，可以帮助幼儿生长发育；生病或身体有伤口时，吃刀鱼可以帮助恢复及愈合，鱼肉中的 EPA 及 DHA 可降低血脂质，免于心脏病威胁。

③初步加工。用刀背拍鱼头、把鱼拍晕，撬去鱼鳃，打去鱼鳞，切开腹部，取出内脏，然后冲洗干净便可。

(8) 鲥鱼。

①产地、特征、应用。鲥鱼又称时鱼、三来。体侧扁，长圆形，长 30～70 厘米，头大、吻尖、口大，端位无齿，上颌中间有一缺刻，下颌中间有一突起，鳞大而薄，腹部有棱，边缘呈锯齿状，体背和头部灰黑色，上侧略带蓝绿色光泽，下侧和腹部银白色。鲥鱼生活在海中，4 月、6 月溯江而上，进行生殖，洄游孵化后的幼鱼在江湖中生长。当年深秋，幼鱼顺流而下，至河口和近海生活。我国长江、钱塘江、珠江等水系均产鲥鱼，初入江时，丰腴肥美，富含脂肪，生殖后体瘦味美，故民间有“来鲥去鲞”之说，而且鲥鱼出水即死，故以鲜活的最为珍贵，多以清蒸为主。

②营养食疗价值。鲥鱼有补益虚劳、强壮滋补、温中益气、暖中补虚、开胃醒脾、清热解毒、疔疮的功效；鲥鱼味鲜肉细，营养价值极高，其所含蛋白质、脂肪、核黄素、尼克酸及钙、磷、铁均十分丰富；鲥鱼的脂肪含量很高，几乎居鱼类之首，它富含不饱和脂肪酸，具有降低胆固醇的作用，对防止血管硬化、高血压和冠心病等大有益处；鲥鱼鳞有清热解毒之功效，能治疗疮、下疳、水火烫伤等症。

③初步加工。用刀尖撬去鱼鳃，打去鱼鳞，切开腹部，取出内脏，然后冲洗干净便可。

(9) 大麻哈鱼。

①产地、特征、应用。大麻哈鱼又称秋鲑、马哈鱼、孤东鱼，广州和香港一带称其为“三文鱼”。鱼体呈纺锤形，稍侧扁，长60～70 厘米，重 3～5 千克，头后部逐渐隆起，口大，牙尖锐，吻突如鸟啄，眼小，体被小圆鳞，银灰色，常具绯色宽斑，腹银白色，背鳍、胸鳍和腹鳍较少，尾鳍呈叉形。大麻哈鱼分布于太平洋北部，我国产于黑龙江、图门江等水域，为名贵的冷水性经济鱼类之一，每年 9～11 月上市，大麻哈鱼鱼肉呈橘红色，脂肪含量较高，质细嫩，味鲜美，可制作生鱼片，也可制作各种热菜，如清蒸大麻哈鱼、豆瓣原汁大麻哈鱼、糖醋大麻哈鱼等。鱼肉除可供鲜食外，也可腌制、熏制。另外，大麻哈鱼的卵可以食用，肝脏可制取鱼肝油。

②营养食疗价值。三文鱼肉具有补虚劳、健脾胃、暖胃和中的功效，可治消瘦、水肿、消化不良等症。

③初步加工。用刀背拍鱼头、把鱼拍晕，用刀尖插入鳃根放血，在鱼身肛门稍靠尾部下刀，紧贴脊骨，切开鱼脊，劈开鱼头，这样就得到胸腹相连的鱼体，内脏和鱼鳃可以轻易取出，冲洗干净即可；当鱼体被剖成两半时，带脊骨和鱼尾的一边称为硬边，另一边为

软边，两边均已切去鱼头，从软边斜片出鱼腩即可得到鱼肉，一般地，一条鱼最多可得两条鱼肉。鱼头、鱼肉、鱼骨分开使用。

（10）银鱼。

①产地、特征、应用。银鱼又称面条鱼。体细长，略透明，头部稍平扁体光滑，长10～20厘米，两颌和口盖具有锐牙，背鳍和腹鳍各一个，体光滑无鳞，仅雄鱼臀鳍基部两侧各有大鳞片纵行。银鱼栖息于近海、河口、江湖淡水中上层，分布于中国、日本、朝鲜沿岸银鱼的种类较多，常见的有大银鱼、间银鱼、太湖新银鱼等。

大银鱼：体长10～20厘米，分布于渤海、黄海和东海沿岸的河口咸淡水区中上层，每年春季成群沿岸溯河而上，在江河上游产卵，产卵后亲鱼死亡。

间银鱼：上海、江苏一带俗称面丈鱼、面条鱼，体长7～14厘米，主要分布于鸭绿江口、江浙一带沿海河口。在长江口区每年三四月产卵期形成鱼讯。

太湖新银鱼：俗称小银鱼，体长约7厘米，生活于湖内，过去产量颇丰，为太湖、淀山湖等地春季捕捞对象，近年由于水域污染，产量大减。

银鱼的食用方法很多，常采用炒、炸法，也可熘、蒸、焖、烤、氽等。其口味以咸鲜为主，兼用椒盐、茄汁、糖醋、酸辣等味型。以银鱼为原料的名菜有“脆皮银鱼”“银鱼涨蛋”“高丽银鱼”等。银鱼既可鲜用，也可加工成干品备用。

②营养食疗价值。银鱼味甘性平，善补脾胃，且可宜肺、利水，可治脾胃虚弱、肺虚咳嗽、虚劳等症。银鱼属一种高蛋白低脂肪食品，高血脂症患者食之亦宜。

③初步加工。清洗干净，沥干水分便可。

（11）鳜鱼。

①特征、应用。鳜鱼又称桂鱼、季花鱼。体侧扁，背部隆起，体长20～50厘米。体背为橄榄色，具不规则褐色斑点或斑块，腹部白色。头尖长，嘴尖突，口大，下颌上突，背鳍一个，硬棘发达，尾鳍圆形，鳞细小，圆形，生活于江河湖泊中下层，性凶猛，鳜鱼肉多刺少，肉质洁白，适于多种烹调方法，鲜活的最宜清蒸，也可炒、泡、红烧、干烧、油炸等。筵席时多用整料，也可加工成片、丝、丁、块等料形。常见的菜肴有“清蒸鳜鱼”“松鼠鳜鱼”“白汁鳜鱼”“茄汁鳜鱼”等。

②营养食疗价值。鱼厥鱼肉质丰厚坚实，味道鲜美，富含蛋白质，刺少，可补五脏、益脾胃、充气胃、疗虚损，适用于气血虚弱体质，可治虚劳体弱、肠风下血等症。

③初步加工。用刀背拍鱼头、把鱼拍晕，打去鱼鳞，在肛门前1厘米处横切一刀，切断肠，然后用专用的竹枝、粗筷子或专用的长铁钳从鳃盖插入，夹好鱼鳃，在拧出鱼鳃的同时拧出内脏。将鱼体内外冲洗干净即可。

（12）鳊鱼。

①特征、应用。鳊鱼又名长春鳊、边鱼。体形侧高，头尖小，长20～30厘米，背部隆起，腹部后端为肉棱，鳞片小，体呈银灰色。鳊鱼生长迅速，分布广，产量大，是重要的经济鱼类之一。鳊鱼人工养殖普遍，以冬季出产为主，鳊鱼肉细嫩鲜美，营养丰富，但骨刺极多，是淡水鱼中上等品种，适宜清蒸、干烧、红烧等多种烹调方法。常见的菜肴有“清蒸鳊鱼”“干烧鳊鱼”等。

②营养食疗价值。鳊鱼性温，味甘；具有补虚，益脾，养血，祛风，健胃之功效；可

以预防贫血症、低血糖、高血压和动脉血管硬化等疾病。

③初步加工。用刀背拍鱼头、把鱼拍晕，用刀尖插入鳃根放血，撬去鱼鳃，打去鱼鳞，切开腹部，取出内脏，刮去黑膜，然后冲洗干净便可。

(13) 泥鳅。

①特征、应用。泥鳅又称鳅。体形细长，前部稍呈圆筒形，后部侧扁，长约10厘米，体表黄褐色，具有许多不规则黑色斑点，头尖，吻突出，口小，具有5对须，鳞细小，体表富黏液，尾鳍呈圆形，栖息于河底，水干枯时常钻入泥中。泥鳅肉质细嫩，爽口滑润，口味清鲜，但其肉有土腥味，故在烹调前需放入水中，活养数日，让其排尽污物，泥鳅的烹调方法力求清淡，以咸鲜味为主，一般整条使用。可炸、椒盐、滚烫、煮、焖等。

②营养食疗价值。泥鳅具有补益脾肾、利水、解毒的功效，可治脾虚泻痢、热病口渴、消渴、小儿盗汗水肿、小便不利、阳事不举、病毒性肝炎、痔疮、疔疮、皮肤瘙痒等症。

③初步加工。放清水中养2～3日以去除土腥味。可用一竹篱盛装泥鳅加盖，整篱放入开水中烫死后，剪开腹部，去内脏，清洗干净后使用，也可不去内脏，清洗干净后直接使用。

(14) 黑鱼。

①特征、应用。黑鱼又名乌鳢、魔鱼、蛇头鱼，两广一带又称生鱼。鱼体延长，前部圆形，后部侧扁，头长，前部平扁，后部隆起，吻宽短，圆钝，口大，眼较小，鳃孔宽大，左右鳃盖相连，体被中大圆鳞，头部具鳞，唇及颌下无鳞，体灰黑色带有青绿色，黑鱼栖息于沿岸泥底的浅水区，潜伏在草丛中，等待时机追捕食物，夜间时在水的上层活动，平时游动缓慢，但捕食迅猛，适应性强，离开水能生存很长时间。黑鱼一般体重1千克，最大的可重达10千克。黑鱼刺少肉多，肉质紧密，肉色洁白，宜多种烹调方法，如清炖、红烧、炖汤或取肉制作鱼片、鱼丁、鱼卷等，也可制茸。常见的名菜有“将军过桥”“熘乌鱼片”“乌鱼冬瓜汤”等，也可煎、泡、浸、蒸、炒、煲粥等。

②营养食疗价值。黑鱼营养价值很高，鱼肉中含蛋白质、脂肪和18种氨基酸等，还含有人体必需的钙、磷、铁及多种维生素，适用于身体虚弱、低蛋白血症、脾胃气虚、营养不良、贫血之人食用。广西一带民间常视黑鱼为珍贵补品，用以催乳、补血。黑鱼有补脾利水、去淤生新、清热祛风、补肝益肾之效，因此三北地区常有产妇、风湿病患者、小儿疳病者觅乌鳢鱼食之，作为一种辅助食疗法，加之黑鱼肉煲汤鲜甜无腥味，在我国南方地区，尤其是在两广和港澳地区，生鱼汤一向被视为病后康复和体虚者的滋补珍品，具有滋补调养功效。病后、产后以及手术后食用，有生肌补血、加速愈合伤口的作用，也可治疗水肿、湿痹、脚气、痔疮、疥癣等症。

③初步加工。用于煲汤的黑鱼，用开腹取脏法宰杀，具体操作与鲤鱼基本相同，用于原条蒸的黑鱼，须用开脊取脏法宰杀，操作方法如下：右手持刀，左手将生鱼按在砧板上，然后用刀尖从鳃盖插入，切断鳃根，随即放进水盆里，让生鱼在水中流血至死；用长竹筷或小木棍从生鱼的嘴里插入，使生鱼呈平直状态，然后刮去鱼身及鱼头部的鳞；起出胸鳍和腹鳍；从脊鳍下刀切开，紧贴脊骨将鱼肉切离，劈开鱼头，前端相连，再紧贴脯骨将鱼肉剔出。两边方法相同。最后在尾鳍处将脊骨切断，取出脊骨，再取出内脏和鱼鳃；

冲洗干净，便得到头、尾、胸相连的龙船形黑鱼。用于起肉的黑鱼加工方法与蒸黑鱼基本相同。不同之处是切开鱼脊后不劈开鱼头，而是在头身连接处横切一刀，使鱼肉与鱼头分离，取出鱼骨，便可得到相连的两条鱼肉。从鱼头取出鱼鳃，冲洗干净。

(15) 黄鳝。

①特征、应用。黄鳝又称鳝鱼、长鱼。体细长，呈圆筒形，尾部尖细，长 25～50 厘米，体背部黄褐色，有许多不规则的色斑点，腹部黄白色，头大，吻尖，口大，端位唇厚，眼小，左右鳃孔相连，为一皮膜所隔，体光滑无鳞，黏液丰富，黄鳝的烹调方法很多，剖腹去除内脏后切段，可烧、焖，去骨后适合于爆、炒、滚、煲粥等，各地以鳝鱼为原料的菜肴很多，如有“红烧马鞍桥”“炒软兜长鱼”“梁溪脆鳝”“炒鳝片”等。

②营养食疗价值。黄鳝肉性味甘、温，有补中益血、治虚损、补气、消炎、消毒、除风湿之功效。鳝鱼富含 DHA 和卵磷脂，它是构成人体各器官组织细胞膜的主要成分，而且是脑细胞不可缺少的营养；鳝鱼还含降低血糖和调节血糖的鳝鱼素，且所含脂肪极少，是糖尿病患者的理想食品；鳝鱼含丰富维生素 A，能增进视力，促进皮膜的新陈代谢。

③初步加工。用叉将黄鳝头插在砧板上，用小刀沿着脊骨切开至尾，然后在头部将鳝骨切断，将刀身平贴鳝肉，将鳝脊骨剔出，洗去黏液。或者开腹去内脏后，清洗干净使用。

(16) 鲟鱼。

①产地、特征、应用。鲟鱼又称鲟龙，为脊椎动物门鱼纲鲟形科鲟属的中华鲟。眼小、孔大、口大、鳃孔大，体形如梭，头较大，呈三角形，吻扁平微上翘，胸部扁平，尾细小。身上无鳞，只有五纵行菱形骨板。头、背青灰色或灰褐色，腹灰白，鳍灰色。平时栖息于沿海海域，多于 7～8 月间产卵，在长江中最为常见，辽河、黄河、淮河、钱塘江、闽江、珠江亦见其踪迹。因鲟鱼的肉质细嫩，少刺，富含胶质而肥腴，肌肉中含有 17 种氨基酸，是珍贵的烹饪原料。但野生的中华鲟、长江鲟属国家一类保护动物，不能捕捞食用。现在允许食用的鲟鱼多为养殖的鲟科的其他品种，如俄罗斯鲟、施氏鲟等。鲟龙鱼全身均可食用，鱼鳃清洗干净可与甲鳞同煎后煲鱼汤。鱼肠清洗干净也可食用。鲟龙鱼头骨特别名贵，为全鱼的精华，要注意保管。鱼肉作刺身或鱼球时，需要剥去鱼皮。鲟鱼可用于炒、泡、蒸、煎、焖、滚、煲、刺身等。

②营养食疗价值。鲟龙鱼浑身是宝。鲟肉长期食用，对久治不愈的腰痛、胃病和脱发等均具有显著疗效；软骨有抗癌作用；鲟鳃对清热解毒有特效；鲟油可治疗烫伤；鲟鼻补虚下气；鱼鳔因其含骨胶原达 80%，对白带、恶性肿瘤、肾虚、阳痿、遗精、滑精、咯血、吐血、肠出血及神经衰弱等均有显著疗效；鲟鱼子美容、健身、驱杀人体寄生虫；鲟肝可治疮疥；鲟龙鱼还有美容的功效，长期食用可消斑去皱、平衡油脂，使面色红润、肌肤富有弹性，消除“痘痘”，亦是研制美容化妆品最好的生物原料。

③初步加工。把鲟鱼按在砧板上，背部朝上，右手持刀，在鲟鱼的颈部迅速下刀，斩下鱼头，然后再迅速把鱼尾斩下，随即把水管插入鱼的喉部，通水后鱼血便随水从鱼尾冲出，直至水清为止。从鱼尾向颈部用平刀依次起出背部、脊部、腹部以及两侧甲鳞，开腹取出内脏，用刀刮去腩部黑膜，冲洗干净即可。

(17) 鲮鱼。

①特征、应用。鲮鱼属鲤形目鲤科，又称土鲮鱼。鲮鱼身长侧扁，头小口细，上部体色青灰色，腹部银白，肉质细嫩，味鲜，但骨丝多，常用于制作鱼青、鱼胶，主要分布于华南及西南地区，多用于炸、酿。

②营养食疗价值。鲮鱼有益气血、健筋骨、通小便之功效；可治小便不利、热淋、膀胱结热、脾胃虚弱；鲮鱼富含丰富的蛋白质、维生素A、钙、镁、硒等营养元素，肉质细嫩、味道鲜美。

③初步加工。原条使用的鲮鱼，用开腹取脏法加工，方法和步骤与鲫鱼相同。开腹时进刀不要太深，否则容易戳破鱼胆，起肉有两种方法，以先出鱼腹再起肉的方法较好。具体做法是放血、打鳞、去鳃。操作如下：把鲮鱼背贴砧板腹朝上放在砧板上，左手按鱼头，右手持刀从肛门切入，将整个腹腔及全头切下，取出鱼鳃内脏洗干净，另作别用。余下部分平放在砧板，用平刀法起出两侧鱼肉。另一种方法与黑鱼起肉大致相同。

(18) 鲶鱼。

①特征、应用。鲶鱼属硬骨鱼纲鲇形目鲇科鲇属，又称鲶、虱目等。鲶鱼一年四季均出产，以9～10月产的最肥美，质量最好。鲶鱼鱼身圆长，头大尾部扁平，有触须，体上部青黑，腹部白色，无鳞多黏液，肉厚爽滑，味浓鲜美，骨刺少，腹部脂肪丰富，质感肥美。多用于煎、焖、蒸等。

②营养食疗价值。鲶鱼含有的蛋白质和脂肪较多，对体弱虚损、营养不良之人有较好的食疗作用。鲶鱼是催乳的佳品，并有滋阴养血、补中气、开胃、利尿的作用，是妇女产后食疗滋补的必选食物。

③初步加工。一般情况下按开腹取脏的方法加工，洗净表皮黏液即可。操作时，要用手紧扣头后的硬鳍，以防鱼挣扎时鳍刺伤手。

(19) 塘鲺鱼。

①产地、特征、应用。塘鲺鱼又称胡子鲶、塘利鱼等，属鲶形目胡子鲶科。塘鲺鱼身型长，头宽圆、平扁，体滑无鳞，有四对触须，胸鳍有一锯状硬刺，尾鳍圆，肉质细嫩，肉味鲜美，营养丰富，被视为良好的补养佳品，主要分布在南方各省，现养殖的多是引进的埃及塘鲺。塘鲺鱼多用于焖、蒸、炒、泡、煲、煲粥等。

②营养食疗价值。塘鲺鱼能补脾益气，益肾兴阳。用于身体虚弱、小儿疳积、黄疸、慢性肝炎、鼻出血时流时止，年久不断等。常与莲子、绿豆、大枣之类配用。此外，也用于肝肾不足、腰膝酸痛、阳痿等症。其肉嫩味美，可煎汤或煮粥食。

③初步加工。塘鲺鱼的宰杀方法与鲶鱼大致相同，不同的是塘鲺鱼头内有两团花状物，俗称头花，不可食，须摘除。起肉方法是用平刀从鱼尾部至头部紧贴脊骨将肉起出。

(20) 鲈鱼。

①产地、特征、应用。鲈鱼可分为咸水鲈与淡水鲈两种。淡水鲈又称白花鲈、桂花鲈，以产于广东西江一带的白花鲈为好，身色清白，黑花点，头大，口大，鳞细，嘴内有锋利的牙，肉质厚实，爽滑而骨刺少，味清鲜美。鲈鱼中最为著名的是松江鲈鱼，在海中产卵，生长于与海相通的淡水河口，中国从渤海沿岸至福建厦门均有出产，以上海松江所产最好，其肉嫩而肥，少刺无腥味，味鲜美。虽然野生松江鲈鱼已列入国家保护动物名

录，但人工养殖已取得明显成效。现在广东多用的加州鲈，是从美国加州引进的品种，因外形酷似鲈鱼而得名，肉质风味不及本地鲈鱼，多用于蒸、煎、焖、红烧、炒、泡、炸等。

②营养食疗价值。鲈鱼富含蛋白质、维生素A、B族维生素、钙、镁、锌、硒等营养元素，具有补肝肾、益脾胃、化痰止咳之效，对肝肾不足的人有很好的补益作用；鲈鱼还可治胎动不安、生产少乳等症，准妈妈和产妇吃鲈鱼，既补身又不会造成营养过剩而导致肥胖。

③初步加工。鲈鱼属于名贵鱼类，用夹鳃取脏法加工。方法是先放血，打鳞，在肛门前1厘米处横切一刀，切断肠，然后用专用的竹枝、粗筷子或专用的长铁钳从鳃盖插入，夹好鱼鳃，在拧出鱼鳃的同时拧出内脏。将鱼体内外冲洗干净即可。

（21）白鳝。

①特征、应用。白鳝又称风鳝、鳗鱼、鳗鲡，属鳗鲡科鳗鲡属，是洄游性鱼类。白鳝形体细长如蛇，体表光滑有黏液，背部灰黑腹部灰白。肉中含有丰富的脂肪和蛋白质，肉细嫩，味鲜美，可用于炒、泡、炸、煎、蒸、焖、焗、烤、串烧、炖汤等。

②营养食疗价值。白鳝的营养价值非常高，所以被称作是水中的软黄金，在中国以及世界很多地方从古至今均被视为滋补、美容的佳品，如日本人在冬天就常吃香喷喷的烤鳗饭以驱走严寒，保持充沛精力；其具有补虚、暖肠、祛风、解毒、养颜、愈风，疗湿脚气、腰肾间湿风痹，治恶疮、暖腰膝、起阳等功效，长期食鳗，对于强健体魄、增进活力以及滋补养颜极有帮助；可以降低血脂、抗动脉硬化、抗血栓，还能为大脑补充必要的营养素。它所含的DHA能促进儿童及青少年大脑发育，增强记忆力，也有助于老年人预防大脑功能衰退与老年痴呆症。

③初步加工。在头后部斩一刀放血，待其死后，在肛门横切一刀，从鳃部拉出肠脏。用盐擦或热水烫的方法去除黏液，冲洗干净。如果是起肉用，将其放血后，用开水烫、去除黏液后用开背取脏法取出两条鱼肉，去内脏清洗干净。

（22）黄骨鱼。

①特征、应用。黄骨鱼也称黄颡鱼。其鱼体粗壮，头略平扁，躯干、尾侧扁，背倾斜，胸、腹宽阔平坦，头顶皮肤单薄，表皮比较粗糙，吻纯圆，眼中等，口裂大，齿细小呈绒毛状，唇薄而简单，上枕裸露，有一根向后延伸的骨刺，须4对，鳃盖8～10条，尾鳍深分叉，其特征与一般鱼类有较大的差异。黄骨鱼可蒸、滚、煮等。

②营养食疗价值。黄骨鱼其肉性味甘、平，有利尿之功效，可用以主治水肿、喉痹肿痛等症。

③初步加工。把鱼打晕用开腹取脏的方法加工，洗净表皮黏液即可。操作时，鱼头侧有硬鳍，以防鱼挣扎时鳍刺伤手。

（23）福寿鱼。

①产地、特征、应用。福寿鱼俗名南洋鲫、非洲鲫、罗非鱼。罗非鱼指鲈形目、丽鱼科、罗非鱼属的鱼类。该属计有100个品种以上。它原产于非洲的坦噶尼喀湖，有着优良的适应能力及强大的繁殖力，为广盐性热带鱼类，远在4000年前就开始被养殖。它的外形、个体大小有点类似鲫鱼，鳍条多棘，形似鳜鱼，主要适合我国南方地区养殖，形与尼

罗罗非鱼相似，呈灰绿色。鳃盖后方至尾柄有8～9条黄褐色垂直条纹，尾鳍有8条能上能下棕色垂直条纹。背鳍和臀鳍有相当于瞳孔大小的黄绿斑点。体被圆鳞，体色易随栖息环境而变化。繁殖期雄鱼下颌、胸鳍为淡红色，尾鳍的边缘也呈红色。其肉味鲜美，肉质细嫩，适用于蒸、煎、焖、红烧等。

②营养食疗价值。福寿鱼含有多种不饱和脂肪酸和丰富的蛋白质，这种鱼被称为“不需要蛋白质的蛋白源”。

③初步加工。用刀背敲其头部，将其敲晕，去鳃、刮鳞，开腹取出内脏，刮净黑膜，清洗干净。

（24）多宝鱼。

①特征、应用。多宝鱼属于鲽形目鲆科，俗称欧洲比目鱼，在中国称“多宝鱼”。其身体扁平近似圆形，双眼位于左侧，有眼侧呈青褐色，具少量皮刺；无眼侧光滑白色，背鳍与臀无硬体且较长，多用于蒸、煎、烧等。

②营养食疗价值。多宝鱼的食用价值很高。不仅骨刺少，口感爽滑甘美，胶质蛋白含量高，而且具有润肤美容、补肾健脑、助阳提神作用，经常食用可以滋补健身，提高人体免疫力。

③初步加工。将多宝鱼拍晕，刮鳞、去鳃，开腹取出内脏，清洗干净。夺宝鱼的腹部呈半圆形，略小，开腹时应顺其形状开，以保持外形完整、美观。

（25）鳓鱼。

①特征、应用。鳓鱼属硬骨鱼纲鲱形目鲱科，又称曹白鱼。鳓鱼体形侧扁，口向上翘，腹鳍很小而腹鳍特长，腹部有棱鳞，可用于蒸、煎、焖等。广东常用于腌制成咸鱼。

②营养食疗价值。鳓鱼味甘，性平，能开胃暖中，补脾益气。鳓鱼味鲜肉细，营养价值极高，其含蛋白质、脂肪、钙、钾、硒均十分丰富；鳓鱼富含不饱和脂肪酸，具有降低胆固醇的作用，对防止血管硬化、高血压和冠心病等大有益处。

③初步加工。用刀背敲其头部，将其敲晕，去鳃、刮鳞，开腹取出内脏，刮净黑膜，清洗干净。

2. 海产鱼类

（1）大黄鱼。

①产地、特征、应用。大黄鱼又称大黄花、大鲜、桂花黄鱼。鱼头较大，鳞较小，尾柄细长，体长30～50厘米，背面近外侧有一群颗粒突起，腹面具有蝌蚪形印迹。大黄鱼为结群性近海鱼类，通常栖息于水深60米以内海域的中下层，主要分布于东海、南海，北起长江口，南至广东雷州半岛，以浙江的舟山群岛最多，每年4～6月为旺季，为我国四大经济鱼类之一。大黄鱼可煎、炸、焖、红烧、蒸等。

②营养食疗价值。大黄鱼有和胃止血、益肾补虚、健脾开胃、安神止痢、益气填精之功效；对贫血、失眠、头晕、食欲不振及妇女产后体虚有良好疗效。

③初步加工。去鳃、刮鳞、开腹去除内脏，清洗干净。

（2）小黄鱼。

①产地、特征、应用。小黄鱼又称黄花鱼、小鲜、小黄花。鱼头较大，鳞较大，体黄褐色，腹面金黄色，各鳍灰黄色，唇桔色，头小圆，体较长而侧扁，呈柳叶形，肉嫩（蒜

瓣肉），刺少，味鲜美，营养丰富。小黄鱼的汛期一般在春分前后，春分随清明节而变化，一般是3月清明鱼汛在前，2月清明鱼汛在后，到清明、谷雨时渤海即可出鱼，到小满这一个多月中出。小黄鱼为我国四大经济鱼类之一，产量占世界第一位。我国东海、黄海和渤海及舟山群岛以北为最多，我国秦皇岛、北戴河、山海关、辽宁、山东、河口均有出产，以青岛出产最多，河口产的最好。小黄鱼肉嫩而细腻，味鲜。常见的菜肴有“干炸小黄花”“面托小黄花”“红焖小黄花”。

②营养食疗价值。小黄鱼含有丰富的蛋白质、矿物质和维生素，对人体有很好的补益作用，对体质虚弱和中老年人来说，食用小黄鱼会收到很好的食疗效果；小黄鱼含有丰富的微量元素硒，能清除人体代谢产生的自由基，能延缓衰老，并对各种癌症有防治功效。

③初步加工。去鳃、刮鳞、开腹去除内脏，清洗干净。

(3) 带鱼。

①产地、特征、应用。带鱼又称刀鱼、牙带、白带、海刀鱼。鱼体呈带状，侧扁，背鳍长，无腹鳍，尾延伸渐细，吻尖长，眼大，口大平直，下颌突出，牙强大，侧扁而尖，体银白色，鳞退化。此鱼为暖温性中下层集群洄游鱼类，性凶猛。我国近海均产，以东海产量最大，为主要的经济鱼类之一，带鱼肉质肥嫩鲜美，宜鲜食，适合于烧、煎、蒸、炸、焖、卤、熏等烹调方法，更适合于多种调味方式。常见的菜肴有“红烧带鱼”“糖醋带鱼”“清蒸带鱼”等。

②营养食疗价值。带鱼的脂肪含量高于一般鱼类，且多为不饱和脂肪酸，这种脂肪酸的碳链较长，具有降低胆固醇的作用。经常食用带鱼，具有补益五脏的功效；带鱼含有丰富的镁元素，对心血管系统有很好的保护作用，有利于预防高血压、心肌梗死等心血管疾病。常吃带鱼还有养肝补血、泽肤养发健美的功效。

③初步加工。去鳃、去内脏、洗净即可。

(4) 加吉鱼。

①产地、特征、应用。加吉鱼又称真鲷、加力鱼、铜盆鱼、立鱼。鱼体呈长椭圆形，侧扁，头大，全身有鳞，体红色，背上有淡绿色的斑点，刺少肉厚，口小，两颌前端具4～6个大牙。我国近海均产，历史上黄海、渤海区产量较多，后因滥捕至今未恢复到正常产量水平。加吉鱼肉质嫩且紧密，刺小而味鲜，以清蒸、白汁或做汤为佳。加吉鱼的头部富含脂肪和胶质，常作为煨汤的原料。常见的菜肴有“清蒸加吉鱼”“红鲷戏水珠”“烤加吉鱼”等。

②营养食疗价值。加吉鱼具有清热消炎、补气活血、养脾祛风之功效，其肉质嫩滑，味道鲜美，营养丰富，每百克含蛋白质19.3克、脂肪4.1克，还含有钙、磷、铁及维生素 B_1、维生素 B_2、尼克酸等成分，而其鱼肉滋味似鸡肉鲜美，故不少地方称它为“海底鸡”；加吉鱼是吉利的象征，食法有清蒸、清炖、红烧等多种。

③初步加工。用刀背敲打鱼头，拍晕，去鳃、刮鳞，开腹去内脏，清洗干净即可。

(5) 鲅鱼。

①特征、应用。鲅鱼又称蓝点鲅鱼、乌鲅鱼、燕鱼、马鲛鱼。鱼体呈柳叶形，侧线微弯曲，背侧黑兰色，肚侧银灰色，肚侧有许多黑色斑点，背上有两大翅，均为黑色，嘴

尖，头长，尾巴很细，肚软嫩易破，最重可达5千克，鲅鱼肉多刺少，肉厚紧实，呈蒜瓣状，白色发红，味美，适于多种烹调方法，如烧、焖、炖、炸、煎均可。鲅鱼除鲜用外，常加工成腌制品和罐头。常见的菜肴有“萝卜烧鲅鱼”“鲅鱼水饺”“炒鲅鱼片”等。

②营养食疗价值。鲅鱼其肉质细腻、味道鲜美、营养丰富，含丰富蛋白质、维生素A、矿物质。鲅鱼有补气、平咳作用，对体弱咳喘有一定疗效；鲅鱼还具有提神和防衰老等食疗功能，常食对治疗贫血、早衰、营养不良、产后虚弱和神经衰弱等症有一定辅助疗效。

③初步加工。去鳃、去内脏、洗净即可。

（6）鲐鱼。

①产地、特征、应用。鲐鱼又称鲐巴鱼、油筒鱼、青花鱼。体呈纺锤形，稍侧扁，尾柄两侧各具一个隆起山脊，体长30～40厘米，头中大，前端尖细，呈圆锥形，眼大、位高，具发达的脂眼睑，背鳍2个，第2背鳍和臀鳍后方各有小鳍5个，尾鳍深分叉，体被细鳞，体背部青黑色，有深蓝色不规则条纹，腹部微带黄色。鲐鱼为暖水性结群鱼类，我国近海均产，鲐鱼肉质紧实较粗，呈蒜瓣状，味肥美，但腥味重，宜鲜食，适合于烧、干烧、红焖以及煎、烤等。

②营养食疗价值。鲐鱼具有滋补强壮之功，可用于治疗慢性胃肠道疾病、肺痨损伤、神经衰弱等症。

③初步加工。去鳃、去内脏、洗净即可。

（7）鳕鱼。

①特征、应用。鳕鱼又称大口鱼、大头鳕。体延长，稍侧扁，头大，尾部向后渐细，体长一般20～70厘米，口大，下颌较短，颏部有触须，背鳍3个，臀鳍2个，腹鳍喉位，各鳍均无硬刺，鳞细小，侧线不明显，体灰褐色，具不规则褐色斑点和斑纹。鳕鱼为冷水性底层鱼类，肉质洁白、细嫩，可采用烧、焖、炒、蒸等烹调方法成菜，以清炖和红焖为主，也经常将鱼肉改成块、片、粒制作菜肴。

②营养食疗价值。鳕鱼含丰富蛋白质、维生素A、维生素D、钙、镁、硒等营养元素，营养丰富、肉味甘美；鱼肉中含有丰富的镁元素，对心血管系统有很好的保护作用，有利于预防高血压、心肌梗死等心血管疾病。

③初步加工。用刀背敲打鱼头，拍晕，去鳃，刮鳞，开腹去内脏，清洗干净即可。

（8）石斑鱼。

①产地、特征、应用。石斑鱼的品种很多，共同的特征为：体长椭圆形，稍侧扁，口大，牙细小，有的扩大成犬牙，背鳍和臀鳍刺发达，体被小鳞，体色变异较多，常呈褐色或红色，并具有条斑纹或斑点，石斑鱼分布于印度洋和太平洋西部，我国南方种类颇多，约有46种。常见的品种有老鼠斑、星斑、红斑、青斑、黑斑、芝麻斑、油斑、瓜子斑等。石斑鱼肉质细嫩、鲜美，为上等食用鱼类，为香港、广东菜中所常用。石斑鱼可蒸、泡、粥水煮等。常见的菜肴有“清蒸石斑鱼”“白汁石斑鱼”等。

②营养食疗价值。石斑鱼蛋白质的含量高，而脂肪含量低，除含人体代谢所必需的氨基酸外，还富含多种无机盐和铁、钙、磷以及各种维生素。鱼皮胶质的营养成分，对增强上皮组织的完整生长和促进胶原细胞的合成有重要作用，被称为美容护肤之鱼。

③初步加工。先放血，打鳞，在肛门前1厘米处横切一刀，切断肠，然后用专用的竹枝、粗筷子或专用的长铁钳从鳃盖插入，夹好鱼鳃，在拧出鱼鳃的同时拧出内脏。将鱼体内外冲洗干净即可。

(9) 鳎鱼。

①产地、特征、应用。鳎鱼是比目鱼的一类。广东又称鳎沙、龙利。体甚侧扁，两眼均在头部左侧，前鳃盖骨被有皮肤和鳞片，背鳞和臀鳍延长，常和尾鳍相连，有眼侧淡褐色，无眼侧白色。鳎鱼主要分布于热带和亚热带近海底层，我国沿海均产，约有50余种。鳎鱼肉质细嫩而密，味鲜而肥美，是高档食用鱼类，适用于清蒸、红烧、清炖、炸、煎、油泡等。

②营养食疗价值。作为优质海洋鱼类，鳎鱼的脂肪中含有不饱和脂肪酸，具有抗动脉粥样硬化的功效，对防治心脑血管疾病和增强记忆有益。

③初步加工。原条使用时，用开腹取脏法加工。鳎鱼起肉的方法较为特别：将宰杀干净的鱼平放在砧板上，用刀在脊骨中央顺划一刀，然后顺刀痕向两侧分别片起出两条鱼肉；翻过来，用同样方法再片起出两条鱼肉。一般地，一条鳎鱼可起出四条鱼肉。

(10) 鳐鱼。

①特征、应用。鱼体延长、平扁，背面稍圆凸，腹面平坦，头平扁，尾宽，向后狭小，下侧具一皮褶，吻坚硬，平扁延长，突出呈剑状，眼椭圆，口宽，上唇褶细小，下唇褶不发达，鱼体背面暗褐色，腹面白色，背面肩上有浅色横条，此鱼为暖水性近海底栖息鱼类，有时进入河口。肉鲜美，鳍可制鱼翅，皮可制作鱼皮，软骨可制作明骨。鳐鱼可蒸、焖、红烧等。

②营养食疗价值。鳐鱼具有散淤止痛、解毒敛疮的功效，可治风湿性关节痛、跌打肿痛、疮疖、溃疡等症。

③初步加工。把鱼打晕，开腹去除内脏，清洗干净，砍块使用。

(11) 鲳鱼。

①产地、特征、应用。鲳鱼又称银鲳鱼、镜鱼，是名贵的经济鱼类之一。体形侧扁近似菱形，头小口小，内脏亦小，体被细圆鳞，易脱落，背鳍与臀鳍由体部中央直抵尾部，尾鳍叉形，无腹鳍，体为银白色，背部微呈青灰色，一般体长20～30厘米，体重0.5～3千克。鲳鱼产量以东海最多，黄海次之，渤海最少，以河口和秦皇岛产的最好，产期主要集中在4～7月。鲳鱼为上等食用鱼类，素有“湖中鲤，海中鲳”之说。其肉质细嫩，味道鲜美，脂肪和蛋白质含量较高，刺少且多为软刺，适于红烧、清炖、干炸、清蒸、煎、焖等。

②营养食疗价值。鲳鱼具有益气养血、舒筋利骨的功效，可治消化不良、贫血、筋骨酸痛、四肢麻木等症。

③初步加工。拍晕、去鳃、开腹去内脏，清洗干净。

(12) 马面鲀。

①产地、特征、应用。马面鲀又称绿鳍马面鲀、象皮鱼、剥皮鱼、皮匠鱼等。体侧扁、长椭圆形，口较小，在前端，具背鳍23个，第一背鳍棘粗大，位于眼中央后上端，后缘具倒刺，腹部下鳍退化，鳞细小，绒毛状，体呈蓝灰色，鳍绿色，尾鳍中间鳍膜白

色。我国东海和黄海、渤海均产。马面鲀皮质较厚呈革状，食用前首先需要去皮。该鱼肉质坚实、纤维细嫩，较为鲜美，适合于蒸、烧、焖等烹调方法，也可腌制。

②营养食疗价值。马面鲀性温、味甘咸，并含有丰富蛋白质及各种营养素，能消食和中，可治食积停滞，消化不良，脾虚食少等症。

③初步加工。把鱼拍晕，在头部用刀将皮划破，将皮撕掉，去鳃、去内脏，清洗干净。

(13) 红三鱼。

①特征、应用。红三鱼，地方名红衫鱼、红哥鲤、吊三鱼、拖三鱼、瓜三鱼、黄肚鱼金线、金线鲤，六齿金线鱼。体长而侧扁。其一般体长17～25厘米，体重150～200克。背缘、腹缘粗壮，钝圆，眼大，唇厚，头前无鳞，前腮盖骨被三行斜排的鳞片，胸鳍尖长，尾鳍分叉，尾鳍上叶不延长为丝状。体侧有二条浅蓝色纵带和5～6条淡黄色纵带，背鳍红色，有黄色边缘。臀鳍白色，中间有一黄色条纹。尾鳍红色，上叶尖部黄色。其食法颇多，可用来清蒸、煎、配合蕃茄焖煮，或煲汤均可，鱼肉鲜甜嫩滑；若用来煲汤，最好先煎至金黄，再配合其他材料如豆腐同煲，如此，汤水呈奶白，且分外鲜甜可口。

②营养食疗价值。红三鱼肉质鲜美，肉体丰厚，营养丰富，含有丰富的蛋白质、糖类，还含有多种维生素及矿物质，是一种理想的食用鱼类。

③初步加工。去鳃、刮鳞，开腹去除内脏，清洗干净。

(14) 秋刀鱼。

①特征、应用。秋刀鱼属颌针鱼亚目竹刀鱼科秋刀鱼属。秋刀鱼是源自其体型修长如刀，同时生产季节在秋天的缘故。秋刀鱼在部分东亚地区，是常见的食物料理鱼种。背鳍后有5～6个小鳍，臀鳍后有6～7个小鳍；两颇多突起，但不呈长缘状，牙细弱；体背部深蓝色，腹部银从色，吻端与尾柄后部略带黄色。体内含丰富的蛋白质和脂肪等，味道鲜美，所以蒸、煮、煎、烤都可以，而且价格便宜。

②营养食疗价值。秋刀鱼体内含有丰富的蛋白质、脂肪酸，据分析，秋刀鱼含有人体不可缺少的廿碳五烯酸（EPA）、廿二碳六烯酸（DHA）等不饱和脂肪酸，EPA、DHA有抑制高血压、心肌梗死、动脉硬化的作用。

③初步加工。去鳃，开腹去内脏，清洗干净即可。

（二）虾蟹类

1. 虾类

(1) 龙虾。

①特征、分类、应用。龙虾是虾类中最大的一类，体长一般20～40厘米，体重在0.5千克左右，最大的可达到3～4千克，头胸部粗大，略呈圆筒状，色鲜艳，腹部比较短小，背腹稍扁，尾部常常曲折于腹下，没有真正的螯，游泳足已经退化，只有4对，雄性的用来抱卵，头胸甲坚硬多棘，触角均极发达，第二对更长，基部的节粗而有刺，尾基大。龙虾个体较大，肌肉较多，适于炒、蒸、焗、上汤、煮粥等，亦可生食。其种类也很多，有中国龙虾、锦绣龙虾、日本龙虾、杂色龙虾等。

②营养食疗价值。龙虾的肌纤维细嫩，易于消化吸收。龙虾不仅肉洁白细嫩、味道鲜美、高蛋白、低脂肪，营养丰富，而且还有药用价值，能化痰止咳，促进手术后的伤口生

肌愈合。

③初步加工。用竹签由尾部插向头部，令龙虾排尿。扭断虾头，切断虾尾。作碎件用的，将龙虾身斩成大碎块即可；起肉使用的，切开虾腹，便可将龙虾肉取出。

(2) 虾。

①特征、分类、应用。

a. 对虾。对虾又称明虾、大虾、青虾。体大而侧扁，晶莹闪亮略带透明。雌虾和雄虾略有不同，雄虾较大，色微褐而黄；雌虾个小，微呈褐色或蓝色。对虾是一种洄游性虾类，生活于海底，怕强光，喜群居，一般生命周期为一年，产卵期在4月下旬至6月底，产区在渤海、黄海北部和中部各河口浅海，亲虾产卵后大部分死亡。独角新对虾又称基围虾，属对虾属种类之一，为人工养殖品种，其外形与个体比对虾要小。”对虾是我国北方特有的海珍品，因为对虾体形较大，过去市场上常以“一对”为单位出售，故俗称对虾，对虾含有丰富的蛋白质和钙、磷等物质，是烹制名菜的高档原料，适于煮、熘、炒、炸等烹调方法，熘大虾、㸆大虾、枇杷虾是胶东久负盛名的传统菜。

b. 沼虾。沼虾又称河虾、青虾。体形粗短，长4～8厘米，有青绿色及棕色斑纹，头胸部较粗大，头胸甲前缘向前延伸呈三角形突出剑额，上缘平直，具11～14齿，下缘具2～3齿，剑额两侧具有柄眼1对，头部附肢5对，胸部有附肢8对。沼虾分布于浅水湖、河流中，常栖息于多水草的岸边，食性很杂，喜食小动物尸体或水草，沼虾适合于多种烹调方法，可炝、煮、炒、炸、爆等，也可出肉供炒、爆、熘、烹或制作虾丸、虾饼。常见的菜肴有“盐水虾”“油爆大虾”“清炒虾仁”等。

c. 白虾。白虾又叫晃虾、迎春虾，俗称脊尾白虾。因死后呈白色故称白虾。其外形与对虾极相似，体长5～8厘米，头和颈部较粗大，脊背后有一条纵脊，甲壳较薄，有一条较短的须，身体白色透明，微有蓝色或红色小斑点。我国北至辽宁南至广东海域均有出产，以渤海产量较高，栖息于近岸浅海或河口附近的半咸水域。每年4～5月产卵繁殖，幼虾成长很快，秋季便长为成虾，白虾肉质细嫩，味道鲜美，经济价值很高，除供鲜食外，还可加工成海米，其子可加工成虾子。

d. 毛虾。毛虾是一种小型虾，体长一般2～4厘米，身体侧扁，皮壳极薄，全身除极少数红色小点外，全是透明的。其第一对触角特别长，呈红色，内眼看来像一根红毛，故称红毛虾。这种虾喜欢生活在泥沙底质的近岸浅海或内湾，多产于渤海南部和莱州湾，资源丰富，历史上是渤海四大渔业资源之一。毛虾体小肉少，气温高时鲜虾不能长时间保存，渔民常把毛虾直接晒干成虾皮，其滋味鲜美，营养丰富，且价格低廉。毛虾还可制成虾酱和虾油，用来调味或腌制小菜。

②营养食疗价值。虾肉有补肾壮阳、通乳抗毒、养血固精、化淤解毒、益气滋阳、通络止痛、开胃化痰等功效。虾的营养丰富，且其肉质松软，易消化，对于身体虚弱以及病后需要调养的人是极好的食物；虾中含有丰富的镁，镁对心脏活动具有重要的调节作用，能很好地保护心血管系统，它可减少血液中胆固醇含量，防止动脉硬化，同时还能扩张冠状动脉，有利于预防高血压及心肌梗死；虾的通乳作用较强，并且富含磷、钙，对小儿、孕妇尤有补益功效。

③初步加工。作白焯用的，洗净即可；取虾肉时剥去头、壳和尾，取出虾肉；作酿用

的可将剪好的虾在腹部顺切开口即可；作直虾（即油炸）用的，剥去虾头、虾壳、留下虾尾，挑去虾肠，在腹部横切三刀，深约三分之一；作炸、煎、煸用的需要将虾剪净，方法与步骤如下：

a. 剪虾须、虾枪（即头部刺尖）。

b. 挑虾肠。在虾背头后和尾部分别挑断虾肠，再从中间挑出。

c. 剪水拨和虾足。

d. 剪三分之一尾和尾枪。

（3）虾蛄。

①特征、应用。虾蛄亦称螳螂蛄。口足目海产甲壳动物，是虾蛄属（Squilla）的种类。虾蛄第二对附肢很大，形似螳螂的前足，故英语名意为螳螂虾。虾蛄身体窄长筒状，略平扁，头胸甲仅覆盖头部和胸部的前4节，后4胸节外露并能活动。有1对带柄的复眼。这两个体节在头部前端能活动。腹部宽大，共6节，最后另有宽而短的尾节，与腹部最后1对附肢构成尾扇。口位于腹面两个大颚之间。肛门开口于尾节腹面。其大部分分布于热带和亚热带的海岸，底栖性。被抓时腹部会射出无色液体，所以又被称为攋尿虾（常误写为濑尿虾或赖尿虾）。虾蛄可用于炸、灼、椒盐、油焗、蒸等。虾蛄壳多肉少，但肉嫩滑鲜美，尤以有膏的肉质最好。

②营养食疗价值。虾蛄肉有补肾壮阳、养血固精的功效，并含有丰富的蛋白质、镁、磷、钙等，营养丰富。

③初步加工。虾蛄不需初步加工，连壳使用，以活的为好，死虾蛄味及肉质皆差，一般不用。

2. 蟹类

（1）产地、分类、应用。

①三疣梭子蟹。三疣梭子蟹又称子蟹、枪蟹。头胸甲长约8厘米，宽约15厘米，呈梭状，背部有3个疣状突起，前缘有9齿，螯足发达，长节呈棱柱形，内缘具钝齿，第4对步足呈桨状，适于游泳。三疣梭子蟹雄体蓝绿色，雌体深紫色，我国沿海均产，以黄海北部较多。三疣梭子蟹肉质肥厚腴美，可整只蒸、煮粥、滚汤、炒、煮，也可以剥肉入烹。剥出的蟹肉、蟹黄可制作各种菜肴，如芙蓉蟹斗、鲜草菇扒蟹肉、三鲜馄饨等。

②青蟹。头胸甲长约10厘米，宽约14厘米，背面隆起，青绿色有H形凹痕，额分4齿，前侧边缘具9齿，螯足常不对称，前3对步足指节的前、后缘具刷状绒毛，第4对步足呈桨状，雄性腹部呈三角形，雌性腹部呈宽圆形，产于我国福建以南沿海。青蟹肉味鲜美，可整只蒸、煮、烹，也可取出蟹肉炒、烩、炸制成多种菜肴，如烹青蟹、青蟹肉炒鸡蛋、青蟹肉烩腐竹等。

③中华绒螯蟹。又称河蟹、毛蟹、清水蟹。头胸甲呈方圆形，长约5.5厘米，宽约6厘米，背面隆起，螯足强大且密生绒毛，步足扁而长顶端尖锐，腹部扁平分7节。中华绒螯蟹雄性腹部为三角形，俗称“尖脐”；雌性腹部为半圆形，俗称“团脐”。背面墨绿色，腹面白色，广泛分布于我国南北各淡水系，以江苏阳澄湖所产最为著名。中华绒螯蟹肉味鲜美，以重阳节前后为最好，可整只蒸、煮后剥食，也可剥蟹肉、蟹黄入烹，可炒、爆、炸、煎，也可制作汤羹或馅料，如盒子蟹、蟹肉蹄筋、蟹粉狮子头、蟹粉烩鱼唇、蟹肉馄

饨、蟹黄汤包等。

(2) 营养食疗价值。蟹具有壮腰补肾、消积健脾、养心安神之功效。适宜跌打损伤、筋断骨碎、淤血肿痛之人食用；因其性寒，平素脾胃虚寒、大便溏薄、腹痛隐隐之人忌食。

(3) 初步加工。宰蟹时先将蟹背朝下，放在砧板上，用刀尖往蟹厣部戳进，令蟹死亡；将蟹翻转，用刀身压着蟹爪，用手将蟹盖掀起，削去蟹盖弯边及刺尖；膏蟹取出蟹黄，放好；刮去蟹鳃，切去蟹厣，取出内脏，洗净。剁下蟹螯（蟹钳），斩成两节，拍裂。将蟹身切成两半，剁去爪尖，将蟹身斩成若干块，每块至少带一爪。用于蒸的膏蟹，须将蟹盖修成小圆片，每盖约修成两片。拆蟹肉时将宰好的蟹蒸熟或滚熟，剥去蟹螯的外壳，得蟹肉；斩下蟹爪，用刀跟将蟹身的蟹钉撬出，顺肉纹将蟹肉剔出；用刀柄或圆棍碾压蟹爪，将蟹爪的蟹肉挤出；最后检查蟹肉中是否有碎壳。原只用时将蟹戳死后用刷将蟹身洗刷干净即可。

（三）软体类

1. 头足类

(1) 乌贼。

①特征、应用。乌贼又称墨鱼、乌鱼、目鱼。其特征是有头、足、躯干三部分，头发达，眼大；共有10腕，其中触腕1对，与身体等长，上面长有许多小吸盘，其他8足较短。胴体呈袋状，背腹扁平，其躯干呈白色，皮下有色素细胞呈不同的斑点。在乌贼头的下面，还有一个特殊的器官，叫做漏斗。漏斗是一个锥状的管子，也是脚的一部分，基部生在外腔里面，末端露在外套腔之外。乌贼有个特殊防御武器，那就是身体里面的墨囊，墨囊里面有浓厚的黑色墨汁，所以在加工墨鱼时要注意防止墨汁四溅。乌贼的肉质鲜美，并且其营养成分易被人体消化吸收。乌贼多用于炒、泡、灼等。

②营养食疗价值。乌贼不但口感鲜脆爽口，蛋白质含量高，具有较高的营养价值，而且富有药用价值。适宜于阴虚体质、贫血、妇女血虚经闭、带下、崩漏者食用；脾胃虚寒的人应少吃；高血脂、高胆固醇血症、动脉硬化等心血管病及肝病患者应慎食；患有湿疹、荨麻疹、痛风、肾脏病、糖尿病、易过敏者等疾病的人忌食；乌贼鱼肉属动风发物，故有病之人酌情忌食。

③初步加工。用刀切开或用剪刀剪开腹部，剥出粉骨，剥去外衣、嘴、眼，冲洗干净即可。

(2) 鱿鱼。

①产地、特征、应用。鱿鱼学名为枪乌贼。鱿鱼的头和躯干都很狭长，尤其是躯干部末端很尖，形状很像标枪的枪头，而且在海里行动非常迅速，所以又叫枪乌贼。鱿鱼的鳍很大，左右各一个，成三角形，两侧合在一起呈菱形，占躯干部长度的1/2。靠其脚、漏斗、鳍，鱿鱼可以在水中迅速活动。鱿鱼分布于我国东海，以舟山群岛产量最大，南海、福建、台湾出产种类多个头大。鱿鱼适合于爆、炒、炝、灼等烹调方法，除鲜食外，常干制成鱿鱼干。常见的菜肴有：爆炒鱿鱼花、炝鱿鱼花等。

②营养食疗价值。鱿鱼有滋阴养胃、补虚润肤的功能。鱿鱼除富含蛋白质和人体所需的氨基酸外，还含有大量的牛黄酸，可抑制血液中的胆固醇含量，缓解疲劳。

③初步加工。用刀切开或用剪刀剪开腹部，剥出骨片，剥去外衣、嘴、眼，冲洗干净即可。

(3) 八爪鱼。

①产地、特征、应用。八爪鱼又称八代鱼，属章鱼类。躯干呈椭圆形，上面乌黑，下面是白色、嘴眼团，均有砂子，加工时须挤去。八爪鱼有大小之分，小八爪一般在50～100克，大八爪又名八代稍。我国渤海、黄海一带分布较多，每年3～6月为旺季。八爪鱼是上市最早的一种。八爪鱼肉质鲜美，营养丰富，可运用炒、炝、汆等烹调方法成菜，还可以晒制干品。

②营养食疗价值。八爪鱼性平、味甘咸，具有补血益气、治痈疽肿毒的作用。八爪鱼含有丰富的蛋白质、矿物质等营养元素，并还富含抗疲劳、抗衰老，能延长人类寿命等重要保健因子——天然牛磺酸。除此之外，八爪鱼还是一种营养价值非常高的食品，不仅是美味的海鲜菜肴，而且也是民间食疗补养的佳品。

③初步加工。用刀切开或用剪刀剪开腹部，剥去外衣，冲洗干净。

2. 腹足类

(1) 鲍鱼。

①产地、特征、应用。鲍鱼又称海耳。海产“八珍”之一，素为海味之冠。壳形右旋，耳状壳上有一列贯穿成孔的突起，孔数随品种不同而有别，盘大鲍4～5孔，杂色鲍7～9孔，故鲍鱼又称九孔螺。鲍鱼生活在水流湍急、海藻繁茂的岩礁地带，在沿海岛屿或海岸向外突出的岩角都是它们喜欢栖息的地方。鲍鱼分布很广，几乎世界各海洋均产。墨西哥、日本出产丰富。鲍鱼滋味非常鲜美，主要食用其肥厚的足块，是宴席的高档菜品，多以整只使用。可蒸、炒、泡、炖汤、煮粥等。

②营养食疗价值。鲍鱼含有丰富的蛋白质，还有较多的钙、铁、碘和维生素A等营养元素；鲍鱼营养价值极高，富含丰富的球蛋白；鲍鱼的肉中还含有一种被称为“鲍素”的成分，能够破坏癌细胞必需的代谢物质；鲍鱼有调经、润燥、利肠之效，可治月经不调、大便秘结等疾患；鲍鱼具有滋阴补阳功效，并是一种补而不燥的海产，吃后没有牙痛、流鼻血等副作用，多吃也无妨。鲍鱼能养阴、平肝、固肾，可调整肾上腺分泌，具有双向性调节血压的作用；鲍鱼养肝明目，中医称鲍鱼功效可平肝潜阳，解热明目，止渴通淋。

③初步加工。用刀或鲍鱼壳将肉铲离贝壳，用刷子将鲍鱼污物刷洗干净。用于蒸、炖汤的可连壳一起用。

(2) 海螺。

①特征、应用。海螺又称响螺、红螺。其贝壳的形状接近桨形，大而坚实，表面粗糙，有明显的螺旋形肋和细沟纹。螺壳呈灰黄色或褐色，壳口内为橙红色，有珍珠岩泽。厣呈椭圆形，角质坚厚。海螺在我国分布很广，各沿海区均有出产。海螺主要以足块为食用部位，其肉质细嫩，口味鲜美。常常将海螺切片后使用，可以爆、炒、汆、烧、炖汤、煮粥等，常见的菜肴有：油爆海螺、木耳海螺、冬笋海螺片等。

②营养食疗价值。海螺其肉味甘，性凉，有开胃消滞、滋补养颜的功效。螺肉含有丰富的维生素A、蛋白质、铁和钙等营养素，对目赤、黄疸、脚气、痔疮等疾病有食疗作

用。具有清热明目、利膈益胃的功效；对治疗心腹热痛、肺热肺燥、双日昏花等症有一定的功效。

③初步加工。手执螺尾，用锤子敲破螺嘴外壳，取出螺肉，去掉螺厣，用盐水或碱水刷洗去黏物和黑衣，挖去螺肠，洗净。

(3) 田螺。

①产地、特征、应用。田螺的贝壳呈圆锥形，表面光滑或具纵走的细螺肋，螺旋部较短，螺层约6～7层，螺层膨大，壳口边缘呈黑色。田螺主要分布于我国华北和黄河平原、长江流域等，生长于湖泊、河流、沼泽、水田等处。田螺的肉味鲜美，可整用也可出肉，常用的烹调方法为爆、炒。

②营养食疗价值。田螺具有清热利水、除湿解毒的功效。可用于热结小便不通、黄疸、脚气、水肿、消渴、痔疮、便血、目赤肿痛、疔疮肿毒等症。螺肉含有丰富的维生素A、蛋白质、铁和钙，对目赤、黄疸、脚气、痔疮等疾病有食疗作用；食用田螺对狐臭有显著疗效。

③初步加工。用清水养去泥味后，用钳或硬铁剪钳去螺尖，洗净。

3. 瓣鳃类

(1) 贻贝。

①特征、应用。贻贝又称青口、海红、壳菜。其壳呈三角形，表面有细密的生长纹，被有黑褐的壳皮；壳内呈白色带有青紫，有很坚韧的足线，用以固着海底岸石。贻贝的种类很多，北方大多称紫贻贝。贻贝现在养殖的地区较多，尤其北方较多，每年3～4月和10～11月最为肥美。贻贝味鲜，蛋白质含量较高，可鲜食，烧、扒、氽、滚汤、炒、蒸、烤均可，也可制成海红干，为海珍之一。

②营养食疗价值。贻贝肉能治虚劳伤惫，精血衰少，吐血久痢，肠鸣腰痛。现代有关药书记载，贻贝性温，能补五脏，理腰脚，调经活血，对眩晕、高血压、腰痛、吐血等症均有疗效，而治夜尿吃贻贝效果甚好。贻贝中含有维生素B_{12}和维生素B_2，对贫血、口角炎、舌喉炎和眼疾等亦有较好的疗效。

③初步加工。将其外壳洗刷干净，并注意挑拣出死的或空的贻贝，用尖刀插进贝壳内撬开贝壳，留一片贝壳连肉或者把净肉取出清洗干净。

(2) 江珧。

①产地、特征、应用。江珧又称带子，贝壳较大，呈扇形，壳前端尖细，后端宽广，壳表具有放射肋，肋上有各种形状的小棘，壳面呈淡黄色或淡褐色，咬合部位长，韧带发达，足丝细软。我国沿海均有分布，现人工养殖的较多。江珧肉质细嫩，鲜品以爆、炒、氽汤、蒸为佳。江珧的闭合肌发达，可占软体部分的1/3～1/2。江珧的闭壳肌称为江珧柱，多加工成干制品，经涨发后可烧、烩、蒸、煮粥等。

②营养食疗价值。江珧不仅口味鲜美，而且营养丰富，除含有丰富的动物蛋白质、磷酸钙及维生素外，牛黄酸含量也特别高，贝汁还是一种高级调味品。另外，江珧贝柱还有补肾的作用，利五脏，疗消渴，能消腹中宿食。

③初步加工。用尖刀插进贝壳内，将贝肉一切为二（小的江珧不必把贝肉切开，只切去一边外壳即可），剥去内脏，将贝壳修小一点，洗净即可。

(3) 扇贝。

①产地、特征、应用。扇贝又称圆贝，其壳呈扇形，薄而轻，两壳大小几乎相等，左壳凸，右壳稍平；壳面的颜色变化较大，有紫褐色、橙红色等，左壳色深，右壳色浅；两壳放射肋强大，以足丝固着，闭壳肌较大。扇贝主要产于我国北部沿海，现为北方海区主要养殖品种。扇贝肉质鲜美，闭壳肌发达，鲜扇贝肉适合于汆、炒、蒸、炸、煮粥等。闭壳肌经干制后称为干贝，是传统珍贵的海产品。

②营养食疗价值。贝类软体动物中，含一种具有降低血清胆固醇作用的代尔太7—胆固醇和24—亚甲基胆固醇，它们兼有抑制胆固醇在肝脏合成和加速排泄胆固醇的独特作用，从而使体内胆固醇下降。它们的功效比常用的降胆固醇的药物谷固醇更强。人们在食用贝类食物后，常有一种清爽宜人的感觉，这对解除一些烦恼症状无疑是有益的。许多贝类是发物，有宿疾者应慎食；贝类性多寒凉，故脾胃虚寒者不宜多吃。

③初步加工。用尖刀插进贝壳内，将贝肉一切为二（小的圆贝不必把贝肉切开，只切去一边外壳即可），剥去内脏，洗净即可。

(4) 牡蛎。

①特征、应用。牡蛎又称海蛎子、蛎黄、生蚝。其壳是由它分泌的腺液变化而成的，形状不规则，厚而坚硬，左右对称，左壳（或称下壳）较大，附着于其他物体上，右壳较小，如盖。牡蛎体柔细嫩，较扁平，呈乳白色，体中部鼓厚，呈青白色，并带有蛎肉，分泌青色汁液。牡蛎的闭壳肌只有一个，位于身体的中部而略靠后面，其闭壳肌很发达。牡蛎肉鲜嫩，适于汆、炒、蒸、烩、炸、烤、焗、煎、滚汤、煮粥。在有些地区过去习惯于生食，但随着海洋污染日趋严重，现已不提倡生食。除鲜食外，牡蛎还可干制成蚝豉、熬制成蚝油或加工成罐头。常见的菜肴有：炝蛎黄、油炸蛎黄等。

②营养食疗价值。牡蛎具有滋补强壮、宁心安神、益智健脑、益胃生津、强筋健骨、细肤美颜、延年益寿的功效。牡蛎肉由于味鲜美，营养全，兼能“细肌肤，美容颜”及降血压和滋阴养血、健身壮体等多种作用，因而被视为美味海珍和健美强身食物。

③初步加工。撬开蚝壳，取出蚝肉，除去蚝头两旁韧带的壳屑，加入食盐拌匀，然后冲洗去除其黏液，冲洗干净后用清水浸着。如连壳使用，需清洗干净蚝壳。

(5) 蛤蜊。

①产地、特征、应用。蛤蜊的种类较多，以四角蛤蜊最为常见，贝壳厚，略呈四角形，壳顶突出，贝壳有壳皮，幼小个体多呈淡紫色，近缘为褐色，腹面边缘常有一条很窄的缘膜，生长线明显粗大，形成凹凸不平的同心环纹。我国沿海均有分布，蛤蜊肉嫩味鲜，适于汆、爆、炒、蒸、烧、炖、滚汤、煮粥等。常见的菜肴有：蛤蜊蒸蛋、发菜蛤蜊汤等。

②营养食疗价值。蛤蜊味咸寒，具有滋阴润燥、利尿消肿、软坚散结作用；有滋阴明目、化痰的功效。

③初步加工。一般带壳烹制，因此，将其外壳洗刷干净，并注意挑拣出死的或空的，尤其是包泥的。

(6) 蛏子。

①产地、特征、应用。蛏子的种类很多，我国大约有10种。共同特征是：贝壳长，

质薄脆，两片合抱成竹筒状；贝壳表面被有一层发亮的黄褐色外皮，有铜色斑纹，壳表面光滑无放射肋，生长线明显；足部肌肉发达，前端尖，左右扁，水管短粗，具环节；末端有触手，表面有相向排列的黑色和白色条纹。我国沿海均产，穴居，沿海渔民常以铁钩钩取。蛏子适于氽、炒、爆、蒸等烹调方法。除鲜食外，还可加工成蛏干。

②营养食疗价值。蛏肉含丰富蛋白质和钙、铁、硒、维生素 A 等营养元素，滋味鲜美，营养价值高，具有补虚的功能。

③初步加工。一般带壳烹制，因此，将其外壳洗刷干净，并注意挑拣出死的或空的。

(7) 象拔蚌。

①特征、应用。象拔蚌因其又大又多肉的虹管被人们形象地称为“象拔蚌”，是蛤属的大型贝类。象拔蚌又称海笋，属于软体动物门，是一种海产贝类，个体有大有小，栖息地因种类而异。通常其两扇壳一样大，薄且脆，前端有锯齿、副壳、水管（也称为触须），这水管很像一条肥大粗壮的肉管子，当它寻觅食物时便伸展出来，形状宛如象拔一般，故得“象拔蚌”之美名。其食用部分主要取其拔（水管），其拔肉色洁白，肉质细嫩，口感清鲜甜美，被视为名贵滋阴海鲜美味品种之一。象拔蚌的出肉率高，达 60%～70%，其中主要食用部位为水管肌，占总食用量的 30%～35%，可用于炒、泡、蒸、做刺身、煮粥等。

②营养食疗价值。象拔蚌营养丰富，可以滋阴养颜。每 100 克含热量 81 千卡、蛋白质 14.4 克、脂肪 1.3 克，具很高的营养价值。

③初步加工。撬开外壳，取出蚌肉，冲洗干净。

(四) 其他类水产品

(1) 海蜇。

①特征、应用。海蜇是海中一种腔肠动物。海蜇个体分伞和口腔两部分，伞部上面称外伞部，伞部的里面称为内伞部。外伞部表面光滑，伞的边缘有八个感觉器。海蜇的体色大多为青蓝色，触手乳白色，口腕 8 枚，各枚裂成许多瓣片。我国沿海均产，以浙江沿海为多，海蜇含水分很多，捕获后以明矾和盐处理，除去水分，洗净并再用盐腌。海蜇的伞部称为蜇皮，海蜇的口腕部称为蜇头。海蜇的食用方法多为凉拌，蜇皮常作筵席冷盘，蜇头多用于家常食用，除凉拌外，也可炒、烧或制汤。

②营养食疗价值。海蜇味甘、咸，性平，具有清热化痰、消积滞、润肠、降血压、消肿等功效。海蜇的营养极为丰富，含有蛋白质、脂肪、维生素 B_1、维生素 B_2 和烟酸、钙、磷、铁、碘、胆碱等成分。

③初步加工。市场购买回来的海蜇通常都不是鲜海蜇，都是已经制过的海蜇皮或海蜇头，咸味重，使用前要用清水浸泡三个小时且要不断换水，清洗干净沙粒即可。

(2) 沙虫。

①产地、特征、应用。沙虫又称方格星虫，体呈圆筒形，无体节，体表光滑，前端有吻，能伸缩，肠端有口，口周围具有触手状突起，体腔很大，体壁上纵肌数十条，与环肌纵横交错，排列成格子花纹。沙虫产于我国广东、福建、山东沿海，沙虫经加工，去除内脏洗净后，可炒、炸、烩、蒸、滚汤、煮粥等。

②营养食疗价值。沙虫，其名不雅，但其营养、味道及医药与食疗价值都不亚于其他

名贵海产珍品，因而素有“海滩香肠”的美誉。沙虫肉质脆嫩，味道鲜美，营养丰富，富含蛋白质、脂肪和钙、磷、铁等多种营养成分；特别是味道，还胜过海参、鱼翅；它性寒，味甘、咸，有滋阴降火、清肺补虚之功效。因沙虫滋阴补肾，小孩因肾亏而夜尿频繁者，煮沙虫粥吃可获良好疗效，所以沙虫是老少皆宜的营养滋补及食疗佳品。

③初步加工。用铁线在沙虫的尾端穿一个洞，然后在头顶端用铁线捅翻，使其整条从尾端的小洞反出，去掉内脏、清洗干净泥沙，用清水浸泡即可。

(3) 甲鱼。

①特征、应用。甲鱼又称团鱼、鳖、水鱼，为爬行类动物，生活于河、湖、池沼中。甲鱼头似圆锥形，吻长而突出颈长，伸缩性很强，四肢肥壮能缩入甲壳内，壳通常为黑褐色。甲鱼壳四周边缘有一圈软组织，主要成分为胶质，俗称“裙边”，营养价值较高，为高档的烹饪原料。甲鱼适于多种烹调方法，尤其适宜蒸、炖、焖或红烧。甲鱼必须活杀，死后的甲鱼一般不宜使用。

②营养食疗价值。甲鱼的味道鲜美，营养价值极高，具有诸多滋补药用功效，有清热养阴、平肝熄风、软坚散结，对肝硬化、肝脾肿大、小儿惊痫等有疗效。甲鱼富含动物胶蛋白、铜、维生素 D 等营养素，能够增强身体的抗病能力及调节人体的内分泌功能，也是提高母乳质量、增强婴儿的免疫力及智力的滋补佳品。

③初步加工。将甲鱼背朝下放在砧板上，拇指和食指扣在后腹部凹陷处，固定甲鱼，待甲鱼头伸出时，刀剁下，压着甲鱼头，拉出甲鱼颈，原固定甲鱼的手迅速反手握住甲鱼颈，尽量将甲鱼颈往外拉。用刀切开甲鱼颈与背甲连接处，斩断颈骨，撬离甲鱼前肢关节，在背甲与腹部之间下刀，将甲鱼腹部与背甲切离。把甲鱼放进 60℃左右热水中略烫，擦去外衣，冲洗干净。将背甲完全切离，切除内脏，洗净油脂，冲洗干净。斩件时要斩去嘴尖、脚趾，背甲只留肉裙。

(4) 山瑞。

①特征、应用。山瑞为鳖科动物，属国家二级保护动物，形与水鱼相似，但比较肥大，背部褐色、深绿色或灰绿色，腹白，均有黑斑，背甲前缘有一排黑大疣粒，表皮粗糙，颈基部两侧各有一团大疣状物，体后部肉裙宽大，最大可达 50 千克左右。山瑞肉裙厚质滑，味香鲜，适宜蒸、炖、焖或红烧等。

②营养食疗价值。山瑞含丰富蛋白质，营养丰富，具有滋阴清热，平肝益肾和软坚散结与消淤等功效，其血还能治疗贫血病，肺病、心脏病、气喘、神经衰弱等症。

③初步加工。加工方法与甲鱼加工方法相同。

(5) 龟。

①特征、应用。龟为龟鳖目龟科和平胸龟科动物的总称。坚硬的龟壳由背甲、腹甲组成，甲外为角质鳞板，四肢粗壮，头可伸缩于壳内。常用的品种有金龟（草龟）、水龟（绿毛龟）、金钱龟等。龟肉纤维虽粗，但烹熟后味鲜美，也是上等的滋补佳品，多用于炖汤。

②营养食疗价值。龟肉和龟板具有滋阴壮阳、去湿解毒、防癌抗癌、益肝润肺、益阴补血等功效。

③初步加工。将龟整只放进沸水中烫死，然后将龟壳的表皮铲掉，将龟壳敲裂、斩

开、去除内脏，清洗干净斩块使用。

（6）青蛙。

①特征、应用。青蛙又称田鸡，属蛙科的两栖动物，野生的虎背斑纹蛙是国家禁止捕食动物。青蛙的种类主要有虎背斑纹蛙、黑斑蛙和金钱蛙等。烹饪食中一般是养殖的虎背斑纹蛙。雄性青蛙身形狭长，颌下有两点；雌性青蛙则身宽略短，颌下无两点。青蛙肉质细嫩，味鲜美，尤以腿为最佳。烹调中也经常用饲养牛蛙取代虎背斑纹蛙制作菜式，引进于北美洲的牛蛙体型大，蛋白质含量高，脂肪少，质嫩味香。养殖青蛙可用于炒、泡、炸、炖、滚汤、煮粥等。

②营养食疗价值。青蛙味甘、性凉，能补虚益胃，利水消肿，清热解毒，可用于营养不良、身体虚弱或小儿疳疾、消瘦、食欲不振、水肿、虚劳发热等症。

③初步加工。从田鸡眼后部下刀，斩去头部，放去清水盆中，让血流尽。用大拇指从刀口处插入，用大拇指与食指紧扣田鸡前肢，另一手拉紧田鸡皮，把田鸡皮剥出。切开田鸡肚，取出内脏。剁去四肢脚趾，起出脊骨、小腿骨，冲洗干净。

（7）蛇。

①特征、应用。蛇是爬行动物中种类最多的一类，我国约有 170 多种，主要分布在热带和亚热带地区，其中以两广和福建、云南等地最多。蛇的主要特征是：体形细长，体表被有角质鳞片，四肢退化，体分为头、躯干、尾三部分，舌细长分叉。蛇肉色白细腻，滋味极鲜，为筵席中的珍品，蛇作为烹饪原料，在南方运用较多，尤以广州最多。蛇肉洁白细嫩，味道鲜美，适合于多种烹调方法，可炸、炒、炖、焖、烧等。蛇在加工时一般去皮，蛇肉不要浸水，否则蛇肉会变得很粗老。吃蛇的最佳季节是秋冬季，此时蛇最肥美。蛇的皮、肉、胆、肝、肠、血等均可食用。

②营养食疗价值。蛇肉富有很高的营养价值，是深受人们喜爱的美味佳肴。蛇肉的蛋白质含量可以和牛肉相媲美，同时含有丰富的氨基酸，其中包括人体所必需的 8 种氨基酸，这 8 种氨其酸人体本身是不能合成制造出来的，必须从食物中摄取，而蛇肉中这 8 种氨基酸含量较高。蛇肉的胆固醇含量很低，对防治血管硬化有一定的作用。另外，蛇肉中还含有一种叫谷氨酸的特殊物质，它具有增强脑细胞活力的作用。除此之外它还含有钙、铁、磷、锌等无机盐以及维生素 A、维生素 B_1、维生素 B_2 等微量元素。常食用蛇肉可以祛风活血，消炎解毒，补肾壮阳。它对痱子疮疖，关节风湿，肾虚阳痿，美容驻颜等有着很高的食用疗效。

③初步加工。用拇指、食指捏住蛇头上下颌，使其不能张开嘴巴，然后用剪刀或刀，剪断或切断蛇头放血，如需留血，将血滴装进有白酒的杯中备用。放完血后，开腹取出蛇胆用白酒浸泡备用，去除内脏，剥皮，如皮要使用，需先用烫水去蛇鳞，清洗干净即可。宰杀毒蛇时，动作要迅速熟练，防止给蛇咬，剪下的蛇头要迅速处理，不能随意扔进垃圾桶，因为此时的蛇头还带毒性。

六、水产品的品质鉴定及储藏

（一）影响水产品质量的因素

我国日常所用的水产品烹饪原料质量往往受到很多因素的影响。

1. 原料的产地

由于水产原料的产地各异，其所处的环境有所差异，加上气候条件、养殖方法的不同，所产出的水产原料品质也有所差异，因此在各地形成了不同特点的烹饪原料，即所谓地方名特产品，如黄河刀鱼、烟台长岛的海参、长江的鲥鱼等。所以原料质量受其产地环境的影响。

2. 原料的产季

水产原料的生长受气候、季节影响较大。一年之中，有其生长的旺季，也有生长停滞的时候；有肥壮期，也有瘦弱期；有生长期，也有繁殖期等。所有这些都与原料的生长季节有关。因此，我们必须掌握这些特点，在不同的季节选择不同的原料，从而烹制出不同的时令佳肴。例如，甲鱼以菜花和桂花开的时候最好，刀鱼以清明前上市最好，螃蟹以9月、10月品质最佳。所有这些都充分说明了水产原料的品质与其生长季节有密切关系。

3. 原料的部位

相同的原料，由于其部位不同，其质地、结构、特点也不相同。如鱼的腹部肉质鲜嫩，脂肪含量丰富；脊部肉厚质硬，含水量少。所以必须根据原料各部分的不同特点采用不同的烹制方法，如有的适合于爆、炒，有的适于烧、煮，有的适于煨汤。这样使用，能够更好地体现出原料的品质特点，做到合理使用。

4. 原料的卫生状况

水产原料大多含水量高，营养丰富，其品质极易发生变化，甚至劣变，不卫生的原料不仅直接关系到菜肴的质量，更重要的是关系到人体的健康，如有病或带病菌的原料，含有毒物质的原料，受微生物污染而腐败变质的原料，受化学物质污染的原料等。这些原料，不仅品质下降，而且直接影响其食用价值。

5. 原料的加工储存

水产原料的加工储存也直接关系到原料的品质，加工不当或储存不好，都会影响到水产原料的品质，使营养价值降低，发生劣变，严重时甚至会影响到原料的食用价值。

（二）鱼类的品质鉴定

烹调所用的鱼可分为活鱼、鲜鱼和冻鱼三种。在选购时鉴别方法也不尽相同。

1. 活鱼

由于海水鱼在捕捞后脱离海水环境很快死亡，所以市场上的活鱼主要是淡水鱼。质量好的活鱼活泼好动，反应敏锐，游动自如，体表有一层清洁透亮的黏液，各部位无伤残。质量差的活鱼行动迟缓，容易翻背，体表常有伤残部位。

2. 鲜鱼

鲜鱼是指死后不久的鱼，根据新鲜程度可分为新鲜鱼和不新鲜鱼两类。

(1) 新鲜鱼。鱼体挺而不软，弯度小，有弹性，手压凹陷迅速复平；有光泽，有层清洁透明的黏液；鳞片光亮，不易脱落；眼球饱满、突出，角膜透明、清亮；鳃色泽鲜红，鳃丝清晰，黏液透明无异味。

(2) 不新鲜鱼。鱼体易弯，手压凹陷不易消失；暗淡无光，黏液污秽；鳞片易脱落，有腐臭味；眼球凹陷，角膜浑浊，眼腔有血浸润；鳃呈暗褐色至灰白色，黏液浑浊有酸臭味。

3. 冻鱼

冻鱼是利用冷冻方法保鲜的海产鱼和淡水鱼，其质量好坏与冻前质量有密切关系，其新鲜度因冷冻不易鉴别。一般应观察以下特征：鱼外表——质量好的冻鱼，鱼鳞完整，色泽鲜亮，机体无残缺；质次者鱼鳞不完整，皮色暗淡无光，体表不整洁，机体有残缺。鱼眼——质量好的冻鱼，眼球突起，角膜清亮；质次者眼球下陷，没有光泽，黑白不分明，常有污物。

（三）虾蟹类的品质鉴定

1. 虾

虾的品质鉴定可以从以下几个方面进行观察。

（1）外形。新鲜虾头尾完整，有一定的弯曲度，虾身较挺；不新鲜的虾其头尾较易脱落，不能保持原有的弯曲度。

（2）色泽。新鲜虾的壳发亮，呈青绿色或青白色；不新鲜的虾壳发暗，呈浅红色或褐色。

（3）质地。新鲜的虾肉质坚实，细嫩有弹性；不新鲜的虾肉松弛，甚至腐烂。

（4）气味。新鲜的虾呈正常的腥气味；不新鲜的虾腥气味较大，而且有酸臭等异味。

2. 蟹

新鲜的蟹个大体肥，表面无损伤，腿完整；肌肉坚实，肥壮；用手捏有硬实感。脐部饱满，分量重；外壳呈青色泛亮，腹部发白，肉质鲜嫩。不新鲜的蟹，蟹腿脱落较多，腿肉空松、瘦小；体瘦，分量轻；壳呈暗红色，肉质松软，味不鲜美；脐色发黑。值得注意的是，蟹一般不使用死的，由于蟹死后易产生组胺及滋生细菌，食后易造成食物中毒。

（四）贝类的品质鉴定

生猛的贝类能闭合贝壳，且闭合力较强，无腥臭味。以肉色洁白、无缺烂、无腥臭味，肉质有弹性有光泽为佳。

七、常用水产品的保管方法

水产品的保管也直接影响到原料的品质，保管不好，会使原料质量下降，营养价值降低，感官性状发生劣变，严重时甚至影响原料的食用价值。因此，必须采取一些措施，尽可能地控制原料在储存过程中的质量变化。

（一）活养法

活养法又分为有水活养和无水活养。有水活养适宜于鱼类、贝类、虾蟹类等；无水活养则适用于螃蟹等，如大闸蟹、象拔蚌，但要将螃蟹的爪扎紧，也可放冷藏柜中低温无水活养。

（二）冷藏

冷藏是将新鲜鱼冷却到0℃左右，然后在0℃～2℃的低温下保藏。此法储存期短，但对鱼类的质量影响较少。一般仅用于短时间的暂时保鲜。冷藏虾时，如量少且是短时间冷藏，可放在容器内保存于4℃的冰箱中；如量多、时间长则要注入水一起冷冻。贝类可剥肉放入水中冷藏。

（三）冰藏

冰藏是指用天然冰或机制冰保鲜鱼类，一般在鱼舱或桶、箱中，一层碎冰一层鱼排放。此法广泛运用于捕捞生产的渔船和运输新鲜鱼的船舶、火车、汽车上。

本章小结

本章主要以水产品为出发点，介绍了在菜肴制作中被广泛运用的水产品原料；阐述了这类原料的组织结构、营养价值、品质特点、初步加工、烹饪运用以及储藏保管等知识。通过本章的学习，我们可以了解和熟悉常见水产品在菜肴中的初步加工及烹饪运用，提高作为一名烹饪工作者的综合素质。

思考题

一、概念理解题

1. 水产品原料是指生长在__________的动植物，并具有一定的__________和__________，能被人们食用的动植物__________。

2. 水产品原料品种较多，根据行业中的习惯，可将水产品原料分为：__________、节肢动物类、__________、__________、__________五类。

3. 鱼类营养丰富，含有人体所需的主要营养成分：__________、__________、维生素、__________、__________。

4. 软体动物的类别中可作为烹饪原料的是：__________、__________、__________。

二、技能应用题

1. 请叙述虾的初步加工过程。

2. 请叙述蟹的初步加工过程。

3. 如何鉴别鲜鱼的新鲜度？

4. 如何鉴别贝类的新鲜度？

第七章　干货制品类原料

【知识目标】

掌握常见干货制品的类别及品质鉴定方法。

【能力目标】

通过学习，具备正确涨发干货制品的能力。

【德育目标】

培养学生在干货涨发的过程中使用正确涨发方法的习惯，保证原料的质量，提高涨发率，节约用料成本。

【学习重点】

常见干货制品的营养食疗价值。

【学习难点】

常见名贵干货的涨发方法。

一、干货制品的含义及其特点

（一）干货制品的含义

干货制品原料是指鲜活的动植物原料经过脱水加工处理，呈现出干、硬、老、韧特点的一类原料。

（二）干货制品的特点

干货原料具有含水量低、易于储藏的特点。常见的干货制品，其水分含量一般在3%～25%。植物制品水分含量在4%以下，动物制品水分含量一般在5%～10%。其外观所呈现的特点为干缩、干裂、组织结构紧密、表面硬化、老韧。一些植物性原料内部具有多孔的特点。在风味方面具有苦涩、腥臭、咸、不咸等不良口味，但某些原料经过干制后，会呈现出比较优良的特殊风味，这也是人们至今还使用大量干货制品的主要原因。

二、干货制品的分类

干货制品很多，其分类的方法也有很多种，本书主要根据行业惯例将干货制品原料分为植物性干货制品原料和动物性干货制品原料。其中动物性干货制品原料还可分为鱼类制品、虾类制品、陆生动物制品、软体类动物制品等。

三、干货制品原料在烹饪运用中的特点

干货制品原料具有干缩、干裂、组织结构致密、表面坚硬、老韧的特点，而且在风味方面还具有苦涩、腥臭的不良口感，所以干货制品原料在烹饪运用过程中应注意以下几点。

1. 干货原料在食用前必须经过涨发

由于干货制品是通过脱水加工而成的，其内部水分含量很低，原料质地坚硬，无法直接进行烹调，所以干货制品必须首先通过涨发，使其重新吸收水分，恢复到原有的松软、鲜嫩的状态。

2. 能够准确地鉴别干制原料的质量

由于干货制品的特殊性，在其干硬状态下，很难鉴定其质量的优劣，质地的老嫩，给加工、烹调带来一定的麻烦。特别是一些高档的干货原料，更需要充分了解其品质特点，为进一步加工、烹调做好准备。比较稳妥的办法是，首先进行涨发，使其恢复到鲜嫩、松软状态，然后再进行品质鉴定。

3. 注意加工方法的选择

由于干制原料品种的多样性，干制方法的多样性，所以在加工过程中应选择与之相适应的涨发加工方法，比如胶质含量比较高、脂性比较大的干货原料，通常选择油发；一些质地特别僵硬的干货原料通常选择碱发。

4. 注意烹调方法的选择

很多的干制原料，由于在干制过程中或储存过程中发生一些质变，往往带有较重的腥、臊、臭等异味，所以在烹调过程中注意选择与之相应的烹调方法，应尽可能地去除异味，保留其特有的风味。

四、常用的干货原料

(一) 植物性干货原料

1. 玉兰片

(1) 产地、特征、应用。玉兰片是以鲜嫩的冬笋或春笋为原料，经干制加工而成的制品。由于其色泽玉白，味鲜嫩脆，形状和色泽都很像玉兰花瓣，故称之为“玉兰片”。我国生产玉兰片的地区很多，以湖南省出产的品质最好。湖南省出产玉兰片有武冈、绥宁、步城、新宁、宜章等地区，其中步城的产量最多。玉兰片按出产的季节和花色可分为冬片、桃片、春片、尖片、兰藻、笋衣六种，其中以冬片的质量最好。冬片是利用冬至至立春之间尚未出土的笋干制而成，色泽洁白，鲜嫩洁净，肉厚，体长10～15厘米。桃片又称桃花片，是利用立冬至立春之间尚未出土的，即桃花盛开时期的笋干制而成，桃片比冬片大，较春片小，肉厚，质坚而嫩，节较稀疏，体长13～25厘米。春片又名大片，是谷雨至清明间的竹笋干制而成，片大，肉质比桃片粗老，纤性多，肉薄节疏。尖片又名笋尖，为玉兰片的尖端部，质地特别脆，为玉兰片的上品。兰藻又名兰苞或兰片，为冬片之一种，以刚含苞的笋尖为原料，外形似黄鸟的尖嘴，有“兰考”之称。笋衣由竹笋贴竹肉外的嫩壳加工而成。玉兰片富含蛋白质，味鲜美，质嫩脆，为高档宴席的原料。可炒、

焖、煲、焗等。玉兰片的品质以色泽洁白、无霉点、黑斑、片小肉厚、节密、质地坚脆鲜嫩、无杂质者为佳。

(2) 营养食疗价值。玉兰片味甘、性平，可定喘消痰。玉兰片含有蛋白质、维生素、粗纤维、碳水化合物以及钙、磷、铁、糖等多种营养物质。

(3) 涨发加工。用清水浸约4小时，然后放在盆中，加入沸水焗三四次，直至身软。

2. 黄花菜干

(1) 产地、特征、应用。黄花菜又名金针菜，是萱草开花前的干制品。因其花蕾中长有6个雄蕊和一个雌蕊，所以有的地区称之为七星菜。黄花菜采摘下来以后，经开水焯一下，摊开晒干，便成了黄花菜干，又叫金针菜。江苏、湖南两省为黄花菜的主要产地。另外，河南、河北、山东、甘肃、安徽、四川等省均有生产。其中江苏宿迁出产的黄花菜粗壮且长，色黄亮，肉质坚实柔软，质量最佳。每年6～9月是黄花菜的上市季节，其干制品常年供应，主要品种有陕西沙苑金针菜、四川渠县黄花菜、江苏大乌嘴、浙江仙居花、湖北荆州花等。干制的黄花菜质量以色泽金黄，形似金针，花朵肥厚、软嫩，有清香，花形整齐，无虫咬，无杂物为佳。干制的黄花菜只需放入清水中浸泡即可恢复到鲜嫩状态，水发后可炒、烩、烧、煲、蒸、炖等，黄花菜口感软嫩，味清香，含胡萝卜素、核黄素及铁、磷、钙等营养成分，食用价值较高。

(2) 营养食疗价值。常吃黄花菜能滋润皮肤，增强皮肤的韧性和弹力，可使皮肤细嫩饱满、润滑柔软，皱褶减少、色斑消褪、增美容颜。黄花菜还有抗菌免疫功能，具有中轻度的消炎解毒功效，并在防止传染方面有一定的作用。其还有清热、利湿、利尿、健胃消食、明目、安神、止血、通乳、消肿等功能。黄花菜是近于湿热的食物，疡损伤、胃肠不和的人，以少吃为好，平素痰多，尤其是哮喘病者，不宜食用。

(3) 涨发加工。剪去硬蒂后，用清水浸约30分钟，洗净即可。

3. 百合干

(1) 产地、特征、应用。百合干又名野百合、山百合、家百合、药百合。百合干是由百合的地下鳞茎干制而成，肉质肥厚，可供食用或药用。百合我国南北均产，品种也很多，如小苍丹、菲岛百合、鹿子百合、亨利百合等。其中以湖南出产的龙牙百合（又称宝庆百合）为佳，湖南邵阳地区的隆回、新邵、洞口等地区产量多，品质佳。百合每年4月间开始出土，第二年或第三年9月、10月全部收完。收得鲜果，以沸水煮3～5分钟，取出晒干即可。百合色泽洁白，滋味清新，常用来制作甜菜，适于蒸、烧、炒、煲、炖、熘、煮甜汤等。百合还可以腌渍，制作成蜜饯或与绿豆等合制成夏季清凉饮料。

(2) 营养食疗价值。百合干性微寒、味甘，有润肺、止咳、清热、解毒、理脾健胃、利湿消积、宁心安神、促进血液循环等功效，可治劳嗽、咳血、虚烦惊悸等症，对医治肺络疾病和保健抗衰老有特别功效。

(3) 涨发加工。用清水浸约1小时后可焗、蒸或滚至够身（即成熟度要够，下同），若用于煲、炖的浸透便可。

4. 虫草花

(1) 特征、应用。“虫草花”并非花，它是人工培养的虫草子实体，培养基是仿造天然虫子所含的各种养分，包括谷物类、豆类、蛋奶类等，属于一种真菌类。与常见的香菇、平菇等食用菌很相似，只是菌种、生长环境和生长条件不同。为了跟冬虫草区别开来，商家起了一个美丽的名字，把它叫做“虫草花”，虫草花外观上最大的特点是没有了“虫体”，而只有橙色或者黄色的“草”。虫草花的颜色决定其品质的高低，与是否染色没有关系。至于泡洗时，会见到浸泡的水呈淡褐色，或在炖煮后汤和肉也会呈现出与虫草花一致而清澈的颜色，这是正常的（好比洗、炖冬菇一样有颜色）。看虫草花是否佳品，最简单的办法就是看其头部的子实体，这是其有效成分最集中的地方，子实体的数量、完整性、饱满程度等直接决定着虫草花的价格高低。虫草花多用于炖、煲、蒸等。

(2) 营养食疗价值。虫草花性质平和，不寒不燥，对于多数人来说都可以放心食用。虫草花含有丰富的蛋白质、氨基酸以及虫草素、甘露醇、多糖类等成分，其中虫草酸和虫草素能够综合调理人机体内环境，增强体内巨噬细胞的功能，对增强和调节人体免疫功能、提高人体抗病能力有一定的作用。其有益肝肾、补精髓、止血化痰的功效，主要用于眩晕耳鸣、健忘不寐、腰膝酸软、阳痿早泄、久咳虚喘等症的辅助治疗。

(3) 涨发加工。用清水浸泡 15 分钟，清洗干净即可。

5. 莲子

(1) 产地、特征、应用。莲子是莲的果实的干制品。莲子的主要产地是湖南、福建两省。湖南所产的莲子称湘莲，呈腰鼓形，质量最好；福建所产的莲子称建莲，粒肥圆，也是莲子中的上品；湖北所产的称为湖莲，粒略小而长，质量不如湘莲和建莲。莲子以颗粒圆正饱满、干燥为好，未去皮膜的称为红莲，去膜抽芯的成称白莲。莲子多用于炖、煲、煮、甜汤等。

(2) 营养食疗价值。莲子具有清心醒脾，补脾止泻，安神明目、健脾补胃，止泻固精，益肾涩精止带、滋补元气、防癌抗癌、降血压、滋养补虚、祛斑等功效。

(3) 涨发加工。用清水浸约 1 小时或用热水泡半小时，去掉莲芯。如果用于甜品，则加入沸水炖约 30 分钟至熗，然后加入白糖略炖。

6. 白果

(1) 产地、特征、应用。白果是银杏树的果实，为我国特产。广东、广西和华中、华北各地均有出产。白果椭圆形硬壳，色白带黄，内果皮为褐色膜质，果肉为青黄色。以粒大，饱满，有光泽和无虫蛀为好。白果中含有少量的氰化物，有微毒，以绿色的芽胚含量最高，食用时应除去，食量也应该严格限制。白果可作甜菜、甜品、焖、煲、炖、煮粥等。

(2) 营养食疗价值。白果具有益肺气、治咳喘、止带虫、缩小便、平皴皱、护血管、增加血流量等食疗作用；经常食用白果，可以滋阴养颜抗衰老，扩张微血管，促进血液循环，使人肌肤、面部红润，精神焕发，延年益寿。

(3) 涨发加工。先用锤子敲裂果壳、剥掉，再去除白果表面的膜质（去膜质可放进沸水内煮软后剥掉，也可先放进油里炸干膜质后去除），将白果放进沸水中滚至软绵即可。

7. 香菇

(1) 特征、应用。香菇又称冬菇、香蕈，为担子菌亚门，层菌纲，伞菌目，口蘑科，香菇属中典型木腐型伞菌，香菇按外形和质量可分为花菇、北菇、香信等。花菇是雪后（或霜寒）转晴的产品，菌盖上有浅褐色龟裂纹，底色白，肉质厚，柄粗壮而短，卷

边，香气浓郁；北菇（厚菇）产于冬季，品质仅此于花菇，除菌盖无花纹外，其他特征与花菇基本相同；进入春后产的为香信，菇身平薄，色较深，品质较差。香菇可炖、扒、炒、焖、煲、酿等。

（2）营养食疗价值。香菇含有丰富的蛋白质和多种人体必需的微量元素，是防治感冒、降低胆固醇、防治肝硬化和具有抗癌作用的保健食品。

（3）涨发加工。用清水洗干净后用热水泡约 20 分钟，剪蒂后洗净即可。或直接用冷水浸泡也可，不过浸泡时间较长。如果是新花菇或新北菇，浸发菇的水可留用。

8. 竹荪

（1）产地、特征、应用。竹荪，又称竹笙、竹菌、竹参，为鬼笔科真菌。竹荪子实体呈条状，外包竹壳，头部为浓绿色的菌盖，中部是雪白色的柱状菌柄，基部为粉红色的蛋形菌托。菌柄顶端有一圈细致洁白的网状菌裙向下铺开，十分美丽。菌裙下垂长 10 厘米以上的为长裙竹荪，菌裙 3～5 厘米的为短裙竹荪，长裙竹荪质量优于短裙竹荪。竹荪夏秋季生长于竹林或其他林地，我国两广地区、云南、四川均产。食用前须去掉菌盖和菌托，因为有臭味。竹荪在烹饪中常作为筵席的主料，适于烧、焖、扒、酿、烩、涮、炒、炖、煲、制汤等方法，如“竹荪汽锅鸡”“竹荪鸽蛋汤”。竹荪放入汤内能够延长汤类的放置时间，久不变质。竹荪以身干色淡、菌柄肥厚、柔软不枯、气味芳香者为优。

（2）营养食疗价值。竹笙有补气养阴，润肺止咳，清热利湿的功效，对喉炎、痢疾、高血压、高血脂、肿瘤等有很好的食疗效果。最特别的是，竹笙有抑制微生物活动的作用，用竹笙煮肉或将竹笙熬汁淋在肉菜上，能长时间保鲜。竹笙尤其能够保护肝脏，减少腹壁脂肪的积存，俗称“刮油”。

（3）涨发加工。用清水浸约 2 小时，洗净泥沙即可。如色泽带黄，可用白醋浸约 10 分钟，然后漂洗干净，使其增白。也可用淘米水浸泡，使其增白。

9. 猴头蘑

（1）特征、应用。猴头蘑是食用蘑菇中的名贵品种，过去为贡品之一。野生猴头蘑多生长在柞树、胡桃等阔叶树的树干或枯死部位。猴头蘑色金黄，表面布满毛刺，形如猴头而得名。人们常以“山珍猴头，海味燕窝”来说明猴头蘑丰富的营养价值和特殊风味。猴头蘑多用于炖汤，也可煲、扒、焖等。

（2）营养食疗价值。猴头蘑是一种高蛋白、低脂肪、富含矿物质和维生素的优良食品。猴头磨含不饱和脂肪酸，能降低血胆固醇和甘油三酯含量，调节血脂，利于血液循环，是心血管患者的理想食品；猴头蘑含有的多糖体、多肽类及脂肪物质，能抑制癌细胞中遗传物质的合成，从而预防和治疗消化道癌症和其他恶性肿瘤；猴头蘑中含有多种氨基酸和丰富的多糖体，能助消化，对胃炎、胃癌、食道癌、胃溃疡、十二指肠溃疡等消化道疾病的疗效令人瞩目；猴头蘑具有提高肌体免疫力的功能，可延缓衰老。

（3）涨发加工。用清水洗干净后用热水泡约 30 分钟，削净根部的泥或树屑后洗净即可。或直接用冷水浸泡也可，不过浸泡时间较长。

10. 银耳

（1）产地、特征、应用。银耳又称雪耳，呈菊花形或绣球状，色白或微黄，半透明。其主要产于云南、四川、贵州、福建等省，以干燥、朵形大、水发胀性大、略有光泽及清香为好。银耳是一种名贵的滋补品和药用菌，银耳脆嫩滑爽，富有弹性，可作甜品，或炒、炖、扒、焖等。银耳的质量以色泽黄白、朵大肉厚、无根、胀发率高、胶质洁白不烂者为好，使用时应注意防止硫黄熏过的雪白色干品混入。

（2）营养食疗价值。银耳既是名贵的营养滋补佳品，又是扶正强壮的补药；性平无毒，既有补脾开胃的功效，又有益气清肠的作用，还可以滋阴润肺。另外，银耳还能增强人体免疫力，以及增强肿瘤患者对放、化疗的耐受力。银耳还能提高肝脏解毒能力，起保肝作用。富含维生素 D，能防止钙的流失，对生长发育十分有益；富有天然植物性胶质，加上它的滋阴作用，长期食用可以润肤，并有祛除脸部黄褐斑、雀斑的功效；银耳中的膳食纤维可助胃肠蠕动，减少脂肪吸收，从而达到减肥的效果。

（3）涨发加工。先用清水浸约 2 小时，洗剪干净，去除头部木屑，再加入沸水焗至软透便可。如果色泽带黄，可加入少许白醋，稍浸后搓洗，再用清水漂洗就可增白。

11. 木耳

（1）产地、特征、应用。木耳，又称黑木耳、云耳、黑菜，为木耳科真菌。木耳子实体初期为柔软的胶质，薄而富有弹性，半透明，呈耳状，渐变为叶状，表面光滑或有脉络状皱纹，红褐色或棕褐色，干品皱缩变硬成角质或革质。木耳直径一般为 2～6 厘米，生长于枯木、倒木或木栅栏上。我国多产于东北三省、陕西、甘肃等地。木耳按生长季节不同可分为春耳、秋耳、伏耳，以伏耳为好；按子实体表面分为光木耳和毛木耳，以光木耳为好。木耳的质量以朵大、肉厚、无树皮杂质、干品涨发率高者为好。木耳在烹饪中可鲜食，或炒、煲、炖、炒、扒、焖、做汤，质地清脆鲜嫩，并能吸收其他原料的滋味，是冬季良好的蔬菜品种。

（2）营养食疗价值。木耳中铁的含量极为丰富，故常吃木耳能养血驻颜，令人肌肤红润，容光焕发，并可防治缺铁性贫血；木耳含有维生素 K，能维持体内凝血因子的正常水平，防止出血；木耳中的胶质可把残留在人体消化系统内的灰尘、杂质吸附集中起来排出体外，从而起到清胃涤肠的作用；它对胆结石、肾结石等内源性异物也有比较显著的化解功能；它还有帮助消化纤维类物质功能，对无意中吃下的难以消化的头发、谷壳、木渣、沙子、金属屑等异物有溶解与烊化作用，因此，它是矿山、化工和纺织工人不可缺少的保健食品；木耳含有抗肿瘤活性物质，能增强机体免疫力，经常食用可防癌抗癌。

（3）涨发加工。用清水浸约 2 小时，将泥沙木屑剪掉清洗干净，再用清水漂半小时即可。

12. 海带

（1）特征、应用。海带属褐藻类大型食用海藻，由固着器、柄和带片组成，食用部分为带片，呈无分枝的长条宽带状，中部稍厚，边缘较薄呈波褶状。海带鲜品为橄榄色，干品呈黑褐色，以形状宽长、厚实干燥，无杂质为好。海带可用于甜品、炒、焖、煲、炖、凉拌等。

（2）营养食疗价值。海带具有一定的药用价值。因为海带中含有大量的碘，碘是甲状腺合成的主要物质，如果人体缺少碘，就会患“粗脖子病”，即甲状腺机能减退症，所以，海带是甲状腺机能低下者的最佳食品。海带中还含有大量的甘露醇，而甘露醇具有利尿消肿的作用，可防治肾功能衰竭、老年性水肿、药物中毒等。甘露醇与碘、钾、烟酸等协同

作用，对防治动脉硬化、高血压、慢性气管炎、慢性肝炎、贫血、水肿等疾病都有较好的效果。海带中的优质蛋白质和不饱和脂肪酸，对心脏病、糖尿病、高血压有一定的防治作用。中医认为，海带性味咸寒，具有软坚、散结、消炎、平喘、通行利水、祛脂降压等功效，并对防治矽肺病有较好的作用。海带胶质能促使体内的放射性物质随同大便排出体外，从而减少放射性物质在人体内的积聚，也减少了放射性疾病的发生概率。常食海带可令秀发润泽乌黑。

(3) 涨发加工。直接用冷水浸泡至软，清洗干净即可。

13. 紫菜

(1) 产地、特征、应用。紫菜属红藻门红毛菜料的海藻的干制品，以表面光滑滋润，紫褐色或紫红色，有光泽，片薄质嫩，大小均匀，干燥味香，无杂质为好，从广东到大连等沿海地区均有出产。紫菜主要用于滚汤、做寿司等。

(2) 营养食疗价值。紫菜营养丰富，含碘量很高，可用于治疗因缺碘引起的"甲状腺肿大"，紫菜有软坚散结功能，对其他郁结积块也有用途；紫菜富含胆碱和钙、铁能增强记忆，治疗妇幼贫血，促进骨骼、牙齿的生长和保健；含有一定量的甘露醇，可作为治疗水肿的辅助食品；紫菜所含的多糖具有明显增强细胞免疫和体液免疫功能，可促进淋巴细胞转化，提高肌体的免疫力；可显著降低血清胆固醇的总含量。

(3) 涨发加工。用清水浸泡 15 分钟，清洗干净沙粒即可。

14. 花生米

(1) 特征、应用。花生米是指去掉花生壳的花生仁，事实上是花生的种子，整个的花生叫做果实，荚果。但一般还是叫做花生米。花生米可炸、炒、焖、煲、炖、做馅心、甜品等，也可生吃。

(2) 营养食疗价值。花生有悦脾和胃、润肺化痰、滋养调气的功能，对于营养不良及咳嗽痰喘的症状素有疗效。而且花生的营养丰富，含有蛋白质、脂肪及钙、磷及维他命 B 等营养，其热量也高过一般肉类。花生的蛋白质含量为 25%～30%，花生蛋白含有人体必需的八种氨基酸，精氨酸含量高于其他坚果，生物学效价高于大豆。每日食用一定量的花生、花生油或花生制品，不仅能提供大量蛋白、脂肪和能量，而且可降低膳食饱和脂肪和增加不饱和脂肪酸的摄入，大大促进植物蛋白质、膳食纤维、维生素 E、叶酸、钾、镁、锌、钙等这些对健康有益的营养素的摄入，从而改善膳食的结构和品质。

(3) 涨发加工。可以直接食用。也可先用清水浸泡 30 分钟，清洗干净再食用。

15. 剑花

(1) 特征、应用。剑花又称为量天尺花、霸王花、昙花、七星剑花、龙骨花、霸王鞭。它是世界上单朵最大的花，每朵花开 5 瓣，直径 1.5 米，重 9 千克左右。花期从 6 月到 11 月，每年可开 7～8 期。剑花属于药食两用食物。以朵大、色鲜明、味香甜者为佳，产广东，主要用于煲、焖等。

(2) 营养食疗价值。剑花味甘，性微寒；剑花清热润肺，止咳。

(3) 涨发加工。用清水浸约 30 分钟，洗干净即可。

16. 琼脂

(1) 特征、应用。琼脂学名琼胶，又名洋菜、冻粉、燕菜精、洋粉、寒天、大菜丝，是由石花菜或江篱（属红藻）经加热至溶化后，加以冷却凝固而成的海藻精华。琼脂为无色、无固定形状的固体，溶于热水。琼脂是由海藻中提取的多糖体，是目前世界上用途最广泛的海藻胶之一。琼脂用于食品中能明显改变食品的品质，提高食品的档次，价格很高。山东、辽宁、广东各省均有加工生产。琼脂外形有细条、长条、薄片、小块等几种不同形体，以细条为佳。琼脂不溶于冷水，能吸收相当本身体积 20 倍的水，易溶于沸水，稀释液在 42℃仍保持液状，但在 37℃凝成紧密的胶冻。琼脂可用于凉菜、冷拼、点心等，主要是用来改变菜肴的形态、增加菜肴口感，增加营养等。

（2）营养食疗价值。琼脂含有丰富的膳食纤维（含量为 80.9%），蛋白质含量高，热量低，具有排毒养颜、泻火、润肠、降血压、降血糖和防癌作用，被联合国粮农组织确认为 21 世纪健康食品。

（3）涨发加工。不需涨发，用清水冲洗干净后放进热水中溶解即可。

（二）动物性干货原料

1. 蹄筋

（1）特征、应用。蹄筋是指利用牛、羊、猪、鹿等动物四肢脚骨上的筋腱取出干制而成的干货。通常所说的蹄筋是指猪蹄筋，其品种有前蹄筋和后蹄筋之分，而以后蹄筋的质量较好。蹄筋主要是由胶原纤维为主的致密的结缔组织组成的。纤维排列规则而致密，其排列方向与受力方向一致。蹄筋的外形呈条状，两头分叉，色白或淡黄，呈透明状。成品以个大、完整、干燥、无霉变、无虫蛀、色白者为好。蹄筋的涨发可水发，也可油发。水发的蹄筋富于韧性，口感较好。油发的蹄筋体积膨大，质地松软，口感嫩滑。在菜肴制作中，所使用的蹄筋有猪、牛、鹿、羊等动物的蹄筋，尤以猪蹄筋最为普遍，鹿蹄筋的质量最好。蹄筋适合于炖、烧、扒、烩、烹、调方法。蹄筋口感甚佳，其成品柔糯而不腻，上口润滑，滋味腴鲜。

（2）营养食疗价值。蹄筋味甘，性温，有益气补虚，温中暖中的作用，可治虚劳羸瘦、腰膝酸软、产后虚冷、腹痛寒疝、中虚反胃等症；蹄筋中含有丰富的胶原蛋白质和生物钙，脂肪含量也比肥肉低，并且不含胆固醇，能增强细胞生理代谢；其中，胶原蛋白被肠道吸收后，可使皮肤白嫩、滋润、富有弹性，延缓皮肤的衰老；牛蹄筋中的生物钙，人体吸收率在 70%以上，具有强筋壮骨之功效，对腰膝酸软、身体瘦弱者有很好的食疗作用，有助于青少年生长发育并可减缓中老年妇女的骨质疏松。

（3）涨发加工。

①水发。先用冷水浸泡 12 个小时，然后再换沸水浸焗 2～3 次至够身。

②油发。稍微烧热锅内的油便可放入蹄筋，用慢火使油温慢慢逐渐升高。随着油温升高，蹄筋也慢慢逐渐膨胀发大，直至蹄筋涨发透身才可捞起。在浸炸过程中，油温如超过 180℃便要停火，端离火位或加入冻油，继续浸炸至透。当蹄筋浮起后，则用笊篱压住，使蹄筋淹没在油中，并不时翻动，使其受热均匀。炸发后的蹄筋晾干后放清水中浸发，并揸去油脂。色泽发黄的可加入白醋揸透后漂水，使其增白。蹄筋涨发后的色泽比鱼肚略深。

2. 肉皮

（1）特征、应用。肉皮（动物的皮）多作工业上用，但菜肴制作中也有运用，多以猪皮的利用为主，猪皮主要由大量的胶原蛋白、弹性纤维和脂肪构成。猪皮又称浮皮，以腿部、背部的大面积完整的皮质量较好，其皮质坚厚，涨发性好。其他部位的皮松软或僵硬，不易涨发透，或是涨发不均匀，质量次之。肉皮可分为生晒干肉皮和煮熟晒干肉皮两种，可选择油发和盐发两种涨发方法。市面上所卖的肉皮多是已经过油发尚未浸泡回软的半制成品，由于其外形像涨发好的鱼肚，所以行业也称之为“仿肚”。肉皮一般适于烧、烩、焖等。

(2) 营养食疗价值。猪皮味甘、性凉，有滋阴补虚，清热利咽的功能。猪皮富含胶原蛋白和弹性蛋白，能使细胞变得丰满，减少皱纹、增强皮肤弹性；经常食用猪皮或猪蹄有延缓衰老和抗癌的作用。另外，肉皮中富含的胶原蛋白是构成人体筋与骨不可缺少的营养素，而且还促进毛发、指甲生长。

(3) 涨发加工。将浮皮用清水浸约 3 小时，浸时可用物件将其压住，浸发后的浮皮要去清遗毛，揸漂去油腻。若浮皮质量差，用清水浸发不透，可用沸水焗或泡，使其更好涨发。若浮皮油腻重或有油异味，可用少许笕水溶液洗擦后漂清水。

3. 蛤士膜油

(1) 产地、特征、应用。蛤士蟆油是雌性蛤士蟆输卵管的干制品，又称田鸡油、蛤蟆油，是我国名贵的中药材，在国内外市场上享有较高声誉。蛤士蟆油为不规则弯曲、相互重叠的厚块，略显卵形，长 1.5～2 厘米，厚 1.5～3 厘米，外表黄白色，显脂肪样光泽，偶带有灰白色薄膜的干皮，手摸有滑腻感，遇水可膨胀 10～15 倍。蛤士蟆油主要产于黑龙江、吉林等地。涨发好的蛤士蟆油呈棉花状，色白，表面有油脂的光泽，质地蓬松，柔软滑嫩。蛤士蟆油以块大、肥厚、色黄白、无杂质者为佳。蛤士蟆油最适合做汤、甜品或清蒸，常见的菜肴如“冰糖蛤士蟆”“清汤蛤士蟆”。

(2) 营养食疗价值。蛤士蟆油具有补肾益精、养阴润肺、健脑益智、平肝养胃的功效，可用于阴虚体弱、神疲乏力、心悸失眠、盗汗不止、痨嗽咳血等症。蛤士蟆油还具有抗衰驻颜的神奇功效，对人体增高、降血脂、稳血压、抗感冒、嫩肌肤、增强免疫力也有一定效果。另外，如果有冻疮、脚气、水火烫伤，可将蛤士膜油外敷，也有治疗作用。蛤士蟆油还有补血、壮体、安神、平喘、抗疲劳、增强性功能、滋阴养颜、美白皮肤等功效。

(3) 涨发加工。用清水浸约 4 小时洗净后，再加入沸水焗至完全涨发为止，去除杂质。可反复换水焗。

4. 燕窝

(1) 产地、特征、应用。燕窝又名燕菜、燕盏，是栖息于热带沿海岛屿的一种金丝燕所筑的窝，主要产于印度、马来西亚群岛一带，我国海南和福建、浙江沿海亦有出产。燕窝是金丝燕用唾液与羽绒、纤细海藻、未及消化的小鱼虾等混凝而筑垒成的窝巢。燕窝质地坚固，多半月形，长约 6.5～10 厘米，宽约 3.5 厘米，附着于岩石的一面较平，外面微隆起。燕窝的表面较粗糙，呈丝瓜络状，质硬而脆，断面似角质，入水则柔软膨大，燕窝根据其外表色泽不同分为白燕、毛燕和血燕三大类，以白燕为上品。白燕又称贡燕、宫燕，是金丝燕筑的第一窝，呈半月形，色泽较白，光洁，质地细致均匀，杂质较少，涨发率高。毛燕，是金丝燕的第一个窝被采摘后，所筑的第二个窝。毛燕色泽不如白燕洁净，含杂毛，杂质较多，质量次于白燕。血燕则是金丝燕筑的第三个窝。窝形不规则，色泽较暗，而且带有褐色的血渍，羽毛、海藻的杂质含量也较多，血燕的品质相对较差。燕窝的品质以形状完整、羽毛等杂质含量少、色泽洁净、质地均匀、坚硬者为佳。燕窝为高档宴席的高档菜肴，营养价值非常高，每 100 克燕窝其蛋白质高达 49. 9 克，糖的含量达 30 克，作为高档菜肴的原料，多用于炖、扒、甜品等。

(2) 营养食疗价值。燕窝具有滋阴调中、补肺养阴、止肺虚性咳嗽、减少肺气病变、补虚养胃、止胃寒性呕吐等功效，可治肺阴虚之哮喘、气促、久咳、痰中带血、咳血、咯血、支气管炎、出汗、低潮热、胃阴虚引起之反胃、干呕、肠鸣、病后虚弱、痨伤、中气亏损、气虚、脾虚之多汗、小便频繁、夜尿等症。常吃燕窝能使人皮肤光滑、有弹性和光泽，从而减少皱纹。燕窝含多种氨基酸，婴幼儿和儿童常吃能长智慧、增加思维、抗敏感、补其先后天之不足；燕窝含多种氨基酸，对食道癌、咽喉癌、胃癌、肝癌、直肠癌等有抑止和抗衡作用。燕窝讲究少食多餐，保持定期进食，干燕窝每次 3～5 克，即食燕窝每次 20～30 克，早晚各一次或每天或隔天一次。燕窝配食讲究“以清配清，以柔配柔。”一般食用燕窝期间少吃辛辣油腻食物，不抽烟或少抽烟。感冒期间由于人体不能很好吸收燕窝营养，因此最好不要食用燕窝。

(3) 涨发加工。用清水浸约 30 分钟，放入器皿内加沸水焗至够身，未够身可换水再焗。用白瓷碟盛放用小钳将燕毛、杂质剔除干净，不可弄散，保持原形。用清水浸着备用。发好的燕窝色泽洁白，质地柔软不懈身，无杂质，无毛丝。

5. 鱼翅

(1) 产地、特征、应用。鱼翅为海产八珍之一，主要是利用个体较大的鲨鱼和鳐鱼等软骨鱼的鳍加工而成的制品。大多是干制品，鱼翅的种类较多，根据不同的划分标准，鱼翅可分为以下一些类别：①根据鱼的种类划分，主要可分为鲨鱼翅和鳐鱼翅。鲨鱼翅又可分为黄胶翅、群翅、海虎翅等。②根据鱼鳍的部位划分，鱼翅又可分为背翅（只翅)、胸翅（翼翅、片翅)、臀翅和尾鳍翅（胸翅)。③根据加工方法划分，可分为原翅（未经刮沙、起骨处理)、明翅（经刮沙、起骨、晒干处理)、翅饼（只留翅针压成饼状)、水盆翅（已涨发洗净的鱼翅)。④根据涨发形状划分，可分为鲍翅（排翅)、散翅（生翅)、群翅（整副翅包括头圈、二圈、尾圈)。常用的鱼翅品种有天九翅、海虎翅、五羊翅、珍珠翅、牙拣翅、西沙翅、黄沙翅、高茶翅等品种。我国沿海的广东、福建、台湾、浙江、山东等省及南海诸岛均出产鱼翅。日本、美国、印度尼西亚、越南、泰国等地也出产。鱼翅的质量以翅筋粗长、洁净干燥、无霉变、无虫咬、无油根、无杂质者为佳。干鱼翅经涨发后才可烹制，鱼翅本身并没有什么滋味，必须通过鲜汤对其进行提味，可煲仔、炖、焖、扒、红烧等。

(2) 营养食疗价值。鱼翅具有补五脏、长腰力、益气、补血、补肾、补肺、清痰、开胃等功效。每 100 克鱼翅含蛋白质 83.5 克，脂肪 0.3 克，热量 337 千卡。可见，鱼翅是一种高蛋白质、低脂肪，热量中等的健康营养食品，适合于现代人生活的营养要求。

(3) 涨发加工。不同类别的鱼翅的涨发加工方法各不相同，涨发鱼翅的盛装器皿不可以用铁器皿，以免鱼翅发黑，最好用瓦器皿。

①发散翅步骤。

a. 将鱼翅用清水浸 8 小时后取出，放入盆内加入沸水焗约 1 小时，刮去表面细沙，用

清水浸漂约 1 小时。如果不能退沙，则再焗。

b. 将鱼翅放入瓦盆内，加清水浸过面，不要让鱼翅浮起，煲约 1 小时，以能去骨为度，取出漂浸，除去翅骨、翅皮、腐肉等。

c. 再将鱼翅放入瓦盆内，加清水煲焗约 1 小时，取出浸漂，洗擦后去清腐肉，保留翅针。如果不能去清腐肉，则未够身，可反复换水煲焗，洗擦，直到去清灰臭味、腐肉、够身为止。检查翅针是否够身，可用手指掐翅针，看其是否能轻易掐断，或者用筷子夹起翅针中间，看两端是否下垂。

②发散翅的关键要点如下。

a. 鱼翅要先浸透再焗。

b. 必须去清灰臭味。

c. 注意火候，翅针要煲够身。

③发群翅（鲍翅）步骤。

a. 将鱼翅用剪刀剪去翅边约 2 毫米，用清水浸泡约 12 小时。

b. 加入沸水焗 1 小时至能退沙，未能退沙可换水再焗。取出轻刮去沙，不能刮破翅膜。洗干净，用清水漂浸约 2 小时。

c. 用两件疏眼竹笪将原件鱼翅夹紧，放入瓦盆内，加满清水，用中火煲焗约 2 小时，以能去骨为度。取出漂清水并除去翅骨、沙膜、腐肉及夹心筋，再重新用竹笪夹好。

d. 将鱼翅放入瓦盆内，加入清水再煲焗约 2 小时，取出漂水 1 小时，再煲焗。重复 3～4次，直至去清灰臭味和翅针够身为止。发好群翅的标准是翅针排列整齐不散乱，色泽明净没有沙，质地柔软易掐断，灰臭异味全除清。

④发群翅的关键要点如下。

a. 鱼翅要先浸透再焗。

b. 焗鱼翅及去沙时千万不能弄破沙膜，否则易进沙。

c. 煲翅时要用竹笪夹好，以免翅针散乱。

d. 注意群翅的新旧、老嫩，以便掌握火候（旧翅、嫩翅胶质少、不耐火）鱼翅涨发后还需进行煨和㸆的加工。

⑤发明翅的步骤。

a. 将鱼翅用竹笪夹好放入蒸柜内，用中火蒸约半小时后取出，用冰水浸透后放入冷柜冷冻约 8 小时。

b. 取出解冻，浸漂约 3 小时，洗净再用竹笪夹好。

c. 将鱼翅入蒸柜蒸 3～4 小时取出，用冰水浸透后放入冷柜冷冻约 8 小时。

d. 取出解冻，漂水，刮去腐肉，拆去翅骨和翅膜，再重新夹好。

e. 将鱼翅放入蒸柜内蒸约 2 小时以上，至够身，取出漂水约 2 小时。

发好的鱼翅如暂时不用，可用器皿分装，用二汤浸泡，用保鲜纸密封后放入保鲜柜冷藏。用时取出蒸热便可。

6. 鱼肚

(1) 产地、特征、应用。鱼肚是一些大型鱼类的鱼膘经加工而制成的制品，大多为干制品，我国沿海一带均有生产，以广东、海南所产的鱼肚质量最好，福建、温州一带所产的毛鱼肚，质量次于广东所产的鱼肚。干鱼肚是经剖鱼腹取出鱼鳔洗净，摊平，晒干加工而制成。常见的鱼肚种类有黄唇肚、红平肚、鳝鱼肚、黄鱼肚、鳗鱼肚、鲷鱼肚等种类，其中以黄唇肚的质量最好，但其产量较少，鳗鱼肚的质量较差。广东的鱼肚通常分为以下几种：①鳘肚（棉花肚）：鳘肚是鳘鱼鳔的干制品，分公肚和母肚，公肚身长、肉厚、山形纹，透明、色浅黄，又称广肚；母肚身圆阔、呈波浪纹、肉较薄，透明，又称炸肚或鳘肚。②鳝肚：鳝肚是海鳗鳔的干制品，呈筒形、两头尖，半透明，色浅黄或白。③花肚：花肚又称鱼白，是鳙鱼鳔的干制品，色白而薄小。④黄花胶：黄花胶是大黄花鱼的鳔的干制品，色金黄、呈椭圆形。鱼肚的质量以板片大、肚形平展整齐、厚而坚实、厚度均匀、色淡黄、洁净、有光泽、半透明者为佳。干鱼肚必须经涨发后才能使用，一般采用油发，由于干鱼肚本身不具有滋味，需要其他呈鲜物质对其进行提味。鱼肚可用于炖、煲、酿、烩、扒、焖、炒、氽、滚等烹调法。

（2）营养食疗价值。鱼肚具有补肾益精、滋养筋脉、止血、散淤、消肿之功效。可治肾虚滑精、产后风痉、破伤风、吐血、血崩、创伤出血、痔疮等症。

（3）涨发加工。鱼肚有鳘肚、鳝肚、鱼白、花胶、广肚五种，涨发方法各有不同：

①鳘肚。将高身锅盛较多的油，加热至约50℃放入鳘肚（大件的鳘肚可斩成小件）油浸约5个小时，再以慢火缓慢升温浸炸。随着油温的升高，鱼肚也逐步膨胀发大，并浮在油面。此时，要用笊篱压着鱼肚，使其沉于油中而又不要粘锅底，直至鱼肚浸炸至透身便可捞起。越是厚身的鳘肚浸炸的时间越长，在浸炸的过程中，油温不能超过130℃，如油温较高时则要停火，端离火位或加入凉油降温。否则，鱼肚未涨发透便变得焦黄；鱼肚浸炸不透容易懈身（即浸发时会溶解）。

②鉴别鱼肚是否炸好的方法有以下几种。

a. 炸好的鱼肚，把鱼肚捞起时，有轻微的油爆声。

b. 炸好的鱼肚稍凉冻后，很松脆，容易折断。

c. 浸发后鱼肚富有弹性，经滚煨也不容易懈身，吸水性能好，洁白。

③鳝肚。先将鳝肚剪开，并剪成10～12厘米段，用清水浸软后去除内膜、血筋等杂质，平铺在竹笪上晾干。烧热锅内的油，待油温达90℃时放入鳝肚，慢火浸炸。当鱼肚浮起时要用笊篱压住，使其淹没在油中，并不时翻动，使鱼肚均匀受热，膨胀至通透松脆。若油温超过180℃，要停火或端离火位或加入凉油降温，直至浸炸至够身。鉴别鳝肚是否够身与炸鳘肚方法相同。

④鱼白（花肚）：鱼白经炸发后，称为花肚。炸鱼白前要将鱼白逐件撕开，烧热锅内的油至约90℃，放入鱼白，用笊篱压住，并不断翻动，使其受热均匀，炸至鱼肚通透。由于鱼白较薄，比较容易涨发。油温过高同样要采取端离火位或加入凉油的方法。鉴别鱼白是否够身的方法与炸鳘肚方法相同。

以上三种鱼肚炸发后，晾凉便可用清水浸发。待其充分吸水回软后，用手轻轻揸漂鱼肚以去清油脂。鱼肚色较黄时，可加入白醋或笕水溶液揸透后漂清水，可使其增白。油发鱼肚应使鱼肚达到质地爽滑有弹性，色泽洁白，洁净，无油味的质量标准。

⑤花胶。用清水浸8小时后洗擦干净，放入盆内加沸水焗焗1小时，如未够身可换水再焗，至够身为止。

⑥广肚。用清水浸约12小时，洗擦干净，放入盆内加沸水反复焗2～3次至够身为止。用清水浸着备用。

鉴别广肚与花胶是否够身，可从三方面看：能戳入手指甲；用刀切时不粘刀，刀口中间不起白心；在热水和冷水中，其软度均一样。发好的广肚忌虾蟹水和油腻水。

7. 海参

(1) 产地、种类、应用。海参是我国古人给它起的名字。“其性温补，足敌人参”，故此得名。海参是生长在海洋底层岩石上或海藻间的一种棘皮动物，又名海黄瓜。海参共有800多种，可供食用的仅有20多种。海参分有刺参和无刺参两类。有刺参的品种有灰参、方刺参、梅花参等；无刺参有乌元参、大乌参、黄玉参、白石参等。海参品种因地而异，我国西沙群岛、海南岛盛产梅花参、乌元参等；福建、浙江出产肥皂参、光参，而北方海产唯有刺参，它是食用海参中较名贵的品种。海参的外形相当丑陋，它那细长圆状的躯体，肉多而肥厚，体表长满像肉刺似的东西，无怪乎人们形象地称它为“海黄瓜”。海参多于春秋两季加工生产，以肉质肥厚，软滑中带爽为好。海参可烩、焖、扒、酿、蒸、汆、炒、泡等。

(2) 营养食疗价值。海参生于海中，其性温补，类似人参，故名海参，其肉细嫩，营养价值高，其蛋白质含量较猪肉、瘦猪肉、瘦牛肉还高，并含其他矿物质（如钙、磷、铁、碘等），历来被视为餐中珍肴，对虚损劳弱有补肾益精、养血润燥、滋阴健阳等作用。而羊肉甘温，能温肾助阳、补益精血、益气补中、温暖脾胃。因此，海参、羊肉相配，补肾、益肾养血功效尤为增强，实为滋补强壮佳品，产妇食之，复体之功妙不胜述。

(3) 涨发加工。海参种类多，性能各异，涨发加工方法有四种：

①先清水浸后漂浸。用清水浸12小时后，转放入瓦盆或瓦煲内，加沸水和笕水（500克清水25克笕水）焗约1小时，洗净，漂浸约2小时，再用清水慢火煲焗约2小时，取出漂浸约8小时。反复煲焗漂浸2～3次，直至去清灰臭味和够身为止。清除肚内泥沙，保留海参肠，用清水漂浸待用。用时撕去海参肠。煲焗时注意检查海参，如果有海参够身则提前取出漂水。

②先烤后煲焗。将海参放在炉火上慢火烧烤至表皮焦干，然后用小刀将表皮轻轻刮去，放入清水中浸约8小时，取出加入沸水煲焗约2小时，反复换水煲焗，直到去掉灰臭味和够身为止，洗净肚内沙石。每次煲焗中间，要用清水浸漂4小时。

③以焗为主，漂浸结合。将海参放在清水中浸约8小时，然后放入沸水中焗至水冷，取出漂水约2小时，再焗，反复多次，以焗为主，漂浸结合，直至海参无异味和够身，洗净肚内沙石即可。

④浸炸后漂洗。将海参放进凉油中，用慢火加热至130℃左右，恒温浸炸约30分钟，油温升高便可捞出。将炸好的海参放在清水中浸软，洗刷外皮，漂洗灰味和杂质便可使用。

发好的海参要求质地柔软爽滑不韧，亦不懈身，有弹性，色泽鲜明，无杂质，无灰味。

8. 干鲍鱼

(1) 产地、特征、应用。鲍鱼古称鳆鱼，又称九孔螺，是一种单壳类腹足软体动物，

生活在浅海，以腹足吸附在岩礁上。鲍鱼身上背负着一个厚厚的石灰贝壳，此贝壳呈右旋螺形，似耳状。鲍鱼的足部特别肥厚，人们吃鲍鱼主要是吃它的足部肌肉。鲍鱼生长较为缓慢，2 年期的鲍鱼长度只有 6～7 厘米左右；壳长 10 厘米以上的鲍鱼大约要经过 5～6 年时间。鲍鱼肉肥美，为海中的珍品，其壳叫石决明，可入药。鲜鲍多产于夏秋季。中国鲍鱼的品种有皱纹盘鲍、杂色鲍、耳鲍等。鲍鱼有四种商品形态：鲜鲍、冻品鲍鱼、罐头鲍及干鲍。干鲍鱼是鲜鲍鱼的干制品。较好的干鲍鱼种类有网鲍、吉品鲍、窝麻鲍等，以日本出产的最好。

①网鲍。形体椭圆、边细起珠，色泽金黄，质地肥润。除日本外，还有澳洲产网鲍。

②吉品鲍。元宝形，枕高身直，性硬，干品柿色。

③窝麻鲍。像艇形，烂边，常带有针孔。此外，还有中东鲍、南非鲍、大连鲍、苏洛鲍等。鲍鱼的品质除由品种决定外，其大小也是鉴定标准之一。鉴定品质以头数表示，即每 500 克相同种类的鲍鱼共有几只就是几头鲍。如三头鲍是指三只几近同样大小的鲍鱼总重量为 500 克的鲍鱼。头数越少，其品质越高，价格也越贵。干鲍鱼经过涨发后可煲、炖、扒、焖等。

（2）营养食疗价值。鲍鱼营养丰富，含有蛋白质、脂肪、碘、钙、磷、维生素 A 等，有滋阴清热、养肝明目的功效，可治肝肾阴虚、劳热及肝血虚等症。鲍鱼壳入中药，称为石决明，具有滋阴补肾、平肝明目和降血压之功效，是治疗头晕目眩、血压异常和各种眼病的良药。

（3）涨发加工。用清水浸 6～8 小时，用软刷洗擦干净，放入沙锅用中慢火煲约 2 小时，连水带料倒入真空煲内焗一夜（约 8 小时，加入一定分量冰糖，效果更佳）。煲焗后的鲍鱼还要用肉料㸆。㸆能让鲍鱼吸收其他肉料滋味和进一步涨发。发好的鲍鱼口感软滑不韧，色泽鲜明，气味芳香，味道鲜美。

9. 鱼皮

（1）产地、特征、应用。鱼皮是利用鲨鱼、鳐鱼等大型鱼的表皮干制而成的，主要产于我国沿海各省份。鱼皮的大小不一，其中以鲨鱼的皮质量较好，皮大而厚，表面布满沙粒，鱼皮和位翅由于产地的不同，所以各种鱼皮的特点亦不相同。常见鱼皮品种有海牛皮、石岛皮、沙婆皮、老虎皮、玉吉皮、青鱼皮、黑鱼皮，鲟鱼皮等。鱼皮的质量以里面肌肉去除干净，色泽透明洁净，表面色泽光润，呈灰黄、青黑或纯黑色者为佳。如果鱼皮里面色灰暗，即为咸性，不易发料，称之为油皮，经过泡发后，如胶状，有腥臭味，不能食用。表面有花斑者质量较次，沙粒难除。鱼皮必须经涨发后才能食用，可采用烧、烩、扒、焖等烹调方法成菜。鱼皮本身没有任何滋味，需要其他鲜味原料对其进行增味。鱼皮营养丰富，涨发后厚实糯软，富含胶质，为高档原料之一。

（2）营养食疗价值。鱼皮味甘咸、性平，具有滋补的功效，对于胃病、肺病有疗效。在食疗方面，“鱼皮”含有丰富的蛋白质和多种微量元素，其蛋白质主要是大分子的胶原蛋白及黏多糖的成分，是女士养颜护肤美容保健佳品，医学研究发现，鱼皮中的白细胞——亮氨酸有抗癌作用。

（3）涨发加工。将鱼皮放在火上，烤至部分沙子脱落，放进盆内加入沸水，盖上盖，焖至部分沙粒脱落，将鱼皮捞出。如果有的沙粒没有脱落，可继续焖发。捞出后，将残余

沙粒褪净，再放进沸水里焖发 3 个小时，然后捞出，将里外的黄黑皮及腐肉等脏物去净，放入锅内汆一次，捞出继续水发。至鱼皮光滑柔软、没有腥臭味时改刀，用毛汤泡一下，即可烧制菜肴。

10. 鱼唇

(1) 产地、特征、应用。鱼唇是利用鲨鱼、鳐鱼、头部唇边软肉和皮干制而成，主要产于我国沿海的广东、福建、台湾、浙江、山东等地。鱼唇的质量以体大、洁净有光泽、强光照射时透明度高、质地干燥、坚硬者为佳。鱼唇需经过涨发后才能使用，一般采用烧、扒、煮、蒸、煨等烹调方法。鱼唇本身没有任何滋味，在烹调时通常通过鲜汤对其进行提鲜。鱼唇营养丰富，口感细腻，肥糯，为高档宴席原料之一。

(2) 营养食疗价值。干鱼唇含有丰富的蛋白质，主要是胶原蛋白，具有较好的营养价值。具有“补虚下气”的功效。

(3) 涨发加工。用清水浸约 4 小时，洗净后取起放入盆内，加入沸水焗约 3～4 次，直至够身为止。

11. 干贝

(1) 产地、特征、应用。干贝是用江、海贝等贝类的肉柱（闭壳肌）制成的。我国南海、渤海一带大量出产，以山东的荣成出产最多，浙江、烟台的干贝质量较好。干贝可分为生晒和熟制两种。生晒的质软色淡白，易反潮发霉，熟制的色泽金黄，质干较好。干贝质量以个大体圆、完全洁净、色泽黄红、表面有白粉末、无杂质、有特殊的清香味为佳，干贝口味极其鲜美，一般利用蒸的方法进行涨发，是海味中的珍品，作为烹调对其他原料进行提味。干贝可用于炖、焖、烩、滚、煲、扒、㸆、蒸等。

(2) 营养食疗价值。干贝具有滋阴补肾、和胃调中的功效，可治疗头晕目眩、咽干口渴、虚痨咳血、脾胃虚弱等症。常食干贝有助于降血压、降胆固醇、补益健身。干贝还具有抗癌、软化血管、防止动脉硬化等功效。

(3) 涨发加工。先用清水将干贝浸泡 30 分钟，清洗干净，然后放进碗内加入沸水浸过面，加入姜片、葱条、绍酒放进蒸笼内，用中火蒸 45 分钟即可。原汁可留用。如是用于炖、煲的可不用蒸。

12. 淡菜

(1) 产地、特征、应用。淡菜又名海红、珠菜。淡菜是贻贝肉的干制品。因其加工时不用盐，故称淡菜。淡菜主要产于浙江省舟山群岛、宁波、温州和台州等地。淡菜是我国传统的名贵海味食品。种类有紫贻贝、蝴蝶干、翡翠贻贝。淡菜个体越大越好。它滋味鲜美，蛋白质的含量最高，具有很高的食用价值，可煲、炖、焖、烧、滚、炒等。

(2) 营养食疗价值。淡菜具有补肝肾、益精血、调经血、降血压的功效。淡菜的营养价值很高，并有一定的药用价值。淡菜蛋白质含量高达 59%，其中含有 8 种人体必需的氨基酸，脂肪含量为 7%，且大多是不饱和脂肪酸。另外，淡菜还含有丰富的钙、磷、铁、锌和维生素 B、烟酸等。由于淡菜所含的营养成分很丰富，其营养价值高于一般的贝类和鱼、虾、肉等，对促进新陈代谢，保证大脑和身体活动的营养供给具有积极的作用，所以有人称淡菜为“海中鸡蛋”。

(3) 涨发加工。先用清水将淡菜清洗干净，然后把淡菜放进容器内加入热水或温水，加盖焗 2～3 个小时即可。

13. 蚝豉

(1) 产地、特征、应用。蚝豉是牡蛎的干制品，广东习惯称干牡蛎为蚝豉，因广州话“豉”读“市”音，寓意“好市”，所以深受人们所喜爱，是广东人民春节必食的菜肴。蚝豉以身肥、色泽金黄有光泽，干爽为优。直接生晒至干的成为生晒干蚝，煮熟后干制的称干蚝。牡蛎产地以广东、广西为主，以广东的沙井蚝品质最好。蚝豉经涨发后，可煲、焖、扣等。

(2) 营养食疗价值。蚝豉是一种大众化的海味食品，它的肉营养丰富，含蛋白质 45%～57%，脂肪 7%～11%，肝糖 19%～38%，此外还有多量的维生素等，素有“海牛奶”之称，可预防动脉硬化；具有活跃造血功能的作用；有明显的保肝利胆作用；蚝豉又是补钙的最好食品，它含磷很丰富，由于钙被体内吸收时需要磷的帮助，所以有利于钙的吸收。

(3) 涨发加工。蚝豉分干蚝和湿蚝两类。干蚝先用清水浸 4 小时，洗净，然后用沸水焗约 30 分钟，待水凉后去掉残留的壳屑及泥沙，再用沸水煮过便可。湿蚝先用清水浸约 2 小时，洗净，去壳屑泥沙，再用沸水滚过便可。

14. 鱿鱼干

(1) 产地、特征、应用。鱿鱼也称“柔鱼”，为海洋软体动物，产于我国广东、福建、浙江沿海等地，以广东“九龙吊片”和“油头”鱿鱼最为著名。干制的鱿鱼一般以身干体厚、肉质坚实、略平滑、体形完整、无霉点者为佳。鱿鱼干一般采用碱液进行涨发，先将鱿鱼置于清水中浸泡至原有的松软状，再置于碱液中泡至其呈鲜嫩的状态。由于鱿鱼的肉质弹性较强，所以加工时常常剞上花刀，形成造型美观的菜肴。鱿鱼肉适用于炒、泡、焖、煲、烤、炸等。

(2) 营养食疗价值。鱿鱼干营养丰富，每 100 克鱿鱼干含蛋白质 66.7 克，糖类 3 克，钙 100 毫克，磷 1038 毫克，铁 4.4 毫克以及多种维生素。食用有补益气血、健身壮骨之效。

(3) 涨发加工。将鱿鱼干用清水浸约 2 小时，去掉外衣、鱿鱼眼和嘴，洗净。未透身的可浸至透身。如鱿鱼质厚老韧，可浸 1 小时后加入纯碱浸约 20 分钟，然后漂水约 1 小时直至碱味清除（500 克水下纯碱 25 克，也可用笕水腌制）。

15. 虾米

(1) 产地、特征、应用。虾米又名海米、金钩、开洋，是由海虾肉干制成的，是极其鲜美的原料。虾料的体形为前端粗圆，后端尖细的弯钩形，体表光滑洁净，颜色有淡红、红黄、粉红之分。我国沿海各地均产，主要产地为辽东半岛、山东半岛、河北沿海、舟山群岛等地。虾米产期分春秋两季，春产从 3 月至 6 月中旬，秋产从 7 月至 10 月下旬，以秋季最多。虾米的质量以大小均匀、形状完整、肉质丰满坚硬、光洁无壳和附肢、盐度轻、干度足、鲜艳有光泽者为佳。虾米经清水芶软后常作为配料使用，具有增鲜的作用，可焖、炒、煲、熬、上汤、滚、制馅等。

(2) 营养食疗价值。虾米具有补肾壮阳、理气开胃之功效。虾米营养丰富，含蛋白质是鱼、蛋、奶的几倍到几十倍；还含有丰富的钾、碘、镁、磷等矿物质及维生素 A、氨茶

碱等成分，且其肉质松软，易消化，对身体虚弱以及病后需要调养的人是极好的食物；虾中含有丰富的镁，镁对心脏活动具有重要的调节作用，能很好地保护心血管系统，它可减少血液中胆固醇含量，防止动脉硬化，同时还能扩张冠状动脉，有利于预防高血压及心肌梗死；虾的通乳作用较强，并且富含磷、钙、对小儿、孕妇尤有补益功效。

(3) 涨发加工。用清水或温水浸泡 20 分钟，清洗干净沙、壳即可。

16. 虾皮

(1) 产地、特征、应用。虾皮是用海产的毛虾经盐煮后晒干加工制成，也有直接晒干的，因其体形很小，其肉质不明显，故称之为虾皮，我国沿海均有出产。虾皮非常鲜美，常作为汤的配料，也可用焖、烧、蒸、制馅等。

(2) 营养食疗价值。虾皮中含有丰富的蛋白质和矿物质，尤其是钙的含量极为丰富，有“钙库”之称，是缺钙者补钙的较佳途径。虾皮还有镇定作用，常用来治疗神经衰弱、植物神经功能紊乱等症，老年人常食虾皮，可预防自身因缺钙所致的骨质疏松症。

(3) 涨发加工。用清水清洗干净即可。

17. 章鱼干

(1) 产季、特征、应用。章鱼学名“长蛸”，地方名称“章鱼”“短脚蛸”“八带虫”“望潮”“长章”“八带”“母猪章”“坐蛸”“石柜”等。渔期春秋两季较多，春季 3～5 月，秋季 9～11 月。章鱼干是用章鱼加工制成的干制品，其中以体形完整、肉体坚实、肥大、爪粗壮，体色柿红或棕红且鲜艳，表面浮有白霜，有清香气味、身干、淡口为好。章鱼干经涨发后主要用于煲。

(2) 营养食疗价值。章鱼干含有丰富的蛋白质、脂肪、钙、磷、钠、钾、铁、维生素等，章鱼干具有补气养血、收敛生肌作用，是妇女产后补虚、生乳、催乳的滋补品。

(3) 涨发加工。用清水浸约 3 小时后洗净便可。

18. 墨鱼干

(1) 特征、应用。墨鱼学名“乌贼”，为海洋性软体动物。墨鱼干是鲜墨鱼的干制品，为椭圆形的扁片状，深棕色，有白霜，体中间有一块白色的鱼骨。头前端有腕五对，其中四对较胴体短，另外一对腕颇长，称为触腕。墨鱼干以体形均匀、全身平展、肉质厚实、表面白粉明显、均匀、无残缺为优。墨鱼干涨发后，可用于炒、焖、炝、爆、煲、滚等。

(2) 营养食疗价值。墨鱼干含有丰富的蛋白质、脂肪、无机盐、碳水化合物等多种物质。其性咸平，能养血滋阴、补益肝肾，对妇女血虚闭经、贫血有一定疗效。

(3) 涨发加工。用清水浸约 3 小时，去掉鱼骨、眼睛和外衣，再用碱水浸约 20 分钟然后漂水约 1 小时直至碱味清除便可（500 克水下纯碱 25 克，也可用笕水）。

五、干货原料的质量鉴定

干货的品种很多，品质各异，但都要求干爽、无霉烂、整齐、均匀、完整、无虫蛀、无杂质、无异味。

六、干货的保管

要保证干货在储存过程中品质不受影响，就要妥善保管。保管干货要注意以下几个要点。

(1) 放在通风干燥，阴凉干爽的地方。

(2) 要有防潮良好的包装。

(3) 放在货架上，避免接触地面吸潮。

(4) 单独存放，防止串味，影响原料的风味。

(5) 勤检查。

本章小结

本章主要讲述了在烹饪中得到广泛运用的干货原料，介绍了其种类、特点、营养食疗价值、涨发加工工艺、品质鉴定及保管等知识。其中各种涨发方法都是现行企业通用的方法，具有较强的实践性。通过本章学习，我们可以熟悉干货的涨发并能准确地使用常见的干货原料。

思考题

一、概念理解题

1. 干货制品原料是指鲜活的动植物原料经过________处理，呈现出________、________、________、________特点的一类原料。

2. 根据行业惯例将干货制品原料分为________干货制品原料和________干货制品原料。

3. 玉兰片是以鲜嫩的________或________为原料经________而成的制品。

4. 广肚是________的干制品。

5. 干货的品质鉴定：干货要求________、________、________、________、________、无虫蛀、________、________。

二、技能应用题

1. 请叙述海参的涨发方法。

2. 请叙述群翅的涨发方法。

3. 请叙述干鲍鱼的涨发方法。

4. 请叙述燕窝的涨发方法。

第八章　食用菌类原料

【知识目标】

掌握常见食用菌类原料的特征及品质鉴定方法。

【能力目标】

通过学习，具备鉴别食用菌类原料的能力。

【德育目标】

通过学习培养学生正确使用食用菌，确保在使用原料的过程中食品卫生安全。

【学习重点】

常见食用菌类的营养食疗价值。

【学习难点】

常见名贵食用菌类的特征及烹饪应用。

一、菌类的概念及化学成分

菌类原料是一类低等植物，它们没有根、茎、叶的分化，没有种子和果实，繁殖时用孢子，故又称孢子植物。

食用菌类是一类以腐烂的树木、枯草作为寄生体的、可供人类食用的大型真菌。

菌类原料中含有丰富的化学成分。食用菌类是一类含营养素种类非常丰富的原料，含有大量的水分、蛋白质、脂肪、碳水化合物、维生素、矿物质。其低等植物的共同特性反映在：生活环境多为潮湿的环境，因而水分含量都非常大，可达整个食用部分的95%以上，大量的水分存在，多种营养物质溶解其中，再加上组织结构简单、松软，更利于人体吸收。高蛋白、低脂肪是食用菌的另一个重要的营养特点。多数食用菌蛋白质含量都很高，而且含有人体所必需的氨基酸，氨基酸种类十分丰富，特别是一些呈鲜味的氨基酸如谷氨酸、鸟苷酸、口蘑氨酸的存在使得食用菌味道更加鲜美。部分种类氨基酸含量与人体需要量非常接近，因此食用菌中的氨基酸生物价值很高。多糖含量丰富是食用菌藻类的又一营养特点。绝大多数食用菌都含有多糖，如香菇多糖、猴头多糖、甘露醇等。大量的实验说明，食用菌中的多糖可以用于肝病的治疗，并且对癌细胞的扩散有着较强的抑制作用，食用菌类维生素含量很高，而且种类全面，不仅含有水溶性维生素，脂溶性维生素含量也很高。如猴头菇和草菇、平菇中都含有维生素C；蘑菇、榛蘑、金针菇中都含有维生素 E；硫胺素、核黄素、尼克酸在绝大多数食用菌中都含有。因此，食用菌是人们摄取维生素的良好食物来源。在食用菌类中，无机盐的种类和数量也是非常丰富的，而且含量超过水果和蔬菜。无机盐中钙、磷、铁、钾、钠、镁、硒、锌在食用菌类中普遍存在，如每 100 克羊肚菌中含钾 1726 毫克、钙 87 毫克、镁 117 毫克、锌 12.11 毫克、磷 1193 毫克、硒 4.82 毫克；发菜中含钙 875 毫克、镁 132 毫克、铁 99.3 毫克、硒 7.54 毫克。这么高的无机盐含量是蔬菜和水果无法比拟的，它们不受草酸和植酸的影响，吸收效果非常好。

二、食用菌类的组织结构

食用菌由菌丝体和子实体构成。菌丝体是生长在食用菌所依附的土壤里或其他基质里、由无数菌丝组成的五色丝状物。当环境适合时，菌丝体发育为子实体，如木耳、银耳、羊肚菌、平菇等均为子实体。菌类的子实体为菌盖和菌柄两部分，菌盖由表皮、菌肉及菌褶组成，表面形态和颜色各异，如香菇的菌盖为卵圆形，金针菇的菌盖为圆锥形。菌盖表面有的光滑，有的具有皱纹、条纹或裂痕；菌肉有厚有薄；菌柄长短不一，有的有纤维，有的有肉质；食用菌用来繁殖的孢子是我们肉眼看不到的。

三、常用食用菌种类

1. 香菇

（1）产地、特征、应用。香菇，又称香蕈、冬菇、香菌、香菰，为口蘑科。香菇生长在阔叶树的倒木上，子实体表面褐色，状如小伞，菌肉厚，中间厚度可达 1 厘米左右，柔软而有韧性，香味浓郁，营养丰富，为名贵的食用菌。我国是香菇的故乡，至今已有 4000 多年的食用历史，原为野生，现已普遍开始人工栽培。香菇按生长季节可分为冬菇、秋菇、春菇；按外形和质量可分为花菇、厚菇、薄菇。每种又可分为大菇、中菇、菇丁。花菇菌盖上有花瓣状的黄白色裂纹，菌盖完整，肥厚，边缘内卷，菌柄短，菌褶色白，质鲜嫩，香气足。厚菇菌盖比花菇大，菌盖形圆，呈紫褐色，菌褶密，黄白色，香气浓。薄菇肉质较老，边缘不内卷，菌褶粗疏，色深。一般以中花菇质量最优，其菌伞半球形，菇边往里卷，呈霜白色或茶色，肉质厚实，伞面花纹明显，呈菊形，香气最为浓郁。香菇主要产于福建、安徽、江西、广东和广西，以福建所产的为最好。香菇是一种高档原料，以干品居多，烹饪中应用非常广泛，荤素皆可搭配，适用于烧、炒、熘、烩、炖、拌、炸、煎等，也用于面点的馅料中，如“香菇肉饼”“香菇盒”。香菇也可以用于制作香菇酱油和菌油。

（2）营养食疗价值。香菇中蛋白质含量丰富，而且含有多种维生素和无机盐，香菇多糖可以增强人体的免疫力，并对癌症有抑制作用，经常食用对人体非常有益。香菇具有提高肌体免疫功能、延缓衰老、防癌抗癌、降血压、降血脂、降胆固醇等功效。香菇还对糖尿病、肺结核、传染性肝炎、神经炎等起治疗作用，又可用于消化不良、便秘等症。

（3）初步加工。削干净菌柄根部的木屑、泥土，清洗干净即可。

2. 口蘑

（1）产地、特征、应用。口蘑属伞菌科，是蒙古口蘑、香杏丽蘑、大白桩蘑（青腿蘑）等多种蘑菇的合称，因以张家口为集散地而得名。口蘑秋季生长于草原的沃土上，特

别是在牲畜粪堆积的草地上常形成蘑菇圈。河北、内蒙古、辽宁、黑龙江、吉林均产。口蘑子实体扁圆色白，菌肉肥厚，质细嫩，味鲜美，具有香气。干品灰黄色，香味更加浓郁。菌伞展开的为口片（白片菌），没展开的为口叮（珍珠菌）。质量以肉厚朵小、体重质干、杯短整齐、肉皮均白、形如帽顶者为好。口蘑在烹饪中宜荤宜素，尤以做菜肴和面点的辅料见长，且为筵席常备之物。适用于烧、炒、蒸、扒、焖、炸、熘、爆等，如"口蘑扒猪舌""口蘑鸡丁"，调味亦可多种多样。

（2）营养食疗价值。口蘑含微量元素硒，是良好的补硒食品；口蘑可调节甲状腺的功能，提高免疫力；口蘑中含有多种抗病毒成分，这些成分对辅助治疗由病毒引起的疾病有很好效果；口蘑是一种较好的减肥美容食品；它所含的大量植物纤维具有防止便秘，促进排毒、预防糖尿病及大肠癌、降低胆固醇含量的作用，而且它又属于低热量食品，可以防止人体发胖。口蘑每 100 克干品含蛋白质可达 38.7 克、钙 169 毫克、铁 19.4 毫克、锌 9.04 毫克，是一种营养丰富的食用菌。

（3）初步加工。削干净菌柄根部的泥土，清洗干净即可。

3. 猴头菇

（1）产地、特征、应用。猴头菇，又称猴头、猴头蘑、对脸蘑、刺猬菌，为齿菌科。猴头菇为大型食用菌，直径 5～15 厘米，生长于栎、胡桃等阔叶树的树干、枯木或倒木上，分布于吉林、黑龙江、辽宁、河北、山西等地，为名贵的食用菌，古称"山八珍"之一。猴头菌子实体圆而厚、柔软、无柄，表面生长有刺，腹面光滑为肉质块状，酷似猴子头部。猴头菌鲜品白色，干品淡黄色，肉质细嫩，滋味鲜美，清香独特，历史上将其与熊掌、海参、鱼翅并列为四大名菜。目前已研制进行人工栽培，远销美国、马来西亚和日本。猴头菇在烹饪中可做菜肴的主料和配料，适于烧、炖、蒸、扒、炒等，若与鸡鸭同炖更能体现其鲜美，制成的菜品有"白扒猴头蘑""沙锅猴头菇""鸡茸猴头蘑"等。

（2）营养食疗价值。猴头菇营养丰富，每 100 克干品含蛋白质 2 克、钙 19 毫克、磷 37 毫克、铁 2.8 毫克、锌 0.4 毫克。据研究，猴头菇具有增加免疫力、抗溃疡、抗炎症、抗肿瘤、保肝护肝、抗衰老、增加心脏血液输出量、加速机体血液循环、降血糖、降血脂、降血压的作用。

（3）初步加工。削干净菌柄根部的木屑、泥土，清洗干净即可。

4. 蘑菇

（1）特征、应用。蘑菇，又称四孢蘑菇、雷窝子，为蘑菇科真菌，多生长于草地、路边、林间空地上。蘑菇子实体中等稍大，菌盖直径 3～13 厘米，初期扁半球形，后平展，光滑不黏。菌肉白色、肉厚。菌褶最初为粉色，后变为褐色或黑褐色。蘑菇原为野生，从 20 世纪 30 年代起开始进行人工栽培。蘑菇在烹调中可以鲜食，烧、炒、烩、熘均可，如"蘑菇肉片"等，亦可以用于罐头加工。蘑菇的质量以形状完整、菌伞未开、菌肉肥厚、味淡清香者为好。

（2）营养食疗价值。蘑菇具有提高机体免疫力、镇痛、镇静、止咳化痰、抗癌、通便排毒的功效。每 100 克蘑菇含水分 89.9 克、蛋白质 2.6 克、脂肪微量、钾 276 毫克、钠 21.3 毫克、钙 4 毫克、铁 3.5 毫克、锌 0.85 毫克、磷 70 毫克、硒 32.9 毫克。蘑菇还含有多种维生素和多糖，尤其是维生素 E 可达 4.58 毫克，经常食用可预防脚气病、食欲不

振、身体疲倦及产妇乳汁分泌减少，还可以预防贫血和牙龈出血。

(3) 初步加工。削干净菌柄根部的泥土，清洗干净即可。

5. 草菇

(1) 特征、应用。草菇又称鲜菇、兰花菇、包脚菇、麻菇、中国菇等，为光柄菇科的真菌。草菇子实体较大，菌盖直径 5～19 厘米，由初期的钟形逐渐展开。菌肉白色、松软。菌褶白色，后逐渐变为粉红色。菌柄长 5～18 厘米。菌托在子实体幼小时包在菌盖和菌柄外，当被菌盖突破后则残留于基部。草菇多在鸡蛋大小、菌盖未开裂时采收，过期即老。草菇是一种生长于热带、亚热带高温多雨地区的腐生真菌，因用稻草、苎麻皮、麻秆栽培，故名草菇。草菇烘烤时散发出浓郁的兰花香味，故又称兰花菇。草菇一般在夏秋季采收。草菇肉质细嫩，烹饪中应用方法很多，烧、炒、烩、煮、焖、蒸、扒、滚、酿等均可，也可作料头用。鲜草菇烹饪前在菌盖上剞上花刀更易入味。草菇经加工干制而成的干品称陈菇，或陈草菇，干品用水泡发、洗净即可使用。此外，草菇还可以加工成草菇粉、草菇罐头和草菇酱油。草菇的质量以色泽明亮、味道清香、菌体粗壮肥厚、朵形完整、不开伞、无泥土杂质者为好。

(2) 营养食疗价值。草菇的维生素 C 含量高，能促进人体新陈代谢，提高机体免疫力，增强抗病能力；它还具有解毒作用，如铅、砷、苯进入人体时，可与其结合，形成抗坏血元，随小便排出；草菇还含有一种异种蛋白物质，有消灭人体癌细胞的作用；它能够减慢人体对碳水化合物的吸收，是糖尿病患者的良好食品。

(3) 初步加工。将根部的泥土削干净，然后在草菇的顶部剞一刀，深度约为 0.5 厘米；在草菇根部剞十字刀，深度约为 0.5 厘米，清洗干净。草菇在使用前还需用姜、葱、酒、水等进行滚煨。

6. 松茸

(1) 产地、特征、应用。松茸又称松茸蘑、松口蘑、松蕈，为白蘑科真菌。松茸子实体中等大，菌盖直径 5～15 厘米，初期为球形或半球形，后期平展为扁半球形；幼小时黑褐色、光亮，逐渐变为肉桂色或栗褐色，中央色浅，表面干燥，具有栗色鳞片。菌肉白色，后呈褐色，肉厚且质地细密。菌柄长 10～15 厘米，粗壮。松茸生长于赤松、红松林中，有时形成蘑菇圈，原始森林中较多，秋季采收。吉林、黑龙江、内蒙古、山西、甘肃产，尤以吉林延边产最好。松茸营养价值高，是一种名贵的食用菌，目前国内没有人工栽培。松茸肉质细嫩，味道鲜美，因富含松菰酸而有柔和的、特殊的香味，最适于鲜食，食后满口余香。松茸在我国明代就被誉为佳品，当时一市两松茸就能换一升米。日本把松茸作为贡品，并素有“海里鲱鱼子、地上好松茸”的称誉。烹饪中一般用于烧、炒、扒、炖、蒸、炒等，如“炒鸡片松茸”清汤松茸”。目前松茸已加工成罐头，可以四季食用。

(2) 营养食疗价值。松茸富含粗蛋白、粗脂肪、粗纤维和维生素 B_1、维生素 B_2、维生素 PP 等元素，不但味道鲜美，而且还具有益肠胃、理气化痰、驱虫及对糖尿病有独特疗效等功能，是中老年人理想的保健食品。松茸还具有延缓组织人体器官衰退，改善心血管功能，促进新陈代谢，提高人体抗病毒、抗细胞突变和增加免疫功能的能力。常食松茸能强精补肾，恢复精力，益胃补气，强心补血，健脑益智、理气化痰。

(3) 初步加工。削干净菌柄根部的泥土，清洗干净即可。

7. 羊肚菌

(1) 产地、特征、应用。羊肚菌，又称羊肚菜、羊肚蘑，为马鞍菌科真菌。羊肚菌菌盖呈球形、卵形或椭圆形，高4～10厘米，直径3～6厘米，顶端钝圆，表面有凹坑，外观似羊肚，淡黄色。菌柄长5～7厘米、直径2～2.5厘米，中空，色白，有沟，基部稍膨大。羊肚菌初夏生长于针叶林或针阔混交林林地，散落生长，主要产于山西、辽宁、吉林、陕西、甘肃、青海等地。羊肚菌在烹饪中可以烧、扒、炒，因菌柄中空也可酿制，如"酿羊肚菌""红扒羊肚菌""鸡翅羊肚菌"。

(2) 营养食疗价值。羊肚菌每100克干品含蛋白质26.9克，比香菇高1倍，比猪肉高1.52倍，比牛肉高1.3～1.8倍。氨基酸含量比香菇高1.4倍，维生素的含量也比其他菇类高，是一种营养素含量非常丰富的食用菌。羊肚菌含抑制肿瘤的多糖，抗菌、抗病毒的活性成分，具有增强机体免疫力、抗疲劳、抗病毒、抑制肿瘤等诸多作用；羊肚菌所含丰富的硒是人体红细胞谷胱甘肽过氧化酶的组成成分，可运输大量氧分子来抑制恶性肿瘤，使癌细胞失活；还能加强维生素E的抗氧化作用；有益肠胃、助消化、化痰理气、补肾壮阳、补脑提神等功效。另外，羊肚菌还具有强身健体、预防感冒，增强人体免疫力的功效。

(3) 初步加工。削干净菌柄根部的泥土，清洗干净即可。

8. 金针菇

(1) 产地、特征、应用。金针菇，又称金针蘑、金钱菇、冬菇、冻菌，为口蘑科毛柄金钱菌的变形体。金针蘑子实体菌盖2～5厘米，幼时半球形后渐平展，菌盖薄，黄褐色，表面黏滑。菌柄基部相连，簇生状。因其干品似金针菜，故称金针菇。金针菇野生、人工栽培均有，全国各地均产，并不断有新的选育品种出现。金针菇在烹饪中适于炒、烧、拌、烩、涮、制汤，口感鲜嫩爽口，主料、配料皆宜。制成的菜肴如"炝拌金针菇""金菇炒鳝鱼"等。金针菇的质量以菇伞呈球形、菌柄细长色淡黄、质地细嫩、味道清香滑爽、无锈根杂质者为好。

(2) 营养食疗价值。金针菇营养十分丰富，每100克鲜品中含蛋白质2.4克、脂肪0.4克，是一种健康食品。金针菇含锌量比较高，尤其对儿童的身高和智力发育有良好的作用，人称"增智菇"；有增强机体对癌细胞的抗御能力的功效，常食金针菇还能降胆固醇，预防肝脏疾病和肠胃道溃疡，增强机体正气，防病健身；食用金针菇具有抵抗疲劳，抗菌消炎、清除重金属盐类物质、抗肿瘤的作用。

(3) 初步加工。切去根部较脏部分，清洗干净即可。

9. 牛肝菌

(1) 产地、特征、应用。牛肝菌类是牛肝菌科和松塔牛肝菌科等真菌的统称，其中除少数品种有毒或味苦而不能食用外，大部分品种均可食用。菌盖扁半球形，光滑、不黏、淡裸色，菌肉白色，有酱香味，可入药。其生于柞、栎等阔叶林及针阔混交林林地上，单生或群生。种类主要有白、黄、黑牛肝菌。白牛肝菌味道鲜美，营养丰富。该菌菌体较大，肉肥厚，柄粗壮，食味香甜可口，营养丰富，是一种世界性著名食用菌。云南省各族群众喜爱采集鲜菌烹调食用。西欧各国也有广泛食用白牛肝菌的习惯，除新鲜的做菜外，大部分切片干燥，加工成各种小包装，用来配制汤料或做成酱油浸膏，也有制成盐腌品食用。牛肝菌可炒、烧、焖、炖、煲等。

(2) 营养食疗价值。牛肝菌富含蛋白质、碳水化合物、维生素及钙、磷、铁等矿物质。该菌具有清热解烦、养血和中、追风散寒、舒筋和血、补虚提神等功效，另外，还有抗流感病毒、防治感冒的作用。经常食用牛肝菌可明显增强人体机体免疫力、改善机体微循环。

(3) 初步加工。削干净根部泥土，清洗干净即可。

10. 白灵菇

(1) 特征、应用。白灵菇又名阿魏蘑、阿魏侧耳、阿魏菇。白灵菇肉质细嫩，味美可口，具有较高的食用价值，被誉为“草原上的牛肝菌”，颇受消费者的青睐。白灵菇是一种好气型菌类，对营养的要求并不苛刻，所有阔叶树的木屑、棉子壳、玉米芯均可栽培，从制出菇菌棒到采收为110～130天左右。从菇蕾到采收为8～15天左右，蓟县出菇时间在11月下旬至次年3月。白灵菇是一种食用和药用价值都很高的珍稀食用菌。白灵菇可炒、烧、焖、炖、煲、扒、扣、滚汤等。

(2) 营养食疗价值。白灵菇营养丰富，据科学测定，其蛋白质含量占干菇的20%，含有17种氨基酸，多种维生素和无机盐，具有消积、杀虫、镇咳、消炎和防治妇科肿瘤等功效。白灵菇的药用价值很高，它含有真菌多糖和维生素等生理活性物质及多种矿物质，具有调节人体生理平衡，增强人体免疫功能的作用。

(3) 初步加工。削干净根部木屑、泥土，清洗干净即可。

11. 杏鲍菇

(1) 特征、应用。杏鲍菇别名刺芹侧耳，隶属于真菌门、担子菌纲、伞菌目、侧耳科、侧耳属。杏鲍菇属于中低温结实性菌类。杏鲍菇的子实体单生或群生，菌盖宽2～12厘米，初呈拱圆形，后逐渐平展，成熟时中央浅凹至漏斗形，表面有丝状光泽，平滑、干燥、细纤维状，幼时盖缘内卷，成熟后呈波浪状或深裂；菌肉白色，具有杏仁味，无乳汁分泌；菌褶延生，密集，略宽，乳白色，边缘及两侧平，有小菌褶；菌柄2～8厘米，偏心生或侧生。杏鲍菇菌肉肥厚，质地脆嫩，特别是菌柄组织致密、结实、乳白，可全部食用，且菌柄比菌盖更脆滑、爽口，被称为“平菇王”“干贝菇”，具有令人愉快的杏仁香味和如鲍鱼的口感，适合保鲜、加工，深得人们的喜爱。杏鲍菇是近年来开发栽培成功的集食用、药用、食疗于一体的珍稀食用菌新品种。菇体具有杏仁香味，口感鲜嫩，味道清香，营养丰富，能烹饪出几十道美味佳肴。杏鲍菇可炒、烧、焖、炖、煲、扒、扣、滚汤等。

(2) 营养食疗价值。杏鲍菇具有降血脂、降胆固醇、促进胃肠消化、增强机体免疫能力、防止心血管病等功效，极受人们喜爱。杏鲍菇营养丰富，富含蛋白质、碳水化合物、维生素及钙、镁、铜、锌等矿物质，可以提高人体免疫功能，对人体具有抗癌、降血脂、润肠胃及美容等作用。

(3) 初步加工。削干净根部木屑、泥土，清洗干净即可。

12. 茶树菇

(1) 特征、应用。茶树菇又名茶薪菇，为田蘑属的菌体，单生或丛生。菌盖褐色，菌

肉为白色，菌柄长，脆嫩，其味道鲜美，菌盖细滑柄脆，气味清香。茶树菇可炒、煲、炖、焖、炸、扒、滚汤等。

(2) 营养食疗价值。茶树菇性平，甘温，无毒，益气开胃，有健脾止泻、补肾滋阴、提高人体免疫力，增强人体防病能力的功效。常食可起到抗衰老、美容等作用。

(3) 初步加工。切去根部带泥土部分，清洗干净即可。

13. 鸡腿菇

(1) 特征、应用。鸡腿菇又名毛头鬼伞，刺蘑菇，属层菌纲伞菌目鬼伞属，菇蕾期菌盖圆柱形，因菌柄状似火鸡腿而得名，肉质细嫩，鲜美可口。鸡腿菇可炒、焖、扒、滚汤等。

(2) 营养食疗价值。鸡腿菇味甘滑、性平，有益脾胃、清心安神、治痔等功效。鸡腿菇营养丰富、味道鲜美，口感极好，经常食用有助于增进食欲、消化、增强人体免疫力、治疗痔疮的作用，具有很高的营养价值。

(3) 初步加工。切去根部带泥土部分，清洗干净即可。

14. 鸡枞菌

(1) 产地、特征、应用。鸡枞菌为白蘑科鸡枞的子实体，是食用菌中的珍品之一。《黔书》道："鸡枞菌，秋七月生浅草中，初奋地则如笠，渐如盖，移晷纷披如鸡羽，故名鸡，以其从土出，故名枞。"肉厚肥硕，质细丝白，味道鲜甜香脆。鸡枞的吃法很多，以单料为菜，还能与蔬菜、鱼肉及各种山珍海味搭配，无论炒、炸、腌、煎、拌、烩、烤、焖，清蒸或做汤，其滋味都很鲜，为菌中之冠。鸡枞仅西南、东南几省及中国台湾的一些地区出产。

(2) 营养食疗价值。鸡枞菌含人体所必需的氨基酸、蛋白质、脂肪，还含有各种维生素和钙、磷、核黄酸等物质。鸡枞菌性平味甘，有补益肠胃、疗痔止血、养血润燥、益胃、清神、治痔等功效；常食鸡枞菌还能提高人体机体免疫力，抵制癌细胞，降低血糖。

(3) 初步加工。摘洗干净即可。

15. 平菇

(1) 特征、应用。平菇又名侧耳、糙皮侧耳、蚝菇、黑牡丹菇，台湾又称秀珍菇，是担子菌门伞菌目侧耳科一种类，是种相当常见的灰色食用菇，目前我国的食用菌品种中，平菇的品种繁多，同名异物，同物异名繁多，很难区别，目前使用的诸多品种均未经过严格的鉴定和审定。按子实体的色泽，平菇可分为深色种、浅色种、乳白色种和白色种四大品种类型。平菇主要用于炒、扒、焖、滚汤、灼、煲、火锅等。

(2) 营养食疗价值。平菇性味甘、温，具有追风散寒、舒筋活络的功效，可用于治腰腿疼痛、手足麻木、筋络不通等症。平菇中的蛋白多糖体对癌细胞有很强的抑制作用，能增强机体免疫功能。常食平菇不仅能起到改善人体的新陈代谢，调节植物神经的作用，而且对减少人体血清胆固醇、降低血压和防治肝炎、胃溃疡、十二指肠溃疡、高血压等有明显的效果。另外，平菇对预防癌症、调节妇女更年期综合征、改善人体新陈代谢、增强体质都有一定的好处。

(3) 初步加工。把根部摘洗干净即可。

16. 凤尾菇

(1) 特征、应用。凤尾菇为真菌植物门真菌环柄侧耳的子实体。凤尾菇又叫灰平菇，是属于侧耳、平菇一类的食用菌，凤尾菇肉体肥美，是人们经常食用的一种蘑菇。凤尾菇主要用于炒、扒、焖、滚汤、灼、煲、火锅等。

(2) 营养食疗价值。凤尾菇的营养十分丰富，干物质中含蛋白质高达21.2%，并含有人体所必需的八种氨基酸，其含量占所有氨基酸总量的35%以上。鲜凤尾菇每百克含维生素C高达33毫克，有助于提高人体免疫功能。其还含有维生素B_1、维生素B_2、尼克酸、多种矿物质。另据最近研究证实，凤尾菇含有的一些生理活性物质，具有诱发干扰素的合成，提高人体免疫功能，具有防癌、抗癌的作用。凤尾菇含脂肪、淀粉很少，是糖尿病人和肥胖症患者的理想食品，还有降低胆固醇的作用，被人们称为“健康食品”“安全食品”。

(3) 初步加工。把根部摘洗干净即可。

17. 秀珍菇

(1) 特征、应用。秀珍菇是热带和亚热带地区的一种食用菌，原产于印度，秀珍菇属于真菌门、担子菌纲、伞菌目、侧耳科、侧耳属。其名称来源于中国台湾，它不同于普通的凤尾菇是因为其较小，柄有5～6厘米，盖直径小于3厘米，秀珍菇其实是一个商业味比较浓厚的凤尾菇名称。20世纪90年代，中国台湾省等地发现，如果将凤尾菇的采收时间适当提前，其风味异常鲜美，余味无穷，于是就出现了我们现在的秀珍菇。秀珍菇主要用于炒、扒、焖、滚汤、灼、煲、火锅等。

(2) 营养食疗价值。秀珍菇不仅营养丰富，而且质地细嫩、纤维含量少、味道鲜美，蛋白质含量比双胞蘑菇、香菇、草菇更高，接近肉类，比一般蔬菜高3～6倍。秀珍菇含有17种以上氨基酸，更为可贵是，它含有人种自身不能制造，而食物中通常又缺乏的苏氨酸、赖氨酸、高氨酸等。

(3) 初步加工。把根部摘洗干净即可。

18. 鲍鱼菇

(1) 产地、特征、应用。鲍鱼菇为担子菌类松茸科侧耳属食用菇菌类，原产越南、印度、非洲、中国。鲍鱼菇别名台湾平菇，分布于台湾、福建、浙江等省，鲍鱼菇是木腐型菇类，是一种在夏季高温季节生长的珍稀食用菌品种，该菌种肉质肥厚，脆嫩爽口，具有较高的食用价值和营养价值。鲍鱼菇可用于炒、焖、扣、扒、炖、滚汤、火锅等。

(2) 营养食疗价值。鲍鱼菇营养丰富，肉质肥厚，风味独特，每100克干品中含有蛋白质7.8克，脂肪2.3克，水分10.2克，多糖类69克，粗纤维5.6克，钙21毫克，磷220毫克，铁3.2毫克，维生素$B_1$0.12毫克，维生素$B_2$7.09毫克，尼克酸6.7毫克，还含有8种人体必需的氨基酸。目前栽培的食用菌中，鲍鱼菇是人们比较理想的菌类食品之一。

(3) 初步加工。清洗干净即可。

19. 海鲜菇

(1) 特征、应用。海鲜菇中文名为姬菇，又名玉蕈、斑玉蕈，属担子菌亚门、层菌纲、伞菌目、口蘑科、玉蕈属。海鲜菇属低温型草生菌，以稻草、麦草、棉子壳、玉米秸等为主要原料，利用日光温室或空闲房屋等袋栽。海鲜菇颜色洁白，菌肉肥厚，口感细腻，气味芬芳，味道鲜美，具有海蟹味，在日本称之为“蟹味菇”“海鲜菇”。近年来已成

为该产品的商品名。目前栽培的有浅灰色和纯白色两个品系，白色品系又称“白玉菇”“玉龙菇”，深受市场欢迎。海鲜菇可用于炒、焖、扣、扒、炖、滚汤、火锅等。

(2) 营养食疗价值。海鲜菇是一种具有很高营养价值和药用价值的食用菌。海鲜菇营养丰富，蛋白质占 14.7%、碳水化合物 43.2%、脂肪 4.31%、纤维素 15.4%，富含 18 种氨基酸。

(3) 初步加工。摘洗干净即可。

四、名贵食用菌类

1. 松露

(1) 产地、特征、应用。松露是一种多生长在松树、栎树、橡树下，一年生的天然真菌。又称“地菌”“块菰”“块菌”；因其是被猪从地下拱出，国人称“猪拱菌”“拱菌”，亦称“无根藤果”、“隔山撬”。其属真菌门、子囊菌纲、块菌目、块菌属食用真菌。幼时内部白色，质地均匀，成熟后变成深黑色，具有色泽较浅的大脑状纹理。多生长在栎树下深达 30 厘米的钙质土壤中，腐生性。常共生在树根上形成菌根。子囊具 1～4 枚孢子，形大。子囊呈果球形、椭圆形，棕色或褐色，有的小如豆，也有大如富士苹果，表面具有多角形疣状物，反射出红色的光泽，顶端有凹陷；其肉（产孢子组织）初为白色，后呈棕色或灰色，成熟时变黑色；切面呈褐色，具有大理石样纹，散发出森林般潮湿气味，并带有干果香气，借以引诱小动物前来觅物，将孢子带到他处进行繁殖。其闻起来像天然气，味道像大蒜。其中白松露、黑松露是最美味的。由于松露对于生长环境非常挑剔，只要阳光、水量或土壤的酸碱值稍有变化就无法生长，这也是为何松露如此稀有的缘故。世界上品质最好的松露是产自意大利阿尔巴的白松露，1 千克曾叫价 3.5 万美元，再者就是产自法国佩利哥的黑松露，1 千克至少也要 500 美元。白松露经常被称为白钻石。原因之一就是它与钻石一样，在雕琢加工之前看起来平平常常，甚至有些丑陋。在刚被挖出来的时候，白松露看起来好像粗笨、布满灰尘的土豆一样。但是一旦切开，它就会展露出它大理石一般的纹路、象牙色的花纹以及它那醉人的香气。白松露天堂一般的味道主要来自它的香气，所以它一般是不加热的。最常见的吃法是将其切成非常薄的片，与新鲜的鸡蛋宽面一起盛盘，然后配上调好的意大利汁。

(2) 营养食疗价值。松露含有丰富的蛋白质、18 种氨基酸（包括人体不能合成的 8 种必需的氨基酸）、不饱和脂肪酸、多种维生素、锌、锰、铁、钙、磷、硒等必需的微量元素，以及鞘脂类、脑苷脂、神经酰胺、三萜、雄性酮、腺苷、松露酸、甾醇、松露多糖、松露多肽等大量的代谢产物，具有极高的营养保健价值。女士食用松露能显著增强抵抗力，季节性和流行性感冒现象大幅降低；能滋养经血，显著改善成年女性常见的经血色暗、色黑、经血淤块及部分经量过少等现象，能有效改善各种经前综合征以及月经紊乱现象，预防过早闭经，对部分更年期综合征有明显的改善和缓解作用；能显著改善中老年妇女不能憋尿、夜尿频多、排尿不净等现象。经常食用松露能使皮肤保持弹性和光泽。男士食用松露能显著增强人体抵抗力，季节性和流行性感冒现象大幅降低；能够提高睡眠质量，改善精力不足、疲乏无力、腰酸背痛、失眠多梦、体质下降、面色晦暗、心烦胸闷、食欲不佳等状态；能够显著改善夜尿频多、尿频尿急、排尿不净、尿无力、尿等待、小腹坠胀等现象；能重塑自身性能力，表现为性感觉提高、耐受力增强、疲劳度降低，对中年人群普遍存在的性功能下降、易出虚汗、事后疲倦等现象具有极好的改善作用。

(3) 初步加工。清洗干净泥土即可。

2. 冬虫夏草

(1) 产地、特征、应用。冬虫夏草又称虫草、夏草冬虫、冬虫草。古书上有“冬为虫，夏为草”的记载。冬虫夏草是麦角菌寄生在高原不怕冷的蝙蝠蛾身上所形成的子实体，它侵入隐藏在冻土中蝙蝠蛾的幼虫体内，吸收幼虫体内的营养，发育成菌丝体。由于虫草是吸收了幼虫的全部营养而生长起来的，最后导致幼虫内部全部中空，与菌丝体相连，第二年夏天菌丝体钻出地面，就形成了上为菌丝体下为虫体的特殊形状。冬虫夏草数量稀少，营养丰富，是一种名贵的食用菌。其含蛋白质可达30%左右，脂肪中的不饱和脂肪酸可达22.2%。烹饪中多将虫草用于药膳，采用炖、焖、煨、蒸等方法，与鸡、鸭、狗肉、牛肉、蹄筋、黄雀同炖。著名菜肴如“虫草鸭子”“虫草炖三鞭”“虫草炖黄雀”，也可以用虫草泡酒饮用。

(2) 营养食疗价值。冬虫夏草性甘、温平、无毒，是著名的滋补强壮药，常用肉类炖食，有补虚健体之效。冬虫夏草有滋肺阴、补肾阳的作用，可以作为滋肺补肾、止血化痰、保肺、化痢、止痨嗽等调补的食品，适用于治疗肺气虚和肺肾两虚、肺结核等所致的咯血或痰中带血、咳嗽、气短、盗汗等，对肾虚阳痿、腰膝酸疼等亦有良好的疗效，也是老年体弱者的滋补佳品。冬虫草还能提高肝脏的解毒能力，起到扶肝的作用。冬虫草还具有降血糖、降血脂的功效，贫血的患者用于补血，增强脾脏的营养性血流量；虫草多糖生物活性强，适应性广，还具耐缺氧、镇痛、镇静的作用，并对癌细胞有一定的抑制作用。

(3) 初步加工。清洗干净即可。

五、食用菌类的品质鉴定和储存的基本要求

1. 食用菌类的品质鉴定

食用菌的鲜品以菌肉肥厚、味鲜、不破不碎、形状完整、无残根杂质者为好。干品以形整不缺、菌肉肥厚、质嫩、个头均匀、色正、无杂质、无虫蛀、香味浓郁、干燥者为好。

2. 食用菌类储存的基本要求

(1) 干品。食用菌类大多制成干货储存，储存期长，要保证储存环境达到要求，才能延长储存时间，因此要做到：①产品要具有良好的防潮包装，要轻搬轻放，以免破坏包装使原料受潮变质，或由于不适当的搬运使原料破碎而影响成品等级质量。②控制储藏的温度和湿度，使库房干燥、凉爽、低温、低湿。③避免将潮湿的原料与干制的菌藻类放在一起，以免原料吸湿霉变、虫蛀。

(2) 鲜品。鲜品通常采用密封保藏法或低温保藏法（冷藏法）。不管是采用哪种保藏法，通常食用菌不能进行初步加工、不能沾水、不可见光、保藏环境温度不可过高，部分菌类还必须要用干纸包裹后再进行保藏。

本章小结

通过本章学习，了解食用菌类的基本结构，常用品种的特征，烹饪运用方法及营养食疗价值。食用菌的品种非常多，各地也有特产品种，我们只选择了一些最常见的作以介绍，同时还介绍了个别名贵的品种，只要掌握了这些品种的运用方法，其他品种就可以举一反三了。尤其要注意的是食用菌类的特有的营养食疗价值，由于食用菌类的营养丰富、食疗价值非常大，这正适应了现代人对养生的要求。所以必须加以掌握。

思考题

一、概念理解题

1. 食用菌类是一类以腐烂的________、________作为寄生体的可供________的大型真菌。

2. 口蘑属________科，是蒙古口蘑、香杏丽蘑、大白桩蘑（青腿蘑）等多种蘑菇的合称，因以________为集散地而得名。

3. 鸡腿菇又名________，刺蘑菇，属层菌纲伞菌目鬼伞科，菇蕾期菌盖圆柱形，因菌柄状似________而得名。

二、技能应用题

1. 请阐述草菇的初步加工过程。

2. 请阐述冬虫夏草的营养食疗价值。

3. 如果让你用“松露”作为原料烹制菜肴，你会怎样烹制？

第九章　果品类原料

【知识目标】

掌握常见果品类原料的特征及品质鉴定方法。

【能力目标】

通过学习具备鉴别果品类原料的能力。

【德育目标】

通过学习培养学生正确使用新鲜的果品，确保在使用原料的过程中食品卫生安全。

【学习重点】

常见果品类原料的营养食疗价值。

【学习难点】

常见果品类原料的特征及烹饪应用。

一、果品的概念

我国幅员辽阔，果品资源非常丰富，根据不完全统计有近万个品种，一年四季都有不同的品种上市供应，尤其是夏秋两季的种类最多。近年来，随着烹饪技艺的发展创新，果品原料在烹饪中已占据一定的地位，果品对丰富菜肴的品种、改善人民的生活、促进人体健康有着重要的作用。

果品是一个总称，指植物所结之可食用果实及其制品，包括鲜果、干果、果干、蜜饯和果脯等。

二、果品的主要化学成分

果品含有丰富的矿物质和维生素，不但能供给人体营养物质，而且具有促进食欲、帮助消化和调节人体生理功能的作用。果品一般都具有本身固有的色泽和不同的风味特色及食用价值，这是由它们所含的各种化学成分决定的，了解果品中各种化学成分，有助于我们认识果品的营养价值，也有助于对其品质的检验、储存、保管及合理使用。

（一）水

任何一种果品都含有水分，不同品种的果品，含水量有很大的区别，一般鲜果的含水量为70%～90%。水在果品中的存在不是孤立的，它是与糖、有机酸、果胶、无机盐、色

素等可溶性物质结合在一起，存在于细胞与细胞之间的。鲜果的含水量是其重要的品质特征，它是衡量水果新鲜度的重要标准，存放过长而失水的鲜果会致使品质下降，风味变差，影响色泽。

（二）糖类

糖是果品的主要营养成分，主要有果糖、蔗糖、葡萄糖。一般果实的含糖量约在10%～20%，有些果实含糖量会超过20%以上，充分成熟的果实含糖量会达到高峰，故成熟的果实会更甜，更可口。单糖和双糖是果品甜味的主要来源，其甜度同糖的种类结构有密切的关系，不同种类的果品含糖的种类也不同，如苹果、梨含果糖较多，桃、李、杏含蔗糖较多，葡萄、草莓含葡萄糖较多，这三类糖的甜味都有差别。另外，果品的甜味度，还受到果品中的有机酸、单宁等其他物质的影响，所以评定果品的甜味的好坏通常决定于果实中糖与酸的比例，常以糖与酸的比值来表示，糖酸比值大的口味甜。同一类不同品种的果品糖酸比亦不相同，所以同类品种甜酸味差别也会较大。

（三）有机酸

有机酸是果实酸味的主要来源。果品中的有机酸主要有苹果酸、柠檬酸和酒石酸三种，通称为“果酸”。有机酸的存在与果品的种类有关，如柑橘类果实含柠檬酸，葡萄含酒石酸，苹果等大多数果实含苹果酸。

有机酸是影响果实风味的一种重要物质，其在果品中存在量并不多，除部分水果中的柠檬酸可达5%～6%左右外，大多数果品的含酸量约只有0.1%～0.5%。

（四）淀粉

未成熟的果实有较多的淀粉，成熟的果实一般淀粉含量较少。在成熟或储藏过程中，淀粉在酶的作用下转换成糖，如生的香蕉含有18%的淀粉，在催熟过程中，淀粉在酶的作用下转换为糖，使香蕉的味道由涩变甜。

（五）果胶物质

果胶物质是构成果品细胞壁的主要成分，属多糖化合物，以原果胶、果胶、果胶酸三种不同形态存在于果实组织中。

原果胶存在于未成熟的果实中，它不溶于水，与纤维素一起将细胞紧紧地结合一起，使果实坚实脆硬，随着果实的成熟，原果胶在果实中原果胶酶的作用下，水解成果胶。

果胶是溶于水的物质，在成熟的果实中，它与纤维素分离后进入果实细胞汁中，使细胞间的结合松弛，果质变得柔软。当果实进一步成熟时，果胶在果实中果胶酶的作用下分解成果胶酸。

果胶酸存在于熟透的果实中，由于果胶酸是果胶酶作用下的水解产物，没有黏胶力，因而果肉松散，呈水烂状态，质地变绵软，不易储藏。

果胶物质的变化是影响果实质地软硬的重要因素，果胶含量的测定可判断果实的成熟度和储藏状态的好坏。

（六）单宁物质

单宁物质是几种多酚类物质的总称。它溶于水，有涩味，在果实中多酚氧化酶的作用下，与空气接触，氧化产生一种深褐色物质，所以含有单宁物质的果实用刀切开后不久便会变色。

大多数果实都含有单宁，含量低时，口感有清凉味；含量高时，口感有强烈的涩味。一般果实含单宁约0.2%～0.3%，柿子含单宁最多，每百克果肉含有0.5～2克。越是未成熟的果实，单宁含量越高。

（七）糖苷

糖苷是糖和醇、醛、酚、单宁酸、含硫或含氮化合物等构成的酯态化合物。果实中含有各种苷，大多数有苦味，一部分还含有剧毒。尤其是杏仁苷，存在于桃、杏的种仁中，以苦杏仁含量最高。苦杏仁苷在酶的作用下，分解生成苯甲醛，散发出芳香味，同时产生剧毒的氢氰酸，为此，多食苦杏仁会中毒。

（八）色素

果品呈不同的颜色，是由所含色素种类和数量决定的，通常包括叶绿素、类胡萝卜素、花青素和花黄素。

(1) 叶绿素。叶绿素多存在于果皮中。叶绿素不溶于水，但随着果实成熟，叶绿素在酶的作用下能水解，叶绿素逐渐消褪，显出黄色或橙色，如柑橘果实的成熟变色。

(2) 类胡萝卜素。类胡萝卜素是胡萝卜素、叶黄素和番茄素的总称。绿色果实中均含有此色素。当叶绿素被分解后，类胡萝卜素才显出它们的颜色。它们的颜色从黄到橙，属于非水溶性色素。

(3) 花青素与花黄素。花青素能溶于水，呈溶液状态存在于果皮或果肉中，是果实显现红色、紫色的原因。一般在酸性条件下为红色或橙红色，而在碱性条件下为蓝色或绿色，在中性条件下为紫色。果实中的花青素的形成与阳光有关，随着果实成熟，在阳光照射下，叶绿素逐渐褪去，花青素才显现出来。花青素是判断果实成熟和品质的标准。某些白色或黄色的果实，如白葡萄和柑橘类，除含类胡萝卜素外，还含有一种花黄素，其性质与花青素相似。

（九）挥发油

果皮的香味，主要来自本身所含的各种不同的芳香物质，称挥发油。挥发油的主要成分有醇、醛、酚、酸、烷、烯等。挥发油多存在于果皮的“油胞”中，果肉中含量较少，柑橘类水果含挥发油较丰富，含量约为1.2%～2.5%。

（十）维生素

果品中含有丰富的维生素，存在于果品中的维生素有维生素C和胡萝卜素。以每百克果品计算，维生素C一般含有几毫克至十几毫克。柑橘类含维生素C 30～50毫克，山楂含80～90毫克，猕猴桃含200毫克，鲜枣含600～1600毫克。新鲜果品是人体维生素C的丰富来源。胡萝卜素主要存在于杏、橘、香蕉等黄色或橙黄色的鲜果中，但含量较少。胡萝卜素不溶于水但溶于脂肪，易被氧化破坏。

（十一）无机盐

无机盐又称矿物质。果品中含有多种矿物质，如钙、磷、铁、硫、镁、钾、碘、铜等。其中以钙、磷、铁、钾为主要成分，其含量约占果品可食用部分的0.2%～0.6%。果品中的矿物质绝大多数是金属成分，故水果为碱性食物，可以中和因食用米、面、鱼、肉等酸性食物产生的酸，使人体血液保持正常范围的酸碱平衡，对维持人体健康有着重要作用。

三、果品的组织结构

果实的组织结构比较简单，通常由果皮和种子组成。果皮有三层：外果皮、中果皮和内果皮。

外果皮是果实最外层的表皮，一般很薄，有角质层和皮孔，与中果皮有明显的差别。不同果实的外表皮有较大的不同，有的外面有蜡质和果粉，如葡萄；有的表皮有绒毛，如桃、杏。

中果皮又称果肉，是果皮的最大部分，在结构上变化最大，有的完全由薄壁组织构成，富含糖和汁液，如桃、杏等；有的纤维发达，汁液少，味苦涩而不能食用，如核桃(食用的是其子实)。

内果皮与种子接近，构造也有变化，有的变成种子的硬壳，如桃、杏；有的则生长为肉质的囊状物，成为食用部分，如柑橘、柚子等。

果实的种子部分一般由种皮和胚构成，种皮通常只有一层，有的含有两层，称为外种皮和内种皮。外种皮坚厚，内种皮薄而柔软。胚即果仁，通常由胚芽、胚轴、胚根和子叶构成，富含各种营养成分，多数可供食用，如板栗、花生，但以胚为食用部分的果品，其果皮一般不能食用。

四、果品的分类

果品的分类按加工与否，一般可分为鲜果和果制品两大类。按照商品分类，则常分为鲜果、干果、果干和糖制果品四类。

(一) 鲜果类

鲜果是果品中的最大类，亦称水果，即未经过加工的新鲜果实。鲜果的显著特点是水分充足、果肉鲜嫩或质地松脆、清香甘甜、美味可口、风味特殊、富含各种营养成分。一般可直接生吃，也用于烹制菜肴，主要包括苹果、梨、桃、菠萝、杧果、柑橘、香蕉、西瓜、哈密瓜等。在鲜果中，按照其果实构造，一般可分为七大类：仁果类、核果类、浆果类、坚果类、柑橘类、复果类、瓜果类。

(二) 干果类

干果是指带硬壳的果品，可食用部分为种子的果仁。果仁有甜味和香味两种。但这两类的性质特点有很大差异。甜果仁肉质较软，如板栗、白果；香果仁肉呈粒状，质脆，如核桃、杏仁、松子等。在烹调使用中，香果仁多经炒或油炸，使其松脆，在一些菜肴中充当风味特别的配料。

(三) 果干类

果干是鲜果的整个或部分经过适当的脱水和用熏、蒸、烫等方法加工成的干制品。果干肉软柔韧，水分少，糖分重，耐储藏，别有一番风味，如柿饼、红枣、乌枣、葡萄干、荔枝干、桂圆肉等。

(四) 糖制果品类

糖制果品类一般按加工方法和状态分为蜜饯果脯和果酱两大类。糖制果品其含糖量一般在50%～60%以上。这两类的主要区别是蜜饯果脯是经糖渍后仍保持果实或果块原有形

状，而果酱则不保持原来的形状，呈酱状。蜜饯果脯依其干湿状态又分为湿态（蜜饯）和干态（果脯凉果）两种，果酱则包括果泥、果冻等。

五、常见鲜果

在烹调中，鲜果是应用最多的果品。所以本书以介绍鲜果为主。

（一）苹果

（1）特征、分类、应用。苹果是世界“四大水果”之一，分布广，滋味鲜甜爽脆，保藏容易，是最受欢迎的水果之一。我国苹果品种有几百种，分早熟、中熟、晚熟品种。早熟品种成熟期在7～8月，主要品种有祝光、黄魁和红魁等；中熟品种成熟期在8～9月，主要品种有金冠、元帅、红玉、红星、鸡冠等，晚熟品种成熟期在10～11月，主要品种有国光、富士、青香蕉等。各品种中，以富士系列品质最佳。早熟苹果果实质地松软，味多带酸；中熟苹果尚不坚实，味多甜中带酸；晚熟苹果质地坚实，脆甜稍酸。另有产于美国之蛇果，个大深红色，爽脆清甜，是进口苹果之佼佼者。苹果含有多种维生素，易吸收。其果肉脆嫩甘美，甜酸适口，汁多味浓。不同产地、不同品种的苹果具有不同的风味特色。除鲜食外，可用做烹调炒、炖汤、拔丝等，如“拔丝苹果”“八宝苹果”等，还可作点心馅、水果沙拉、甜品、水果拼盘等。

（2）营养食疗价值。苹果性味甘酸而平、无毒，具有生津止渴、润肺除烦、健脾益胃、养心益气、润肠、止泻、解暑、醒酒等功效。在空气污染的环境中，多吃苹果可改善呼吸系统和肺功能，保护肺部免受污染和烟尘的影响；苹果中含的多酚及黄酮类天然化学抗氧化物质，可以减少肺癌的危险，预防铅中毒；苹果特有的香味可以缓解压力过大造成的不良情绪，还有提神醒脑的功效；苹果中富含粗纤维，可促进肠胃蠕动，协助人体顺利排出废物，减少有害物质对皮肤的危害；苹果中的胶质和微量元素铬能保持血糖的稳定，还能有效地降低胆固醇；苹果中含有大量的镁、硫、铁、铜、碘、锰、锌等微量元素，可使皮肤细腻、润滑、红润有光泽。

（3）初步加工。清洗干净去皮、去核即可。也可带皮使用。苹果去皮切块后，一般应用淡盐水浸泡，以免其所含单宁物质氧化变色。

（二）梨

（1）产地、分类、应用。梨分布在我国大部分地区，主要产区是辽宁、河北、山东等省，成熟期在7～11月。梨的品种很多，主要品种系有秋子梨、白梨、沙梨、西洋梨四大类。其中以天津鸭梨、莱阳贡梨、新疆库尔勒香梨、砀山酥梨的品质最佳，是我国果品中的名品。梨含有多种维生素和矿物质，果肉脆嫩多汁、气味芳香、清甜爽口。除鲜食外，可用做炒、煲、炖等菜肴的主配料，如“雪耳杏仁炖鸭梨”“香梨生鱼片”等，还可作点心馅料、甜品、水果沙拉、水果拼盘等。

（2）营养食疗价值。梨的性味甘酸而平、无毒，具有生津止渴、益脾止泻、和胃降逆的功效。梨的各部分均有药用价值。梨果具有生津、润燥、清热、化痰等功效，适用于热病伤津烦渴、消渴症、热咳、痰热惊狂、噎嗝、口渴失音、眼赤肿痛、消化不良。梨果皮具有清心、润肺、降火、生津、滋肾、补阴功效。梨的根、枝叶、花具有润肺、消痰清热、解毒的功效。现在空气污染比较严重，多吃梨可改善呼吸系统和肺功能，保护肺部免

受空气中灰尘和烟尘的影响。

(3) 初步加工。清洗干净去皮、去核即可。也可带皮使用。梨去皮切块后，一般应用淡盐水浸泡，以免其所含单宁物质氧化变色。

（三）桃

(1) 产地、分类、应用。桃在我国栽培分布很广，以华北、华东、西北等地栽培最多。从最早的6月到最晚的10月都有不同成熟期的桃被采收上市。桃的品种非常多，按其产地及特性可分为北方桃、南方桃、黄肉桃、蟠桃、油桃五个品种群。北方桃著名的品种有山东肥城桃、天津水蜜桃、河北保定雪桃等；南方桃著名的品种有江苏无锡水蜜桃、浙江奉化水蜜桃、云南呈贡二早桃等；黄肉桃著名的品种有甘肃灵武黄甘桃、云南呈贡黄离核桃、黄肉桃等；蟠桃著名的品种有撒花红蟠桃、陈圃蟠桃、白芒蟠桃、金钱蟠桃、黄金蟠桃等；油桃的主要品种有新疆李光桃、甘肃紫胭桃等。桃的营养很丰富，含有多种维生素和矿物质，果形美观，色泽鲜艳，芳香诱人，肉质甜美，除鲜食外，烹调中主要用于制作甜品菜肴、水果沙拉、水果拼盘等。

(2) 营养食疗价值。桃肉甘酸、性温，具有养阴生津、润燥活血的功效。桃有补益气血的作用，可用于大病之后，气血亏虚，面黄肌瘦，心悸气短者；桃的含铁量较高，是缺铁性贫血病人的理想辅助食物；桃含钾多，含钠少，适合水肿病人食用；桃仁有活血化淤，润肠通便作用，可用于闭经、跌打损伤等辅助治疗。

(3) 初步加工。清洗干净，去皮、去核使用。

（四）柑橘

柑橘是世界“四大水果”之一，是我国长江以南地区的主要水果，产量高，品种多，分布广，耐储藏，供应时间长，柑橘主要包括有柑、橘、橙、柚、柠檬等。

1. 柑

(1) 产地、特征。果形较橘大，皮呈橙黄色，白皮层较厚、易剥离，汁多味甜，较橘耐储存，著名的品种有潮州焦柑、浙江瓯柑、温州蜜柑、四会柑、芦柑等，主要产区是广东、福建、浙江、中国台湾等省。

(2) 营养食疗价值。柑味甘酸而性凉，具有清胃热、生津止渴、祛痰平喘、消食顺气、温肾止痛、润燥、和胃、利尿、醒酒的功效，可治胸热烦满、口中干渴、酒毒烦热、食少气逆、小便不利等症。

2. 橘

(1) 产地、特征。橘，果形较柑小，皮呈朱红色或橙黄色，皮薄核细，白皮层薄、易剥离，汁多味甜带酸，不耐储存，著名的品种有黄岩蜜橘、南丰蜜橘、四川红橘、江西红橘、广东四会沙糖橘等，主要产区是浙江、江西、广东、广西、四川等省。

(2) 营养食疗价值。橘具有顺气、止咳、健胃、化痰、消肿、止痛、疏肝理气等多种功效。常喝橘子汁能减少肝炎患者的慢性病毒性肝炎发展成肝癌的风险。它最主要的功效就是治疗肠胃疾病，可以调和肠胃、也能刺激肠胃蠕动、帮助排气；还能镇定消化道，增加胃口、刺激食欲。

3. 橙

(1) 产地、特征。橙，又名广柑。果形中等，呈圆形或长圆形，皮稍厚，皮肉结合较紧、不易剥离，汁多，味酸甜可口，较耐储存，著名品种有广东的新会甜橙、罗岗香橙、湖南衡山的黔橙、湖北宜昌的广橙等，主要产区是广东、湖南、广西、四川、湖北等省。

(2) 营养食疗价值。橙对人体新陈代谢有明显的调节和抑制作用，可增强机体抵抗力；橙具有疏肝理气，促进乳汁通行的作用，防止胃肠胀满充气，促进消化；橙皮具有宽胸降气，止咳化痰的作用；橙果肉及皮能解除鱼、蟹中毒，对酒醉不醒者有良好的醒酒作用。

4. 柚

(1) 产地、特征。柚，又名文旦。果形较大，圆形或梨形，皮质粗厚，皮肉难分离，皮色呈青黄色或橙色，肉质也有白色和粉红色两种，核较大，汁少味酸甜，含有丰富的维生素C，著名品种有广西沙田柚、福建文旦柚、坪山柚、广东梅州蜜柚等，主要产区是广西、广东、福建、四川等省。

(2) 营养食疗价值。柚肉中含有非常丰富的维生素C以及类胰岛素等成分，故有降血糖、降血脂、减肥、美肤养容等功效；柚子还有增强体质的功效，它帮助身体更容易吸收入钙及铁质。

5. 柠檬

(1) 产地、特征。柠檬，呈椭圆形，个头中等，两端突出如乳状，皮肉难剥离，皮色鲜黄，味较酸，有浓郁的香味，含有丰富的维生素C和柠檬酸，主要产区是广东、四川、台湾等省。

(2) 营养食疗价值。柠檬味酸甘、性平，有化痰止咳、生津、健脾、开胃、降压、化痰、消炎、美容、止吐的功效。

柑橘除鲜食外，在烹调中主要用做甜菜，还可用于冷盘拼摆、水果沙拉、打汁等，柠檬还是重要的调味作料。柑橘皮还可制作陈皮。

6. 柑橘的初步加工

剥皮使用。

(五) 香蕉

(1) 产地、分类、应用。香蕉是世界“四大水果”之一，也是我国华南地区“四大佳果”之一，主要产于广东、广西、云南、福建、中国台湾等省，成熟期较长，四季均可结果，属南方热带水果。香蕉果形呈长圆条状，熟时黄色，果皮易剥离，果肉白黄色，无种子，汁少味甘甜，柔软芳香，种类有香蕉、粉蕉、大蕉三大类，著名品种有香牙蕉、过山香、天宝蕉、牛奶蕉、龙牙蕉等。香蕉是一种营养价值较高的水果，维生素丰富，还含有果胶和矿物质。香蕉属于后熟果实，经人工催熟后才能出售，未熟前易储运，熟后不易保管。在烹调中主要用于拔丝、炸等，多用做甜菜，也可作点心馅料和水果沙拉、水果拼盘等。

(2) 营养食疗价值。香蕉味甘，性凉，具有养阴润燥、生津止渴、清热解毒、润肠通便、润肺止咳、降低血压和滋补等功效。香蕉还能补足身体迅速流失的能量，对失眠或情绪紧张者也有疗效。

(3) 初步加工：剥皮使用。

(六) 葡萄

(1) 产地、种类、应用。葡萄是世界“四大水果”之一，是一种经济价值十分高的水

果。我国大部分地区均有种植，尤以新疆、甘肃、河北、山西、山东最多。葡萄品种很多，根据其原产地不同，分为东方品种群和欧洲品种群。东方品种群著名品种有龙眼葡萄、牛奶葡萄、无核白葡萄、加里娘葡萄等。新疆吐鲁番的无核白葡萄是驰名中外的优良品种。葡萄营养丰富，含有多种维生素和矿物质，风味酸甜可口，汁多味香浓，除生食外，可制干、酿酒、制汁、制果酱，在烹调中常用作菜肴的点缀，制作甜菜及点心馅料、水果拼盘等。

（2）营养食疗价值。葡萄味甘微酸、性平，具有补肝肾、益气血、开胃力、生津液和利小便之功效。多吃葡萄可补气、养血、强心；葡萄有舒筋活血、开胃健脾、助消化等功效，其含铁量丰富，所以补血；有帮助消化的作用；常食葡萄对神经衰弱者和过度疲劳者均有益处；葡萄还具有防癌、抗癌的作用；直接饮用葡萄汁还有抗病毒的作用；葡萄制干后，糖和铁的含量均相对增加，是儿童、妇女和体虚贫血者的滋补佳品。

（3）初步加工。清洗干净，剥皮、去核。作水果拼盘一般带皮使用。

（七）菠萝

（1）产地、特征、应用。菠萝又称凤梨，是华南地区“四大佳果”之一。菠萝是热带、亚热带水果，在我国主要产于广东、广西、海南、福建、中国台湾等省。在我国常见品种有夏威夷种、神湾种、巴厘种、菲律宾种和本地种等。质量好的菠萝个大，肉丰，质细，香浓，多汁，味甜，成熟度适中，过熟的菠萝不耐储存，而且易走味。菠萝除鲜食外，可用于菜肴烹制，如“菠萝鸭片”“菠萝咕噜肉”“菠萝炒饭”等，还可作甜菜、点心馅料、水果沙拉、水果拼盘等。

（2）营养食疗价值。菠萝味甘、微酸，性微寒，有清热解暑、生津止渴、利小便的功效，可用于伤暑、身热烦渴、腹中痞闷、消化不良、小便不利、头昏眼花等症。菠萝营养丰富，除含糖分、有机酸、矿物质、维生素外，菠萝中所含的蛋白质分解酵素可以分解蛋白质及助消化、可以减肥；具有刺激唾液分泌及促进食欲的功效。

（3）初步加工。切去头尾，削去硬皮，然后铲去或割去刺眼，开边去芯，用淡盐水浸泡。

（八）荔枝

（1）产地、特征、应用。荔枝是华南地区“四大佳果”之一，我国特有的果品，是世界上较稀有的水果，有果中皇后之称，主要产于广东、广西、福建、海南等省，尤以广东所产最多、最好。著名品种有桂味、糯米糍、挂绿、妃子笑、黑叶等。荔枝色泽鲜红，果实呈心形或球形，果皮有许多鳞斑状突起，果肉洁白半透明，以个大核小、肉厚质爽、汁多味甜、富有香味为佳。上市季节因产地不同而异，以6～7月为多。荔枝不易储藏，除鲜食、作水果拼盘外，还可用作烹调菜肴，多用于炒。近年一些广东厨师专门推出荔枝宴，别具风味特色。荔枝一次不可食用过多，否则易引起低血糖。

（2）营养食疗价值。荔枝性热，多食易上火，并可引起“荔枝病”。荔枝肉含丰富的维生素C和蛋白质，有助于增强机体免疫功能，提高抗病能力；荔枝有消肿解毒、止血止痛的作用；荔枝拥有丰富的维生素，可促进微细血管的血液循环，防止雀斑的发生，令皮肤更加光滑。荔枝可止呃逆，止腹泻，是顽固性呃逆及五更泻者的食疗佳品，同时有补脑健身、开胃益脾、促进食欲之功效。荔枝各部分均有不同功效。果肉具有补脾益肝、理气补血、温中止痛、补心安神的功效。果核具有理气、散结、止痛的功效。

(3) 初步加工：清洗干净剥皮、去核使用。作水果拼盘可带皮使用。

(九) 杧果

(1) 产地、种类、应用。杧果又称果皇，是热带著名水果，世界主要水果之一。我国主要产于广东、海南、广西、云南、福建、中国台湾等省，著名品种有吕宋杧果、泰国杧果、海南杧果、象牙杧果、夏茅香芒等。杧果肉质肥厚，味鲜汁甜，香气诱人，是一种非常好吃的珍果。杧果品质的好次，取决于品种的优劣。成熟的杧果为金黄色、橙黄色和红黄色三种。以熟度高、香气浓、肉质纤维少、汁多味甜的为佳。熟后的杧果易烂，不易储藏。杧果也多用于烹调可以炒、炸等，如"香芒鸡柳""四宝香芒盏""香芒龙虾球"等，也常作甜菜、点心馅料、水果沙拉及水果拼盘等。

(2) 营养食疗价值。杧果性平、味甘是解渴生津的果品，具有益胃、解渴、利尿的功效。杧果营养很丰富，含有大量的糖、矿物质、维生素，还有蛋白质和脂肪。成熟的杧果在医药上可作缓污剂和利尿剂，杧果性质带湿毒，若本身患有皮肤病或肿瘤，应谨记避免进食。杧果是少数富含蛋白质的水果，多吃易饱。其含有胡萝卜素，可益眼、润泽皮肤。其核亦可作药用，能解毒消滞、降压。

(3) 初步加工。可削皮后用刀将肉与核片离使用。也可直接连皮用刀将肉与核片离，然后在有肉一面剞刀花翻起，用做水果拼盘。

(十) 草莓

(1) 特征、应用。草莓原产南美，我国南北各地多数地区均有栽培。果实柔软多汁，色泽鲜红，具有特殊的芳香味，主要品种有五月香、紫晶、鸡心、牛心、鸭嘴等。草莓的营养价值高于一般水果。草莓品质因品种各异，一般以其外观及风味作为鉴别品质优劣的方法。凡粒大、汁多、味甜、香浓、鲜红的果实为上品。草莓以鲜食为主，也可用于烹调，多作配料或拼摆点缀。

(2) 营养食疗价值。草莓性凉、味酸甘，具有清暑解热、生津止渴、利尿止泻、利咽止咳的功效。草莓中所含的胡萝卜素是合成维生素 A 的重要物质，具有明目养肝作用；草莓对胃肠道和贫血均有一定的滋补调理作用；草莓除可以预防坏血病外，对防治动脉硬化、冠心病也有较好的疗效；草莓是鞣酸含量丰富的植物，在体内可吸附和阻止致癌化学物质的吸收，具有防癌作用；草莓中含有天冬氨酸，可以自然平和地清除体内的重金属离子，防止金属中毒。

(3) 初步加工。冲洗干净即可，一般不宜浸泡。

(十一) 龙眼

(1) 产地、特征、应用。龙眼又称桂圆，主要产于广东、福建、广西、海南、四川、中国台湾等省。龙眼是我国特有佳果，与荔枝齐名。果肉鲜嫩，清爽，晶莹，果汁甘甜，干制后称桂圆，去壳去核后称桂圆肉。鲜龙眼以个粒大、肉厚核小、味甜汁丰、质爽壳硬为佳。龙眼除鲜食外，鲜、干品均可入馔，鲜品宜炒、烩、作甜菜，干品宜煲、炖、蒸，也可作点心馅料、水果拼盘等。

(2) 营养食疗价值。龙眼营养价值很高，含有丰富的磷、铁、钙等矿物质和维生素。龙眼果实富含营养，自古受人们喜爱，更视为珍贵补品，其滋补功能显而易见。龙眼有壮阳益气、补益心脾、养血安神、润肤美容等多种功效，可治疗贫血、心悸、失眠、健忘、神经衰弱及病后、产后身体虚弱等症。现代医学实践证明，它还有美容、延年益寿之功效。

(3) 初步加工：清洗干净，剥皮、去核使用。

(十二) 樱桃

(1) 产地、种类、应用。樱桃又称含桃，主要产于山东、江苏、河南、安徽、浙江、陕西、甘肃、内蒙古、辽宁、新疆等省区。樱桃可分为中国樱桃、甜樱桃、酸樱桃、毛樱桃四大类，以中国樱桃、甜樱桃为好，著名品种有大鹰紫甘桃、短柄樱桃、泰山樱桃、垂丝樱桃以及大紫、黄玉、那翁紫樱桃等。樱桃一般初夏成熟，成熟期短，为早熟水果。果实圆而小，球形，果柄长，鲜红色，光亮，味甜中带酸，是水果中的珍品。樱桃除鲜食外，还可制干、制果酱及用于烹制菜肴，多为作配料及做各种特色菜肴的点缀，也常用于甜菜、冷盘。

(2) 营养食疗价值。樱桃性温、味甘微酸，具有益脾胃、滋养肝肾、止泻、补中益气、祛风胜湿、止泄精的功效。可治病后体虚气弱、气短心悸、倦怠食少、咽干口渴、风湿、腰腿疼痛、四肢不仁、关节屈伸不利、冻疮等症。樱桃营养丰富，其铁的含量在众水果中居首位。

(3) 初步加工。清洗干净即可。

(十三) 山楂

(1) 产地、种类、应用。山楂又称“红果”“山里红”，是我国历史悠久的特有果品，分布较广，产量较多的有山东、辽宁、河北等省。山楂品种繁多，常见品种有大山楂、大金星、辽红、圆果山楂等。山楂一般 10 月收果，较耐储运。山楂以果大均匀、色泽红而鲜艳、无虫无伤无僵果为佳。山楂除鲜食外，多数制成蜜饯、果酱、山楂糕、糖葫芦、山楂片等。在烹调中多作甜菜。

(2) 营养食疗价值。山楂味酸甘、性微温。山楂能防治心血管病，具有扩张血管、强心、增加冠脉血流量、改善心脏活力、兴奋中枢神经系统、降低血压和胆固醇、软化血管及利尿和镇静作用；山楂具有防治动脉硬化作用；它能开胃消食，特别对消肉食积滞作用更好；山楂有活血化淤的功效，有助于解除局部淤血状态，对跌打损伤有辅助疗效；山楂所含的黄酮类和维生素 C、胡萝卜素等物质能阻断并减少自由基的生成，能增强机体的免疫力，有防衰老、抗癌的作用；山楂中有平喘化痰、抑制细菌、治疗腹痛腹泻的成分。山楂果肉内含红色素和果胶等物质，含有多种碳水化合物、矿物质、维生素等。

(3) 初步加工。清洗干净即可。

(十四) 猕猴桃

(1) 产地、特征、应用。猕猴桃又称奇异果，是世界上的一种新兴水果，我国大部分地区都有栽培，尤以长江流域地区分布最多，被称为中华猕猴桃，主要品种有中华猕猴桃、软枣猕猴桃、金花猕猴桃等。猕猴桃果肉绿色或黄色，中间有放射状的小黑子，口味独特，甜酸适口，色香味俱佳。其质量以果肉爽嫩、个大汁多、香味浓为上品。除鲜食外，可用做果酱、打汁、蜜饯、果脯，在烹调上多用作菜肴的点缀、水果沙拉和水果拼盘等。

（2）营养食疗价值。猕猴桃味甘酸、性凉。具有清热止渴、和胃降逆、清热生津、健脾止泻、止渴利尿的功效。可治食欲不振、消化不良、反胃呕吐、烦热、黄疸、消渴、疝气、痔疮等症。猴桃含有维生素 C、维生素 E、维生素 K 等，属营养和膳食纤维丰富的低脂肪食品，对减肥健美、美容有独特的功效；猕猴桃含有抗氧化物质，能够增强人体的自我免疫功能；猕猴桃中有良好的膳食纤维，它不仅能降低胆固醇，促进心脏健康，而且可以帮助消化，防止便秘，快速清除体内堆积的有害代谢物。猕猴桃含有大量的天然糖醇类物质肌醇，能有效地调节糖代谢，调节细胞内的激素和神经的传导效应，对防止糖尿病和抑郁症有独特功效。猕猴桃富含精氨酸，能有效地改善血液流动，防止血栓的形成，对降低冠心病、高血压、心肌梗死、动脉硬化等心血管疾病的发病率和治疗阳痿有特别功效。据营养分析，猕猴桃营养价值为众水果之最。每百克果肉含维生素 C 100～400 毫克，是苹果的 70～80 倍，还含有维生素 B、维生素 P、脂肪、蛋白质及矿物质等。

（3）初步加工。搓洗干净表皮的绒毛，去皮后使用。

（十五）木瓜

（1）产地、特征、应用。木瓜又称万寿果，果实如瓜，长在木本上，故称木瓜。我国木瓜产区甚广，主要有安徽、浙江、四川、山东、广东、湖南、湖北、广西等省。木瓜品种较多，如玉兰木瓜、狮子头木瓜以及美国夏威夷木瓜、泰国木瓜等。木瓜一般为椭圆形，嫩时为绿色，成熟后转为橘黄色或红黄色。嫩果有乳白色的汁液，成熟果皮色鲜艳、果肉甜滑、香味清幽。木瓜既作水果鲜食，也作烹调原料，煲、炖、炒、焖均可，如“鱼翅炖木瓜”“冰糖燕窝炖木瓜”均是菜肴珍品，也可作甜菜，点心馅料、水果沙拉、水果拼盘等。

（2）营养食疗价值。木瓜味酸、性温，具有健脾消食、通乳抗癌、提高抗病能力、抗痉挛等功效。果实含有丰富的木瓜酶、维生素 C、维生素 B、矿物质胡萝卜素、蛋白质、钙盐、蛋白酶、柠檬酶等，具有防治高血压、肾炎、便秘和助消化、治胃病的作用。木瓜对人体有促进新陈代谢和抗衰老的作用，还有美容护肤养颜的功效。木瓜液中含有一种能分解蛋白质的酶，可助人体消化。

（3）初步加工。开边去核后，用刀将肉与皮片离。

（十六）椰子

（1）产地、特征、应用。椰子，是热带主要水果之一，在我国主要产于海南省及云南的边境地区。每年 5 月开始成熟上市，品种有高椰和矮椰两大类，果实较大，多为圆形或椭圆形，皮黑褐色或黄褐色，嫩椰子则呈绿色，肉乳白色，味甘甜，汁液清香，尤其是嫩椰子的汁液，清甜芳香，肉质柔软脆嫩可解渴祛暑。椰子肉脂肪、蛋白质含量丰富，可作椰子油。椰子制品很多，椰丝、椰蓉、椰浆均用于点心制作，也可烹制菜肴，如“椰子煲竹丝”“园林椰奶鸡”“海南椰子盅”等，炒、煲、炖等均可。

（2）营养食疗价值。椰子性味甘、平，果肉具有补虚强壮，益气祛风，消疳杀虫的功效。常吃椰子能令人面部润泽、益人气力及耐受饥饿。可治小儿涤虫、姜片虫病。椰子水具有滋补、清暑解渴的功效，可治暑热类渴、津液不足之口渴；椰子壳油可治癣、杨梅疮；椰子肉中含有蛋白质、碳水化合物，椰油中含有糖分、维生素 B_1、维生素 B_2、维生素 C 等，椰子汁含有的营养成分更多，如果糖、葡萄糖、蔗糖、蛋白质、脂肪、维生素

B、维生素C以及钙、磷、铁等微量元素及矿物质。

(3) 初步加工。将椰子的外皮斩去、剥干净，然后在椰子眼上扎孔将椰子水倒出留用。把椰子壳敲裂剥开，把肉撬出，最后把肉上的黑皮削干净，留下白肉即可。如是做椰子盅，需用锯子将硬壳锯开。

(十七) 甜瓜

(1) 产地、种类、应用。甜瓜又称香瓜、梨瓜、甘瓜、哈密瓜等，在我国大部分地区均有栽种，特别是新疆、甘肃、山东等省区所产的甜瓜品种多，产量大，质量好。甜瓜通常在6～8月开始成熟上市，其果实气味芳香，汁多味甜，肉质爽脆。甜瓜品种一般根据果皮厚薄分为厚皮、薄皮两大类。著名品种有新疆哈密甜瓜、兰州蜜瓜、益都银瓜及十条筋、海冬青、绿皮香、黄香瓜等，哈密瓜因古代哈密王把其作礼品献给朝廷而得名。哈密瓜香甜可口，果肉细腻，而且果肉越靠近种子处，甜度越高，越靠近果皮越硬，因此皮最好削厚一点，吃起来更美味。哈密瓜肉厚多汁，清香鲜甜，肉质脆嫩，多呈椭圆形，成熟度高的瓜肉质柔软，香味浓郁，甜度较高，但不耐储存。甜瓜可炒、也可作甜菜，点心馅料、水果沙拉、水果拼盘、水果盅、果雕等。

(2) 营养食疗价值。甜瓜，性寒味甘，中医认为，甜瓜类的果品性质偏寒，还具有疗饥、利小便、益气、清肺热止咳的功效，含蛋白质、膳食纤维、胡萝卜素、果胶、糖类、维生素A、维生素B、维生素C、磷、钠、钾等。甜瓜果肉有止渴、除烦热、防暑气等作用，可治发烧、中暑、口渴、尿路感染、口鼻生疮等症状，清凉消暑，除烦热、生津止渴，是夏季解暑的佳品。食用甜瓜对人体造血机能有显著的促进作用，可以用来作为贫血的食疗之品。如果常感到身心疲倦、心神焦躁不安或是口臭，食用甜瓜都能有所改善。甜瓜的蒂含苦毒素，具有催吐的作用，能刺激胃壁的黏膜引起呕吐，适量的内服可急救食物中毒，而不会被胃肠吸收，是一种很好的催吐剂。甜瓜鲜瓜肉中，维生素的含量比西瓜多4～7倍，比苹果高6倍，比杏子也高1.3倍。这些成分有利于人的心脏和肝脏工作以及肠道系统的活动，促进内分泌和造血机能，加强消化过程。甜瓜不仅是夏天消暑的水果，而且还能够有效防止人被晒出斑来。每天吃半个甜瓜可以补充水溶性维生素C和B族维生素，确保机体保持正常新陈代谢的需要。

(3) 初步加工。开边去核后，用刀将肉与皮片离，或者用雕刻刀雕成瓜盅、瓜灯、龙船等形状使用。

(十八) 西瓜

(1) 产地、特征、应用。西瓜，我国南北各地均有种植，夏季均有大量上市，既是鲜美果实，又是消暑佳品，在夏令水果中有重要地位。西瓜品种根据其用途可分为果实用和种子用两大类。果实用西瓜比较著名的品种有蜜宝、郑州三号、新疆瓜、喇嘛瓜、三白瓜、马铃瓜及无子西瓜等。西瓜可食用部分含水分达94%，糖分和维生素A、维生素B、维生素C、果胶物质及钙、磷、铁等矿物质含量丰富。除具有营养价值外，还兼有药用价值。西瓜品质的鉴别，首先是决定于品种的特性；其次是正确判断其成熟度，未成熟的西瓜是达不到质量要求的；再次是观察瓜皮的厚薄和瓜体的大小等。西瓜除作水果鲜食外，在烹调上主要用做甜菜，如“西瓜盅”。整瓜作瓜雕，瓜皮还可炒、烧和作泡菜使用等。

(2) 营养食疗价值。西瓜性寒，味甘，具有清热解暑、生津止渴、利尿除烦的功效。

可治胸膈气壅、满闷不舒、小便不利、口鼻生疮、暑热中暑、解酒毒等症。西瓜还含有能使血压降低的物质；吃西瓜后尿量会明显增加，这可以减少胆色素的含量，并可使大便通畅，对治疗黄疸有一定作用；鲜的西瓜汁和鲜嫩的瓜皮能增加皮肤弹性、减少皱纹、增添光泽，使人变得更年轻。

(3) 初步加工。开边切块使用或开边切块后用刀将肉与片离使用。也可用雕刻刀雕成各种形状的瓜雕、瓜盅等。

(十九) 火龙果

(1) 产地、特征、应用。火龙果本名青龙果、红龙果，原产于中美洲热带。火龙果营养丰富、功能独特，它含有一般植物少有的植物性白蛋白及花青素，丰富的维生素和水溶性膳纤维。火龙果树为仙人掌科的三角柱属植物，原产于巴西、墨西哥等中美洲热带沙漠地区，属典型的热带植物。火龙果是一种由南洋引入台湾，再由台湾改良引进海南省及大陆南部广西、广东等地栽培的植物。火龙果因其外表肉质鳞片似蛟龙外鳞而得名。它光洁而巨大的花朵绽放时，飘香四溢，盆栽观赏使人有吉祥之感，所以也称“吉祥果”。在烹调上可用于炒、炸、水果沙拉、水果拼盘、甜品等。

(2) 营养食疗价值。火龙果中花青素含量较高，具有抑制脑细胞变性，预防痴呆症和解毒的作用。此外，火龙果所含的白蛋白对胃壁还有保护作用。火龙果富含维生素 C，可以消除氧自由基，具有美白皮肤的作用。火龙果是一种低能量、高纤维的水果，水溶性膳食纤维含量非常丰富，因此具有减肥、降低胆固醇、润肠、预防大肠癌等功效。火龙果中含铁元素量比一般水果要高，铁元素是制造血红蛋白及其他含铁物质不可缺少的元素，对人体健康有着重要作用。火龙果中芝麻状的种子有促进胃肠消化的功能。

(3) 初步加工。开边后剥皮使用，或整只剥皮后使用。

六、常见干果

干果是一大类带坚硬壳质的果品，可食用部分为种子的果仁。包裹果仁的一层薄膜为果衣，一般不食。果仁有甜味和香味两类。甜果仁肉质较松软，香果仁肉质松脆。

1. 栗子

(1) 产地、特征、应用。栗子，又称板栗。我国南北各地均有栽培，主要产地为河北、山东、河南、北京、辽宁、江西、江苏等省，尤以华北地区生产最多，通常 8~10 月成熟上市，常见品种有明栗、大油栗、猪腰栗、白毛栗等。栗子以果实饱满、个大均匀、色泽鲜艳、肉质细腻、甜味浓厚、富有糯性为佳。栗子在烹调上使用较广，适于烧、炒、煲、炖、焖等烹调方法及点心馅料，还是制作炒货的原料。

(2) 营养食疗价值。栗子性温，味甘平，具有养胃健脾、补肾强筋、活血止血的功效。可治反胃不食、泄泻痢疾、吐血、便血、筋伤骨折淤肿、疼痛、肿毒等症。栗子中所含的丰富的不饱和脂肪酸和维生素、矿物质，能防治高血压病、冠心病、动脉硬化、骨质疏松等疾病，是抗衰老、延年益寿的滋补佳品；栗子含有核黄素，常吃栗子对日久难愈的小儿口舌生疮和成人口腔溃疡有益；栗子是碳水化合物含量较高的干果品种，能供给人体较多的热能，并能帮助脂肪代谢，具有益气健脾，厚补胃肠的作用；栗子含有丰富的维生素 C，能够维持牙齿、骨骼、血管肌肉的正常功用，可以预防和治疗骨质疏松，腰腿酸

软，筋骨疼痛、乏力等症；可以延缓人体衰老，是老年人理想的保健果品。

(3) 初步加工。用小刀剥去硬壳、削去外皮后使用，也可连壳煮熟后再剥去硬壳和外皮。

2. 核桃

(1) 产地、特征、应用。核桃又名“胡桃”。我国南北各地均有栽培，主要产地为北方各省及西南地区，以河北、山西、陕西、云南、贵州、山东、新疆为盛产地，每年初秋成熟上市，主要品种有绵核桃、石门核桃、薄皮核桃、光皮核桃等。核桃以个大圆整、壳薄白净、肉饱满、身干色黄白、含油量高而佳。桃仁是重要的油料作物，也是烹调中常用的干果之一，适于炒、扒、炖、煲、爆、焖、拔丝等，也可作甜菜及点心馅料等。

(2) 营养食疗价值。核桃味甘、性温，无毒，具有乌须发、补血养气、补肾填精、止咳平喘、润燥通便等良好功效。核桃营养成分丰富，桃仁中含蛋白质、脂肪、糖类以及多种矿物质和维生素，可用于治疗神经衰弱、高血压、冠心病、肺气肿、胃痛等症。核桃果中的磷脂对脑神经有良好保健作用；核桃油含有不饱和脂肪酸，有防治动脉硬化的功效；核桃仁中含有锌、锰、铬等人体不可缺少的微量元素，人体在衰老过程中锌、锰含量日渐降低，铬有促进葡萄糖利用、胆固醇代谢和保护心血管的功能。核桃仁的镇咳平喘作用也十分明显，冬季食用，对慢性气管炎和哮喘病患者疗效极佳。

(3) 初步加工。把核桃硬壳敲开，剥出桃仁，然后把桃仁汆水，用牙签将桃仁表皮剔干净即可。

3. 松子仁

(1) 产地、特征、应用。松子仁又称松仁、松子，是松树的松果去壳后得到的种仁。我国主要产于东北、西南、西北等地区，尤以东北出产最多、最好。品种按产地分为东北松子、西南松子和西北松子。松子仁以粒大完整、均匀干爽、仁肉饱满、色白、无异味、碎粒少为佳。松子仁营养成分丰富，松子仁富含蛋白质、脂肪，是烹调中常用的干果之一，多作配料，适于炒、爆、熘、烧、炸等，可作点心馅料和装饰料，还是制作炒货的原料。

(2) 营养食疗价值。松子仁味甘、性温，具有补肾益气、养血润肠、滑肠通便、滋阴润肺、美容抗衰、延年益寿等功效，所以，松子仁又称长寿果。松子仁的营养价值很高，在每百克松子仁肉中，含蛋白质 16.7 克，脂肪 63.5 克，碳水化合物 9.8 克以及矿物质钙、磷、铁和不饱和脂肪酸等营养物质。松子仁内含有大量的不饱和脂肪酸，常食松子仁可以强身健体，特别对老年体弱、腰痛、便秘、眩晕、小儿生长发育迟缓均有补肾益气、养血润肠、滋补健身的作用。松子仁具有滋阴润燥、扶正补虚的功效，特别适合体虚、便秘、咳嗽等病患者食用。松子仁中的磷和锰含量也非常丰富，这对大脑和神经都有很好的补益作用。

(3) 初步加工。不需初步加工。如果需要炸制，一般先汆水再炸。

4. 腰果

(1) 产地、特征、应用。腰果原产非洲及南美，是世界著名四大干果之一。我国目前主要产于海南、云南、广东、福建和中国台湾等省。腰果是腰果树上的果实，其果实由两部分组成。上部叫果梨，称假果，重量是下部的 3～4 倍，肉质松软，多汁，较甜美，有一种特殊香味，可作水果鲜吃；下部是腰果，由果壳与果仁组成。其质量以颗粒整齐均匀、仁肉色白饱满、味香、干爽、无碎粒无异味、含油量高为佳。腰果仁可生食或炒（炸）食，是烹调中常用的干果之一，适于炒、爆、炸、返沙等烹调方法，多用做配料，可作点心馅料及装饰料等。

（2）营养食疗价值。腰果味甘，性平，无毒。可治咳逆、心烦、口渴。腰果营养成分丰富，每百克果仁含蛋白质21克、脂肪45克、糖类22.3克，以及少量的矿物质和维生素。它含有丰富的油脂，可以润肠通便，润肤美容，延缓衰老。经常食用腰果可以提高机体抗病能力，增进食欲，使体重增加。

（3）初步加工。市场所售卖的腰果一般已剥去外壳，不再需初步加工。如果需要炸制，一般先汆水再炸。

5. 夏果

（1）产地、特征、应用。夏果是夏威夷果（澳洲坚果）的简称，是一种原产于澳洲的树生坚果，有“干果皇后”“世界坚果之王”的美称。夏威夷果（澳洲坚果）果仁营养丰富，其外果皮青绿色，内果皮坚硬，呈褐色，单果重15～16克，含油量70%左右，蛋白质9%。夏威夷果（澳洲坚果）果仁香酥滑嫩可口，其果仁大，颗粒饱满细腻，有独特的奶油香味，是世界上品质最佳的食用用果，风味和口感都远比腰果好。夏威夷果除了用于制作干果外，还可用于炒、炸、制作高级糕点、高级巧克力、高级食用油、高级化妆品等。

（2）营养食疗价值。夏威夷果含油量高达60%～80%，还含有丰富的钙、磷、铁、维生素 B_1、维生素 B_2 和氨基酸，含有人体必需的8种氨基酸，还富含矿物质和维生素。因为夏威夷果富含单不饱和脂肪酸，所以它不仅有调节血脂血糖作用，还可有效降低血浆中血清总胆固醇和低密度脂蛋白胆固醇的含量。

（3）初步加工。市场所售卖的夏果一般已剥去外壳，不再需初步加工。如果需要炸制，一般先汆水再炸。

七、果品在烹调中的运用

果品自古以来在烹饪中均有应用，无论是大型宴会的筵席到日常便餐小菜，都有干、鲜果品的使用。近年来，随着烹饪技艺的发展、创新，果品原料逐渐在烹饪中占据一定的地位，适合制作高档的甜菜，清爽可口的冷菜，别具风味的热炒，花式各异的糕点以及拼盘、果雕、装饰和调味等，成为烹饪不可缺少的原料。

1. 作为菜肴的主料

作为菜肴主料，多用于甜菜的制作，花色品种很多，是宴席中不可缺少的菜品，如拔丝类、蜜汁类、甜羹类等。另外，传统高级筵席上的干碟（葡萄干、琥珀桃仁、橘子饼、炒大扁），四果脯（桃脯、蜜枣、荸荠脯、藕脯），四蜜饯（蜜饯海棠、蜜饯红果、蜜饯山药、蜜饯莲子），四甜碗（橘子银耳、菠萝甜冻、什锦果类、八宝果品甜饭），四鲜果（蜜柑、北山苹果、玫瑰葡萄、芝麻香蕉），这些都是用各种果品做成的。根据筵席程序依次上席，以调剂口味，增进食欲或醒酒止渴，大大丰富了筵席的内容。

2. 作为菜肴的配料

果品作为菜肴的配料十分普遍，荤素皆宜，尤其是与蔬菜相配制的菜肴，风味独特，

在营养组合和口味配置方面均有独到之处。而且，在创新菜肴花式品种方面有着广泛的开拓前景，如近年流行的“香杧海鲜盏”“三色蜜瓜龙虾”“椰青炒花枝片”“苹果腰果虾仁”“凤眼果焖田鸡”“栗子焖鹅”等。

3. 用于制作糕点

在糕点制作中，经常使用果品制作馅心，如莲茸、枣茸、栗茸等，咸甜均可。制作糕点中不但使用果脯、蜜饯、果仁、果干，还使用鲜果，如广式点心“榴莲酥”“菠萝酥”“水果生日蛋糕”“栗子蛋糕”等，应用十分广泛。

4. 作为菜肴的装饰料

作为菜肴的装饰料，在烹饪中也是常见的，特别在冷拼盘中起到重要作用。使用各式色彩鲜艳的水果作装饰原料，不但起到点缀作用，而且丰富了拼盘的口味。一些花式菜肴使用水果拼边装饰盛装器皿，使这些菜肴更加美观，更显名贵，也可以调节口味。一些水果还可作蔬果雕刻造型，突出烹饪的艺术性和观赏性，如西瓜盅、西瓜灯等。

5. 制作酱汁用于调味

果品含糖分较多，也含有各种风味的果酸和多种芳香味类物质。用于打汁制酱，可以制作出各种酸甜芳香的水果型汁、酱，比由厂家加工好的果汁、果酱更鲜美，因此近年不少厨师直接使用鲜果自行配制水果汁酱用于菜肴调味，效果也非常好，如杧果汁、鲜橙汁、葡萄汁、草莓酱等。

八、果品的品质鉴定

厨师对果品的品质鉴定，一般使用感官检验法。由于果品的种类繁多，因而品质鉴定的标准不可能完全一致，主要是根据对果品认识的经验，凭感官来鉴定果品的质地、颜色、大小、形状等。其中，以鉴定果品的质地最重要，其质地往往会通过形状、颜色或熟度、新鲜度等各个方面表现出来，直接关系到果品的营养和使用价值。

1. 果形

果品形状是品质的重要特征，每种果品都有它固有的典型形状，反之，那些生长状况不良，如缺水、缺肥、病虫害或自然水土不符合其生长而造成畸形果或失去其应有的果形的果实，质量便差。另外，果的大小、肥壮也是果形的一个标准。同类品种的鲜果，个大体形丰满的，则生长发育良好，营养物质丰富，可食部分较多，因而品质优良；个小体形干细，则生长发育不良，营养不够充分，风味欠佳。

2. 色泽和花纹

果品的色泽由不同的色素所形成，色泽能反映果实的成熟度、新鲜度以及同一果品的不同品种。水果在成熟过程中，会呈现出不同的色泽，未成熟的水果与成熟的水果，在色泽上有很大的差异。新鲜水果应具有鲜艳的色泽，当水分蒸发色泽便改变，其鲜艳度便降低；不新鲜的水果色泽暗淡，无光泽，质量也就下降。同一果品不同品种，也可以在色泽上反映出来，例如通过色泽可以判断出同一果品的不同品种，如苹果中的美国蛇果，深红带黑；富士苹果，粉红色带黄白；印度苹果，通体青绿等。花纹主要反映在果品的表皮上，凡有花纹的果品应以花纹清晰者为佳。不同果品、相同果品不同品种，花纹有一定区别，通过辨别花纹，可以认识不同果品或相同果品不同品种。

3. 成熟度

果品成熟的过程，是其化学成分和生理活动不断变化的过程。而成熟度是鉴定果品质量的一个重要指标，成熟度对于果品的风味质量和耐储性有很大的关系。未成熟的果品一般质地较硬，淀粉多，水分少，涩味重，香味不足，各种营养成分也不完全，但耐储存。过度成熟的果品一般质地较松软，水分多，容易破裂、腐烂，不能储存，影响菜肴的使用。成熟度恰好的果品，各项质量指标都能达到要求，风味最佳，而且也耐储藏，食用价值较高。

4. 病虫害

果实在生长、储藏期间，由于管理不善，容易遭受病虫害的侵染，从而使果品的质量下降。病虫害对果实品质的影响是很大的，受病虫害的危害，果品会出现虫口、疤痕，影响外观，降低品质，严重的还会使果肉变味、变色、变质，完全丧失其食用价值。

5. 损伤

果实在采摘、分装、运输、储存和销售过程中，都有可能受到摔、碰、压、砸及刺伤等，这些损伤都会破坏果实的完整性，并容易引起微生物感染，引起腐烂。果实的伤口还会破坏其细胞组织，使之呼吸强度增大，加速后熟作用，引起品质下降，因而，凡是有损伤的果品，都属于品质差的果品。所以，在采购、使用果品时，一定要选择那些果形好、个大肥壮、色泽鲜艳、成熟度好，无伤痕无病虫蛀的果实，以保证其质量。

九、果品的储藏保鲜

果品的合理科学储藏保管，是解决果品在购进后长期使用的一项重要措施。果品在储藏保管过程中，其化学成分和生理活动会发生种种变化，这些变化会引起果品的新鲜度、色泽、风味、品质等的变化，甚至会变质腐烂，从而影响食用价值和营养价值，使其受到损失。

新鲜果品储存的关键，是根据各类果品的特点，创造适宜的外界环境条件，既要维持其正常的生理活动，又要尽量抑制其呼吸强度，减少微生物的作用，充分利用果品的抗病性，以达到保鲜、减少损耗、延长储存期的目的。

低温是储藏新鲜果品的主要方法。低温能减弱水果的呼吸作用，降低水分的蒸发，延缓其成熟过程和抑制微生物的繁殖生长，使水果在一定期限内保持其新鲜度及品质。保藏水果的适宜温度应根据各类水果的特点而定，一般不能低于0℃以下和不能高于10℃以上。温度过低，果品受冷冻易烂；温度过高，保藏时间会不长。苹果、梨、桃、杏、李、葡萄、菠萝为0～2℃，柑橘类为2℃～5℃，香蕉为12℃～13℃。

根据低温储藏水果的要求，采用的具体方法有：地沟储藏、地窖储藏、屋库储藏、冷库储藏、气调储藏、冷风库储藏、冷柜储藏等，这些方法可根据各自不同条件采用。

干果本身比较干燥，保管中主要是注意防潮、防虫、防出油等。

最后，保藏果品的地方切忌存放碱、油、酒等原料，以免刺激果品变味变质。同时要合理堆码，分类存放，保持通风透气，并经常检查，去旧存新，以保证果品质量完好。

本章小结

本章从分析果品的主要化学成分开始，阐明了果品原料富含各种营养成分，不但能供给人体必需的营养物质，而且能促进食欲，帮助消化和调节人体的生理功能，在烹饪中有广泛的使用。通过本章的学习，还可以了解各种果品类原料：从原料组织结构、分类和特性到初步加工，从品质鉴别到储藏、保鲜方法等，从而加强对整个果品类原料的认识。

思考题

一、概念理解题

1. 鲜果的含水量是其重要的品质特征，是衡量________的重要标志，存放过长而失水的鲜果会致品质________。

2. 糖是果品的主要营养成分，主要有果糖、________和________。

3. 有机酸是果实酸味的主要来源，果品中的有机酸主要有苹果酸、________和________三种。

4. 干果是一大类带________的果品，可食用部分为________，分有________和________两类。

5. 厨师对果品的品质鉴定，一般通过________来鉴定果品的质地、________、________和形状等。

6. 果品在储藏保管中，其________和________会发生种种变化，从而影响果品的食用价值和营养价值。

二、技能应用题

1. 如何鉴别果品的品质?

2. 新鲜果品储存的关键是什么?

3. 应如何鉴别西瓜品质的优劣?

4. 栗子有何营养价值?

5. 菠萝如何进行初步加工?

6. 椰子如何进行初步加工?

第十章 刀工技术

【知识目标】

掌握刀法的运用。

【能力目标】

通过学习具备运用不同的刀法将烹饪原料成形的能力。

【德育目标】

通过学习培养学生正确使用刀具加工成形原料的能力，纠正不良的用刀习惯，注意用刀的安全。

【学习重点】

原料的成形。

【学习难点】

原料的分档与整料出骨。

本章作为本书的一个知识环节，从理论上系统地介绍刀工技术，使学习者了解刀法的整个体系，掌握刀工的基本要求与刀法的运用，熟悉烹饪原料的加工成型标准，为实际刀工操作奠定基础。

一、刀工的概念

刀工就是根据烹调和食用的要求，运用不同的刀法将原料或食物加工成特定形状的工艺过程。

根据对象和目的，刀工分为粗料加工和细料加工。粗料加工是指对原料进行初步加工，也叫初加工或粗加工；细料加工是指最后决定原料形态的加工，也叫精加工。一般来说，这两者是先后工序的关系。

烹饪原料都要先经过初加工，然后再作进一步的刀工处理才能进行烹制。有的原料经初步烹制后还是半成品，在食用前还必须再进行加工处理成合适的形状才便于食用，这些都必须通过刀工技术来实现。

从整个烹调过程来说，刀工、火候、调味是三个重要的环节，互相配合，互相促进。如果刀工不合规格，形态不一、厚薄不匀，就会使原料在烹调中出现味道不均、生熟不一的情况，从而使菜肴失去了良好的色、香、味、形、口感。

我国菜肴讲究色、香、味、形，其中菜肴的形、味与刀工有着密切的关系。随着烹饪技艺的发展，消费水平的提高，人们对刀工技术的要求已不只是改变原料的形状，而是进一步要求能美化成品。所以，刀工技术不仅具有很强的技术性，而且还有很高的艺术性。

二、刀工的作用

刀工的作用主要有以下几点。

1. 精细加工，便于食用

中餐饮食使用的是筷子而不是刀叉，食物需要厨师用刀具进行加工，切改成小块以方便食用。

2. 分割原料，便于烹调和获得菜肴的理想质感

各种烹饪原料的自然形态、质地各不相同，各种各样的烹调方法要求不同的火候，这就要求原料的形态要配合烹调的需要。例如，“炒”的烹调方法是运用热油猛火进行急速烹制的一种工艺，成菜要有脆嫩的质感，因此就需将原料切成较小的体积以便于烹制。而“焖”的烹调方法要求菜品有软烂质感，故加热时间较长，这就需要将原料保持原形或较大的块状。

3. 剞纹切块，便于烹制时入味

体积较大的整块原料如果不切开，烹制时加入的调味品就不容易渗透入原料内部，必须将其切细或在其表面剞上刀纹，才容易使其入味。

4. 美化菜肴，引起食欲

原料经过刀工处理后，切割成各种整齐美观的形态，烹制出来的菜肴会显得更为协调，诱人食用。

三、刀工的基本要求

要研究和掌握刀工技术，首先要了解有关刀工方面的一些基本要求，只有在掌握了这些基本要求的前提下才能进一步研究刀工操作的各项具体步骤。刀工的要求主要有以下几点。

1. 整齐划一

就是使原料粗细均匀、厚薄一致、大小相等。经刀工切割的原料，无论是丁、丝、片、条、块或其他形状的原料，每一种形态的单位体积都需要粗细、厚薄、长短相仿，才能使烹制出的菜肴色、香、味、形、口感俱佳，而且符合饮食卫生的要求。反之不仅不美观，而且在调味时，细的、薄的容易入味，粗的、厚的不易入味，这就严重影响了菜肴的口感。烹调时，细薄的原料已先熟，而粗厚的原料内部还未熟透，造成原料生熟不均，如果等到粗厚原料内部成熟了，薄细的原料早已过熟或形态发生严重的变化，香味、颜色和质感都会相应改变。

2. 清爽利落

在刀工操作之时，需注意原料清爽利落，不可互相粘连。不论是丝与丝之间、片与片之间、条与条之间或块与块之间，必须截然分开。如果前面断开，后面还连着，上面断开，下面还连着，肉断了，筋膜还连着，这不仅会影响菜肴形态的美观，而且还影响烹调

和食用。

要想达到原料加工清爽利落的目的，要注意以下三点。

(1) 刀刃锋利没有缺口。

(2) 砧板平整。刀刃与砧板应保持在同一水平线上，砧板不可凹凸不平。

(3) 操作时用力均匀。

3. 密切配合烹调的要求进行加工

菜肴有各种不同的烹调方法，也就有不同的调味与火候的要求，因此刀工就有不同的配合要求。例如，汆、炒等烹调方法所用的火力旺，加热时间短，因而原料在刀工处理上就必须切得薄一些、小一些，过分厚大不仅不易入味，而且也不易熟透；炖、焖等烹调方法所用的火力较小，时间较长，因此原料的刀工处理就必须切得厚一些、大一些，过分薄小则烹制后肉质收缩或散碎。此外，还有根据使用量进行加工，避免原料过早加工而导致品质变坏。

4. 根据原料的特性灵活用刀和运刀

不同的原料具有不同的特性，在进行刀工处理时，应根据原料的不同性能选用不同的刀具和采取不同的方法。例如：韧性肉类原料，一般用片刀或桑刀切，必须用拉切的刀法；猪肉较嫩，肉中结缔组织少，可斜顺着肌肉纤维纹路切，如果横刀，就容易断；如果肉较老，只有斜切才能达到既不断又不老的目的；牛肉较老，结缔组织多，必须横着肌肉纤维的纹路，把筋切断，炒熟后就不会老；鸡脯肉和鱼肉最嫩，要顺着肌肉纤维纹路来切，可以使切出的丝和片不断。脆性的原料，如冬瓜、笋等可用直刀法切。而火腿片形薄且易碎不宜直切，应该采用推拉切的方法加工。带骨头类原料一般要用骨刀砍。根据原料的特性加以适当的刀工处理，才能保证菜肴的质量。

5. 注意同一菜肴中几种原料形状的协调

每一种菜肴的组合往往包括主料和辅料，在刀工处理时应注意两者之间形态的协调，一般是辅料服从主料。如在炒菜方面，辅料应采取和主料同一形态为宜，而且辅料应比主料略小一些，方能把主料衬托得更加突出。例如“五彩炒肉丝”，肉切成丝，其他的辅料都应切丝搭配，且肉丝的量要比辅料稍大。

6. 物尽其用

合理使用原料是整个烹制过程中的一项重要原则，在刀工处理时更应注意，必须懂得量材使用，大材大用、小材小用。同样的原料，如能精打细算，并且选用刀法得当，不仅能使加工的成品整齐美观，还能节约原料。

7. 注意卫生，做好保管

原料切改完毕并不意味着刀工结束，如果不对原料进行妥善的处理，导致原料变坏，前面的工作将前功尽弃。

需要指出的是，加工过程中运用的刀工方法并非是一成不变的，必须在实践中不断总结经验，反复练习、刻苦钻研，然后熟能生巧，达到准、快、巧、美的要求。

四、刀工工具的种类使用和保养

刀工技术必须借助一定的加工工具，这些工具主要就是刀具和砧板。作为一个厨师必须懂得如何选择和保养这些工具。

1. 刀的种类与使用

厨师所用的刀，种类很多，一般可按其用途和根据它们的形状来进行分类。按刀的用途分可分为片刀、斩刀及文武刀三种。

(1) 片刀。片刀包括桑刀，但形状和重量不同。

性能：重约500克，轻而薄，刀刃锋利，钢质，硬度大。

用途：适宜切成片精细的原料，如鸡丝、火腿片、肉片等。但不可切带骨的或硬的原料。

(2) 斩刀。斩刀又称骨刀、厚刀。

性能：重约1000克，背厚，刀口呈三角形。

用途：专用做斩带骨的原料。

(3) 文武刀。

性能：重约750克，前部近于片刀，后部近于斩刀，刀口一边平直一边斜。适用范围较广。

用途：刀的前部可以切精细的原料，后部可以斩带骨的原料，但只能斩小骨，如鸡、鸭骨，不能斩较大的硬骨。

此外还有通肠刀，剪刀，果刀，刨刀（瓜刨）等刀具。

2. 刀的保养

刀锋利不钝，才能使刀工处理后的原料整齐、平滑、美观，没有互相粘连的毛病，因此平时要注意对刀的保养，每次用刀后必须揩擦干净放在刀架上，防止生锈，而且还必须懂得磨刀的方法。现将刀的一般保养及磨刀方法分述如下。

(1) 用刀后的一般保养方法。

①用刀后必须用干净的布揩干刀身两面的水分。咸味或带有黏性的原料，如咸菜、藕、菱角等，切后黏附在刀两侧的柔酸容易氧化使刀面发黑，所以用后要用水将刀洗净并揩干。

②刀使用后放在刀架上，刀刃不可碰硬的东西，避免碰伤刃口。

③遇有气候潮湿的季节，刀用完后最好在刀口涂上一层植物油，以防生锈和腐蚀，影响使用。

(2) 磨石的种类与应用。

①磨石的种类有粗磨刀石（马尾石）、细磨刀石和油石几种。前者主要成分是黄沙，质地较粗，去铁快，后者主要成分是泥沙，质地较好，容易将刀磨利，同时不伤刀口。用粗磨刀石来磨，刀口总有一些损伤，容易缩短刀的使用寿命，但对于有缺口的刀，就必须在粗磨刀石上磨出刀口后，再在细磨刀石上磨快。所以这两种磨刀石各有用处，是必不可少的工具。

②磨刀前的准备工作。把刀放在碱水中浸一浸，擦去油污，再用清水洗净，冬天可用热水烫一烫。磨刀石要放在磨刀架上，如果没有磨刀架，就在磨刀石下面垫一块布，防止磨刀石滑动。

磨刀石要经常用水浸透，磨刀前，准备一盆清水备用。

(3) 磨刀的方法。不同刀具要用不同磨法，磨刀的方法如下。

①. 片刀。只能在油石上磨，磨刀时刀略翘起5°左右。

②. 斩刀：在粗磨刀石上磨，磨出锋口后，再在细磨刀石上磨，磨时刀背略翘起8°左右。

a. 磨刀的姿势：两脚分开，或一前一后站定，胸部稍为向前，右手执刀，左手按在刀面上，刀背朝身体，刀刃向外，左手要按得重一些，以防刀脱手对人身造成伤害。

b. 开始磨刀的时候，刀面和砖面上都要淋水，刀刃要紧贴砖面，遇到磨得发黏时，需要淋水。推磨时将刀刃推过磨刀石约一半刀面。

c. 磨刀时要经常翻转，刀的正反面及前后、中部都必须轮流均匀地磨到，正反面磨的次数应保持相等。而且刀的前、中、后各部必须磨得均匀，这样才能保证磨完的刀口锋面平直，符合操作要求。

有缺口的刀，应先在粗磨刀石上磨，把缺口磨平后，再拿到细磨刀石上磨。

(4) 磨刀后的鉴别方法。将刀刃朝上，两眼直视刀刃，如看不到刃口上有白色的亮光就可以了，磨后再用清水洗净，用干布擦干。用手指在刀刃上横向轻拉一拉，如指纹上觉得有毛拉感觉就好，如觉得刀刃在手指上打滑就是未磨好。

五、砧板的使用和保养

1. 砧板的使用

砧板是对原料进行刀工操作的衬垫工具。

(1) 砧板的鉴别。选用砧板时，注意材质上以橄榄树或银杏树做的为好，这些木材质地紧密，耐用，其次是皂荚树、榆树，其他如红树材质的也很好。由于松木砧板价格便宜且尺寸可以较大，是常用的砧板。选砧板还应注意砧板的颜色。砧板面微呈青色，且颜色一致，说明是用活树制成的，质量好。如砧板面呈灰暗色，或有斑点，说明是用死木制成的，质量差。

(2) 砧板的作用。

①使食物清洁。用砧板垫在案板上切配原料，能使食品保持清洁卫生，使用时应将切生料的与切熟料的砧板分开，以防细菌的传染。在切熟料时，要注意熟料的品种、色泽，以及有没有卤汁，不同的均应分开切，不可混在一起。一种原料切好后，须用刀铲除砧板上的卤汁，油水或污秽，用干净布揩干净后才可切其他原料。

②使原料整齐均匀。砧板能使原料切得整齐均匀，如不用砧板，在案板上切，案板就很快就会凹凸不平，切出来的原料也就不能整齐均匀。如果砧板有凹凸不平时，应随时修整刨平。

③对刀和案板起保护作用。砧板的木质是直丝缕，刀刃不易钝，案板的木质是横丝缕，易伤刀刃，而且用砧板可以保护案板，不使案板受伤。

2. 砧板的保养

①新砧板买进后可用盐水涂在表面，使砧板的木质经过盐渍起收缩作用，质地更为结实耐用，不易开裂。

②使用砧板时不可只用一边，应该四面边转旋使用。

③如发现砧板凹凸不平，可以用钢刨轻轻刨起凸起部分，以保持砧板表面的平滑。

④砧板使用完毕后，应彻底擦净，用洁布罩好，竖放，吹干水分以便恢复干爽。

六、刀法的运用

刀法就是使用不同的刀具将原料加工成特定形状时采用的各种不同的运刀技法，即运刀的方法。刀法是随着人们对各种原料加工特性的认识不断深化发展起来的。由于烹饪原料的种类不同，烹调的方法不同，原料呈现的形状就会有不同，各种形状不可能用同一种运刀技法完成，因此就出现了各种刀法，这些刀法构成刀法体系。

七、刀法的分类

根据加工用刀的不同，刀法可以分为普通刀法和特殊刀法两大类。普通刀法是指使用普通刀具进行刀工加工的方法，特殊刀法是指使用特殊刀具进行的刀工加工的方法，如食品雕刻。本章只讲述普通刀法。

普通刀法可分为标准刀法与非标准刀法两类。标准刀法是指刀身与砧板平面有一定角度的运刀方法，有直刀法、平刀法、斜刀法以及弯刀法四大类。非标准刀法包括所有刀身与砧板平面不存在规律性角度的运刀方法，如剞、起、撬、刮、拍、削、剖、戳等。

（一）标准刀法

1. 直刀法

直刀法就是在操作时刀口朝下，刀背朝上，刀身向砧板平面垂直运动的一种运刀方法。直刀法操作灵活多变，简练快捷，适用范围广。由于原料性质不同，形态要求不同，直刀法又分为切、剁、斩等几种方法。

（1）切法。切法是指用左手按稳原料，右手持刀近距离从原料上部向原料底部垂直运动的一种直刀法。切时以腕力为主，小臂为辅助进行运刀。切法一般适用于加工植物性原料和动物性的无骨原料。切的刀法基本上有以下几种：

①直切。直切是运刀方向直上直下、着力点布满刀刃、前后力量一致的切法，可分为定料切和滚料切两种。

A. 定料切。定料切是指把原料固定在砧板不动的切法。在定料切过程中如果运刀的频率加快，就产生称作“跳刀”的情况。定料切适用于脆性的植物原料，如笋、冬瓜、萝卜、土豆等。定料切的操作要领如下：

a. 持刀稳、手腕灵活，运用腕力稍带动小臂。

b. 按稳所切原料。一般是左手自然弓指（即手指弯曲弓起）并用中指指背抵住刀身，并与其余手指配合，根据所需原料的规格（长短、厚薄），以蟹爬姿势不断退后移动；右手持稳切刀，运用腕力，刀身紧贴着左手中指指背，并随着左手移动，以原料规格的标准取间隔距离，一刀一刀跳动直切下去。

c. 两手必须密切配合。在每刀间距相等的情况下，从右到左的方向均速运刀。刀口不能偏内斜外，提刀时刀口不得高于左手中指第一关节，否则容易造成断料不整齐，或者切伤手指。

练习定料切时要注意先稳，再好，后快；所切的原料不能堆叠太高或切得过长，如原料体积过大，应放慢运刀速度。

B. 滚料切。滚料切是指所切原料切一刀滚动一次的连续切法。滚料切主要应用于质地脆嫩，体积较小的圆形或圆柱形的植物原料，如萝卜、马铃薯、笋、茄子等。滚料切的操作要领如下：

a. 左手控制原料的滚动，并按原料成形规格要求确定滚动角度，需大块则增大原料滚动的角度，反之减小角度。

b. 右手下刀的角度与运刀速度必须密切配合原料的滚动。刀身与原料成斜切面，与原料成一定的夹角；角度小则原料成形狭长，反之则短而宽。

c. 滚料切要注意双手的动作协调，两眼看准所切的部位，注意形状大小、均匀，随时纠正偏差。

②推切。推切是指刀的着力点在中后端，运刀方向由刀身的后上方向前下方推进的切法，推切适用于切细嫩纤维和略有韧性的原料，如猪肉、牛肉、动物的肝和肾等。推切的操作要领如下。

a. 持刀稳，靠小臂和手腕用力。从刀前部分推到刀后部分时，刀刃才完全与砧板吻合，一刀到底，一刀断料。

b. 进刀轻柔有力，下切刚劲，断刀干脆利落，刀前端开片，后端断料。

c. 对一些质嫩的原料，如动物的肝和肾等，下刀宜轻；对一些韧性较强的原料，如猪肚、牛肉等，运刀要有力。

d. 推切时注意估计下刀的角度，刀口下落时要与砧板吻合，保证推切断料的效果，还要随时观察效果，纠正偏差。

③拉切。拉切又称“拖刀切”，指刀的着力点在前端，运刀方向由前上方向后下方拖拉的切法。拉切适用于体积薄小，质地细嫩并易碎裂的原料，如鸡脯肉、嫩瘦肉等。拉切的操作要领如下：

拉切时，进刀轻轻向前推切一下，再向后下方一拉到底，即所谓“虚推实拉”。这样做有利于原料断纤成形，或先用前端微剁后再向后方拉切，其断料的效果相同。

④推拉切。推拉切又称“锯切”，是运刀方向前后来回推拉的切法。推拉切适用于质地坚韧或松软易碎的原料，如牛踺、熟火腿、面包等。推拉切的操作要领如下：

a. 下刀要垂直，不能偏里向外。如果下刀不直，不仅切下来的原料形状厚薄大小不一，还会影响以后下刀的部位。

b. 下刀宜缓，不能过快。如下刀过快，会影响原料成形，还容易切伤手指。

c. 推拉时，要把原料按稳，一刀未断时不能移动，因为推拉切时刀要前推后拉，如果原料移动，运刀就会失去依托，影响原料成形。

d. 推拉切时，要注意能一刀切断原料就应用推切而不用推拉切（易碎烂的原料例外），反之，也不能用推切；采用正确的推拉切方法，如不能使原料形状完整，则应增加原料厚度。如图 10－1 所示为各种直刀法的切法。

（a）直切

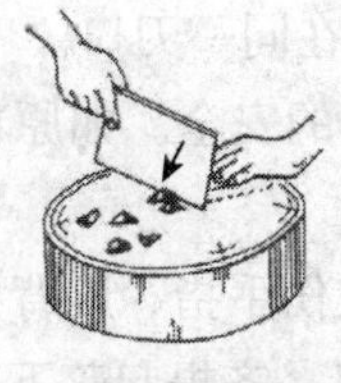
（b）滚料切

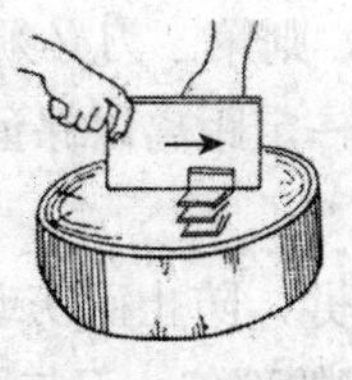
（c）推切

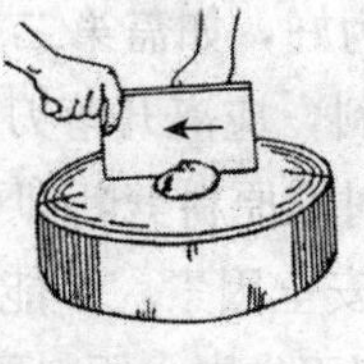
（d）拉切

（e）推拉切

图 10－1　直刀法的切法

（2）剁法。剁法是指刀垂直向下，连续快速地斩碎或敲打原料的一种直刀法。为了提高工作效率，剁通常是左右手持刀同时操作，这种剁法也称为排斩，可分为刀口剁和刀背剁两种。剁法适用于无骨韧性的原料，可将原料制成蓉状或末状，如制作肉丸、鱼蓉、虾饺等。剁法的操作要领如下。

a. 一般两手持刀，保持一定的距离。刀与原料垂直。

b. 运用腕力，提刀不宜过高，用力以刚好断开原料为准。

c. 有节奏地匀速运力，同时左右上下来回移动，并酌情翻动原料。

注意事项如下。

a. 原料在剁之前，最好先切成片、条、粒或小块，然后再剁，这样易均匀，不粘连。

b. 可不时将刀浸湿再剁，防止肉粒飞溅或避免肉粒粘刀。

c. 剁时注意用力大小，以能断料为度，避免刀刃嵌入砧板。

（3）斩法。斩法是指从原料上方垂直向下运刀猛力断开原料的直刀法。斩法根据运刀力量的大小（举刀高度）分为斩和劈两种。

①斩。斩适用于带骨但骨质并不十分坚硬的原料，鸡、鸭、鱼、排骨等。斩又可分为直斩和拍斩两种。直斩是指一刀斩下直接断料的刀法。直斩的操作要领如下：

a. 以小臂用力，刀提高与前胸平齐。运刀时看准位置，落刀敏捷、利落，保证原料大小均匀。斩的力量以能一刀两断为准，不能复刀，复刀容易产生碎肉和碎骨，影响原料形状的整齐美观。

b. 斩有骨的原料时，肉多骨少的一面在上，骨多肉少的一面在下，使带骨部分与砧板接触，容易断料，同时又避免将肉斩烂。

拍斩是将刀放在原料所需要斩断的部位上，右手握住刀柄，左手高举在刀背上用力拍下去从而使刀将原料斩断的一种刀法。如斩鸡头、鸭头、板栗等。拍斩一般适用于圆形、体小而滑的原料，因为滑的关系，需要落刀的部位就不易控制，所以把刀固定在落刀的位置上，以手用力拍刀使其原料斩断。

②劈。对于粗大或坚硬的骨头，应使用劈的刀法，如劈猪头、龙骨等。劈又可分为直刀劈和跟刀劈两种。

直刀劈是将刀对准原料要劈的部位用力向下直劈的刀法。一般适用于体积较大的原料，如劈整只的猪头、火腿等。直刀劈的操作要领如下：

a. 右手的大拇指与食指必须紧紧地握稳刀柄，将刀对准原料要劈的部位直劈下去。

b. 用手腕之力持刀，高举到与头部平齐，用臂膀之力劈原料。下刀要准，速度要快，力量大，一刀劈断为好，如需第二刀，则第二刀必须劈在同一刀口。

c. 左手按稳原料，应离开落刀点一定距离以保证手的安全。如原料不能按稳，则最好将手拿开，只用刀对准原料劈断即可。

d. 要充分考虑安全因素，不能乱劈，防止砍伤或震伤手指、腕背。

跟刀劈是指将刀刃先嵌入原料要劈的部位，刀与原料一齐提起落下砧板的一种刀法。跟刀劈一般适用于下刀不易掌握、一次不易劈断而体积不大的原料，如猪肘、鸡腿、鱼头等，如图 10－2 所示。

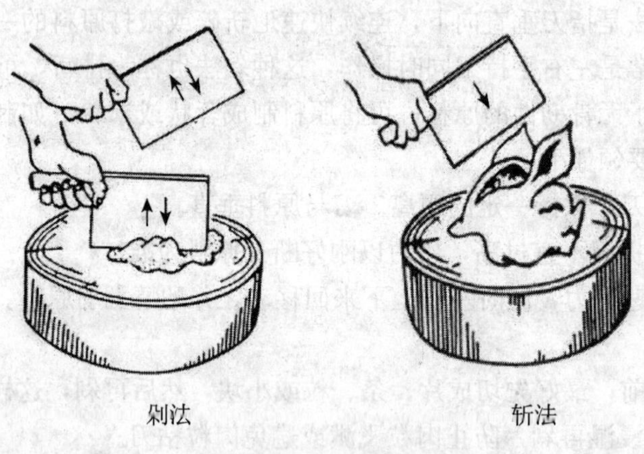

图 10－2　剁法及斩法

2. 平刀法

平刀法又称片刀法，是指运刀时刀身与砧板基本上呈平行状态的刀法。平刀法能加工出件大形薄且厚薄均匀的片状原料。平刀法适用于无骨的韧性原料、软性原料或者是煮熟回软的脆性原料。按运刀的不同手法，可分为平片法、推片法、拉片法、推拉片法、滚料片法五种。

（1）平片法。平片法是指将原料平放在砧板上，刀身与砧板面平行，刀刃中端从原料的右端一刀平片至左端断料的平刀法。平片法适用于无骨软性细嫩的原料，如豆腐、猪血、肉冻等。平片法的操作要领如下：

①持平刀身，进刀后要控制好所需原料的厚薄，要一刀平片到底。

②左手按料的力度要恰当，不能影响平片时刀身的运行，右手持刀要稳，平片速度以不使原料碎烂为准。平片时注意刀身不能抖动，否则断面不平整。

（2）推片法。推片法是指将原料平放在砧板上，刀身与砧板面平行，刀刃前端从原料的右下角平行进刀，然后由右向左将刀刃推入片断原料的刀法。推片法适用于体小、脆嫩的植物性原料，如茭白、冬笋、榨菜、生姜等。推片法的操作要领如下：

①持刀稳，刀身始终与原料平行，推刀果断有力，一刀断料。

②左手手指平按在原料上，力度适当，既固定原料又不影响推片时刀的运行。

③推片时刀的后端略略提高，着力点在后，由后向前（由里向外）片。操作时左手按料的食指与中指应分开一些，以便观察原料的厚薄是否符合要求，同时要掌握好每片的厚度，随着刀片的推进，左手的手指应稍翘起。

(3) 拉片法。拉片法是将原料平放在砧板上，刀身与砧板平行，刀刃后端从原料的右上角平行进刀，然后自右向左将刀刃推入，运刀时向后拉动片断原料的刀法。拉片法适用于体小细嫩的动植物原料或脆性的植物原料，如猪肝、莴笋、蘑菇等。拉片法的操作要领如下。

①持刀稳，刀身始终与原料平行，出刀果断有力，一刀断料。

②拉片时着力点放在刀的前端，片进后由前向后（由外向里）片下来。

(4) 推拉片法。推拉片法是推片法与拉片法合并使用的刀法。推拉片法适用于面积较大、韧性强、筋较多的原料，如鸡肉片、猪肉片等。由于推拉刀片要在原料上一推一拉反复几次，持刀起刀时更要平稳，力始终与原料平随着刀的片进，改左手为左掌心按稳原料。推拉片法的操作要领如下：

①从上起片。以左手的食指冲出原料外与刀刃相接触，掌握其厚薄，此法技术较高，熟练后可以加快片切速度，但原料成形不易平整。其适用于笋丝的片、肥肉片等。

②从下起片。从原料底部起片时以砧板的表面为依据，掌握厚薄，此法应用较多，容易片得平整，但原料的厚度不易掌握。适用于一般肉料。

(5) 滚料片法。滚料片法是运用推拉刀法一边片一边展滚原料的刀法。滚料片法适用于把小型原料加工成片状，如把响螺肉、鸡心等片成片状。滚料片法的操作要领与推拉刀法基本相同，但是用手指按压固定肉料相对较为灵活。如图 10－3 所示为平刀法的部分刀法示意图。

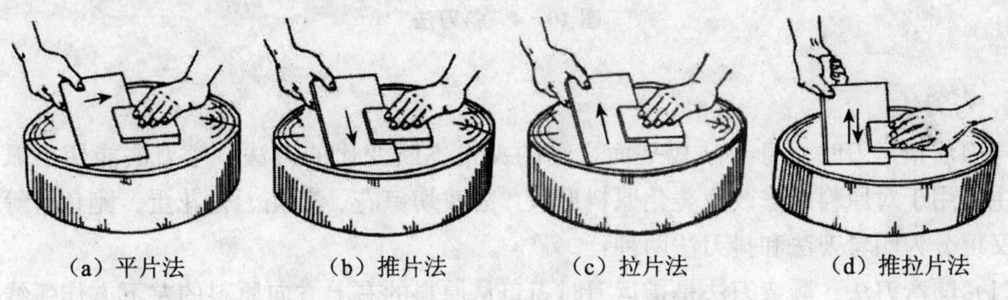

图 10－3 平刀法

3. 斜刀法

斜刀法指刀身与砧板平面呈斜角的一类刀法，能使形薄的原料成型时增大表面或美化原料形状。按运刀的不同手法，斜刀法分为正斜刀法和反斜刀法两种：

(1) 正斜刀法。正斜刀法又称左斜刀或内斜刀，指刀背向右、刀口向左，刀身与砧板面呈锐角并保持角度斜切断料的刀法。正斜刀法适用于质软、性韧、体薄的原料，切斜形、略厚的片或块，如鱼肉、猪肾、鸡肉等。正斜刀法的操作要领如下：

①运用腕力，进刀轻推，出刀果断。

②把原料放在砧板上，左手按于原料被片下的部位，右手有节奏地运动配合，一刀一刀片下去。

③操作时注意对片的厚薄、大小及斜度的掌握，主要依靠眼光注视两手的动作和落刀的部位，右手稳稳地控制刀的斜度和方向，随时纠正运刀中的误差。

(2) 反斜刀法。反斜刀法又称右斜刀、外斜刀，是指刀背向左、刀口向右，刀身放平略呈偏斜，刀片进原料后由里向外运动的刀法。反斜刀法适用于脆性的植物原料和体薄、易滑动的动物原料，如鱿鱼、青瓜等。反斜刀法的操作要领如下：

左手呈蟹爬状按稳原料，以中指抵住刀身，右手持刀，使刀身紧贴左手指背，刀口向外，刀背向内，逐刀向外下方推切。左手则有规律地配合向后移动，每次移动的距离应相等，使切下的原料在形状、厚薄上均匀一致。运刀时，手指随运刀的角度变化而抬高或放低。运刀角度的大小应根据所片原料的厚度和对原料成形的要求而定。操作时注意尽可能一刀断料，提刀时，刀口不能超过左手中指的第一关节，否则容易切伤手指。如图 10-4 所示为斜刀法。

(a) 正斜刀法

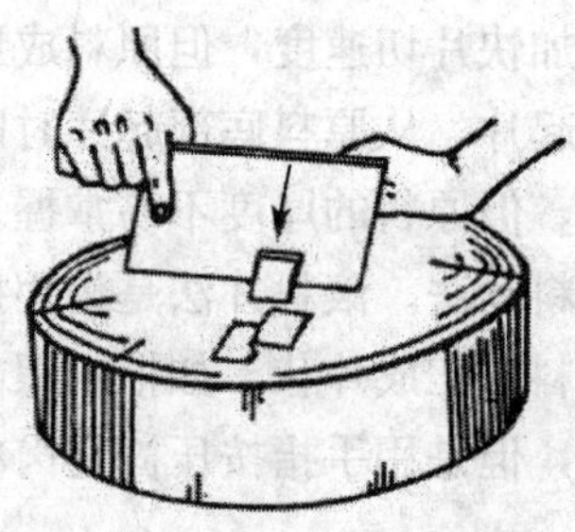

(b) 反斜刀法

图 10-4　斜刀法

4. 弯刀法

弯刀法指运刀时刀身与砧板平面之间的夹角不断变化的刀法。弯刀法能切出弧形表面，主要用于对原料的修改及美化原料形状，如改切笋花、姜花、松花蛋、鲍鱼片等。弯刀法又可分为顺弯刀法和抖刀法两种：

(1) 顺弯刀法。顺弯刀法是指运刀时刀口从原料的右上方向原料的左下方作弧线运动的刀法。顺弯刀法主要适用于改切各种花式的坯形。顺弯刀法的操作要领如下：

①下刀前对原料的图形要做到胸中有数，进刀准确，成型美观。

②运刀时要平稳，两手要配合好，刀路平滑，形状有规则。

③根据形状的需要，运刀时刀身可能有平刀、斜刀和直刀的变化，也可能只有不同角度的斜刀运刀的变化。无论弧线形状要求如何，刀身的变化都要平缓，以使刀路圆滑。

(2) 抖刀法。抖刀法与直片法基本相似，但不同的是片进后要上下抖动，刀口呈波浪形前进，使切面呈现锯齿状花纹。抖刀法一般用于美化原料形状，适合软性的原料，如猪肝、松花蛋、鲍鱼片等。抖刀法的操作要领如下：放平刀身，左手按稳原料，右手握刀，片进原料后，从右向左移动，移动时上下抖动。抖动时注意用力均匀。如图 10-5所示。

图 10-5　弯刀法

（二）非标准刀法

具体的生产操作中，根据原料的性质特点和各种需要，将标准刀法综合运用、灵活使用，可变化多种多样的刀法，这些变化的刀法被称为非标准刀法。常用的非标准刀法有剞、起、撬、刮、拍、削、剖、戳等一系列的刀法。

1. 剞法

剞法又称“花刀法”，是指在坯料上进行直刀法、斜刀法或弯刀法加工，使加工面呈现不断、不穿的规则刀纹或将某些原料制成特定平面图案时所使用的运刀方法。如图10－6所示。剞法主要用于美化原料，是技术性更强，要求更高的综合刀法。在具体操作中，由于运刀方向和角度不同，剞法又可分为直刀剞、推刀剞、斜刀剞、反刀斜剞、弯刀剞五种。剞法适用于质地脆嫩、韧、收缩性大、形大体厚的原料，如肝、肚、肾、各类鱼肉等。同时也可将笋、姜、萝卜等脆性植物原料制成各种花、鸟、虫、鱼等平面图案。剞法的操作要领如下。

（1）不论哪种剞法，都要持刀稳、下刀准，每刀用力均衡，运刀倾斜角度一致，刀距均匀、整齐。

（2）运刀的深度一般为原料厚度的1/2或2/3，少数韧性强的原料可达厚度的3/4。

（3）根据成型要求将几种剞法结合运用。

（4）用力要恰当，避免切断原料或未达到适当深度，影响菜肴质量。

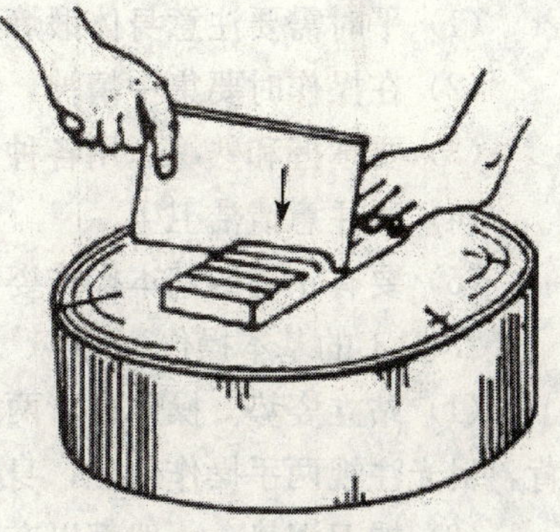

图10－6 剞法

2. 起法

起法指分解带骨原料，除骨取肉或分解同一原料中不同组织时所使用的刀法。起法适用于畜、禽、鱼类原料，最常用的是整料出骨，如起全鸡、起生鱼等。操作时下刀的刀路要准确，随原料部位不同而运用刀尖、刀跟等刀的不同部位，以保证取料完好。

3. 刮法

刮法又称“背刀法”，刮时刀身倾斜，刀口向左，右手握刀柄，用刀身底部压着原料，连拖带按向右运刀。例如，刮鱼青取鱼胶时，左手按着鱼肉尾部，用刀尖从尾部向上刮，持刀的手腕要用力均匀才能将鱼肉刮成蓉状。

4. 撬法

使用撬法时，用刀刃后部猛地切进原料表面，用力向外撬，撬出小块不规则块状。这种刀法适用于脆性原料，如撬冬笋、番薯等。

5. 拍法

拍法指用刀身拍打原料，使原料破裂或松软的方法，如拍姜、葱等。拍猪肉、牛肉等可使其肉质松弛，厚薄均匀，烹调时容易入味、酥软。

6. 削法

削法指用刀平着去掉原料表面一层皮或将原料加工成一定形状的加工方法。削时左手拿原料，右手持刀，用反刀向外削。如削萝卜、土豆、茄子等。

7. 剖法

剖法指用刀将整形原料破开的刀法，如鸡、鸭、鱼等的剖腹操作。剖法要根据烹调需要掌握下刀部位及剖口大小准确运刀。

8. 戳法

戳法指用刀尖或刀跟戳刺原料而不致原料断裂的刀法。戳法适用于筋络较多的肉类原料，如鸡脯、鸭脯等。戳时要从左到右、从上到下，筋多的多戳，筋少的少戳，尽量保持原料的形状。戳后可使原料断筋防收缩，松弛平整，易熟入味，质感松嫩。

八、刀工的基本操作知识

1. 刀工基本操作要求

在烹调技术中，刀工要求比较细致，操作人员同时需要有较好的体力，这对刀工操作人员有如下一些要求：

(1) 平时需要注意身体锻炼，保持较好的臂力和腕力。

(2) 在操作时要集中精神，注意安全。

(3) 要掌握和熟练运用各种刀法。

(4) 要注意清洁卫生。

(5) 要有正确的基本操作姿势。

2. 刀工的基本操作姿势

(1) 站立姿势。操作时，两脚自然分立站稳，上身略倾向前，前胸稍挺，不要弯腰驼背，目光注视两手操作部位，身体与砧板保持一定的距离。

(2) 握刀姿势。一般都以右手握刀，握刀部位要适中，大多以右手大拇指与食指捏着刀身，用力握住刀柄，刀工操作时，主要运用腕力。

(3) 操作姿势。根据原料性能的特点，左手稳住原料时的力度也有大小之分。左手稳住原料，使原料移动的距离和速度均匀，配合右手落刀的速度。切原料时左手必须呈弯曲状，手掌后端要与原料略平行，利用中指第一关节抵住刀身，使刀有目标地切下，刀刃不能高于关节，否则容易将手指切伤。加工生料和熟料的刀具设备需要分开，不能混用。

九、原料的成型

原料经过不同的刀法处理后，就具有了既便于烹调，又便于食用的各种形状。至于何种原料适合加工成什么形状，要看烹调的需要，其目的是便于火候的处理，使食物入味，易嚼烂，又能收到美化原料，使菜肴造型美观的效果。

1. 片

片是指面宽而形薄的形状，成形的方法一般有两种：

(1) 切法。适用范围较广，特别使用韧性、脆性和细嫩的原料，如各种肉类和植物类原料。

(2) 片法。片法适用于一些质地较松软，直切不易切整齐，或者原料本身形状较为扁薄，无法直切的原料。不论哪种方法片切，都先将原料除去皮、瓤、筋、骨，改切成所需规格边长的坯形后，再行切片。常见片的成形规格：

①厚笋片：长约4厘米，宽约2厘米，厚约0.6厘米的长方形。

②中笋片：长约4厘米，宽约2厘米，厚约0.3厘米的长方形。

③薄笋片：长约4厘米，宽约2厘米，厚约0.2厘米的长方。

④指甲片：边长约1.2厘米，厚约0.1厘米的菱形。

⑤梅肉片、鸡片：长约5厘米，宽约3厘米，厚约0.15厘米。

⑥牛肉片：长约5厘米，宽约3厘米，厚约0.2厘米。

⑦生鱼片：生鱼肉连皮，斜刀切0.3厘米厚。

⑧鸭片：长约5厘米，宽约4厘米，厚约0.1厘米。

2. 丝

切丝时需要先将原料加工成片形，然后再切成丝。以片切丝一般有以下两种排叠法：一种是将片排成阶梯形；另一种是将片排叠整齐后再切。大部分原料的排列都适用于阶梯形，如肉类、多数蔬菜类，而且效果也较好。整齐叠切只适用于少数原料，如豆腐干。此种切法还要求原料的形状、厚薄、大小整齐，否则很难叠好切好。无论阶梯形还是整齐形，都要排叠一致，不能过高，否则，手不易按稳，影响切丝的质量。还有一种叠的方法，是对某些面积较大，较薄的原料如木耳、海带、大白菜等的，可先将其卷成筒状，再切成丝。

切丝的粗细与片的厚薄有直接的关系，片厚则丝粗，片薄则丝细。切丝的刀距，与片的厚薄相同，同时刀身要平行于原料的切口，这样切出的丝才粗细均匀，棱角分明。丝有粗丝、中丝、细丝、银针丝等，原料切丝的粗细，主要根据烹调的要求与原料的质地来选择。丝的成形规格如下。

①粗丝：长约7厘米，粗约0.4厘米。

②中丝：长约6厘米，粗约0.3厘米。

③细丝：长约6厘米，粗约0.2厘米。

④银针丝：长约6厘米，粗约0.1厘米。

3. 块

块是指类似方块的形状。是否选择块形主要根据烹调需要以及原料的性质，常见的块形有日字形块（骨牌形）、大小方块、菱形块等。用于焖、焗的块可大些，用于炒、蒸的块可小些；质地松软、脆嫩的块可稍大些；质地坚硬而带骨的块可小些。对于某些块形大的，则应在其背面刻上十字花刀，以便烹制时受热均匀入味。块的成形一般有两种方法：

（1）切法。原料的质地较为松软、脆嫩，或去骨后的肉类，一般都是采用切的刀法，使其成块。

（2）斩法。原料的质地较韧，或者有皮有骨，则可以采用斩的方法使其成块。块的大小主要取决于原料所改成条的宽窄、厚薄和使用的刀法。

4. 球

球是指烹制熟后收缩或卷曲略呈圆状的块形或件形，通常要在原料上用刀剞上花纹。由于原料的性质不同，球形的加工方法就不同，形状大小也有所差异。

①鸡球。将鸡肉片成0.5厘米厚，用剞刀法剞成井字纹后，再用直刀切成4厘米方形。

②肾球。将鹅胗（或鸭肫）切开两半，起去肫衣，得到四块肫肉。在肫肉的平面上剞井字花纹，刀距横直均为0.35厘米，深度约为肫肉厚度的4/5，不可切断。

③鲈鱼球。将去皮的鲈鱼肉切成长6厘米，宽2厘米，厚0.8厘米的日字形便成鲈鱼球。

④生鱼球、石斑球的切法相同。

⑤龙利球。在龙利肉面上剞斜井字纹，然后切成件。山斑球、乌鱼球、塘利球、鳝球等切法相同，均为带皮鱼球。

⑥虾球。剥去对虾的头和外壳，沿虾背切开约八成深，取出虾肠洗净即为虾球。大只的虾在两边内侧各剞一刀，成型更好看。

5. 丁、粒、松

丁是用刀直切。要求原料成角度均匀、大小相等的正方体小粒。丁的成形一般是先将原料切成厚片后斩成条，再将条切或斩成丁。切丁的刀距与片的厚薄相同，丁的大小取决于条的粗细。

粒的成形加工方法与丁相同，体积约是丁的1/2。

松的大小有如米粒或绿豆粒，一般将原料先切片或片成薄片，再切成丝，最后切其横截面而成为粒。有时可用剁、铡的方法切细而成。丁、粒、松的成形规格：

①大丁：约1.5~2厘米。

②小丁：约1厘米。

③粒：约0.5～0.8厘米。

④松：形如米粒大小。

6. 条

条呈细长形，与丝相似，切法也相近。切条同样是先将原料加工成片形，再整齐叠切加工成条，也可以制成长条后改短，或改成段后再切成条。例如，滑鸡条长约6厘米，宽厚约0.7厘米；鱼条长约5厘米，宽1.5厘米，厚约1厘米。葱条是去净头尾的净葱。

7. 段

段是将条状的原料切改出一定的长度规格，例如，鳝段就是直刀将原条鳝鱼斩成约3厘米长的段；葱段就是将葱切成4厘米长的段；凉瓜段就是把凉瓜横切成2厘米的段。

8. 脯

脯比片稍厚、稍大，最薄的也不少于0.3厘米，多为平刀加工而成。

①肉脯（猪扒）：先将枚肉片成厚约0.4厘米的片形，用刀背拍松，再切成长5厘米，宽4厘米的肉脯。

②煎鸡脯、鸭脯：厚0.3厘米，长约6.5厘米，宽约3厘米。

③冬瓜脯：冬瓜去皮和瓤，切改成长12厘米，宽8厘米，可以切改成图案形。

9. 件

件是指较厚大的形状，一般比脯厚大。多数由原料自身厚度作原料成形厚度。

①猪肚件：长6厘米，斜刀切成宽约1. 5厘米的件。

②鱼唇件：将涨发好的鱼唇改切成长5厘米，宽3厘米的长方形，宜于烩。用于扒的则需长6厘米，宽3厘米。

③冬瓜件：冬瓜去皮和瓤，切改为 18 厘米的圆角正方形。

10. 蓉

蓉是指用刀将原料剁成细末状，例如，鸡蓉、虾胶、火腿末等。制蓉时要注意砧板的干净，防止砧板屑混入蓉中。

11. 花

花可分为两类，一类是以葱作原料，开边切细，称为葱花；另一类是将原料（多为植物原料）改切成各种图案，如花、鸟、鱼、虾、秋叶等，也称为花。例如，以笋为原料的叫做笋花，以胡萝卜为原料的叫做胡萝卜花，以姜为原料的则叫姜花。

十、原料的分档

1. 分档取料的作用

分档取料又称部位取料，就是对已经宰杀和初步加工的家禽、家畜、鱼类等整只原料按照烹调的不同要求，根据其肌肉组织和骨骼的不同部位进行分档切割的方法。分档取料是技术要求较高的工艺，若分档不正确，取料有误，不仅降低切配效果，还会影响整个菜肴的色、香、味、形。因此，在实践中必须坚持大料大用，小料小用，精料精用，物尽其用的原则。分档取料有两方面的意义和作用：

（1）提高菜肴质量，突出烹调特色。由于不同部位组织结构的差异，原料在烹调过程中会产生不同的变化，从而影响到菜肴成品的质感，因此，烹调时要根据烹调方法和菜肴特色选用不同部位的原料。例如，猪肉，炒肉丝应选用里脊肉（肉眼）；扣肉应选用五花肉；皱纱圆蹄应选用肘肉。只有因菜取料和因料施法，才能保证烹调特色和菜肴质量，反之就达不到菜肴应有的质感和特色要求。

（2）合理使用原料。家禽家畜，特别是家畜，其特点是体大肉多，肉质因部位不同而不同。因此，要根据肉质合理地配以适宜的烹调方法，才能做到物尽其用。例如，鸡胸肉是鸡肉最嫩的部分，肉纹幼而瘦肉多，适宜于拉丝、切片，炒、泡、烩；而鸡小腿肉肌腱筋络较多，适宜于切丁泡炒，只有识其性而善于按部位选择，并且灵活运用，才可提高原料的使用价值。

2. 分档取料的要求

（1）熟悉原料的生理组织结构，把握整料的肌肉部位，准确下刀。

质量有别的肌肉之间，往往有一层筋络隔膜，所以分档取料时，应从两块肌肉的筋络隔膜处开刀，才能把界限划分清楚，从而保证所取部位原料的完整。

（2）掌握分档取料的先后顺序。

在分档取料时，应掌握下刀的先后顺序，原料的质量和数量。

（3）取料时重复刀口要一致。否则会破坏各部分肌肉的完整，影响所取用。

出骨、取料过程中，刀刃与原料常有离刀情况，再次进刀时，一定要在上次的刀口上进行，这样，原料上才不会出现杂乱的刀痕，以及骨上带肉过多或碎肉渣太多，部位原料不完整等情况。

3. 常见的原料使用部位

(1) 猪的各个部位（如图 10－7 所示）及其合理使用。

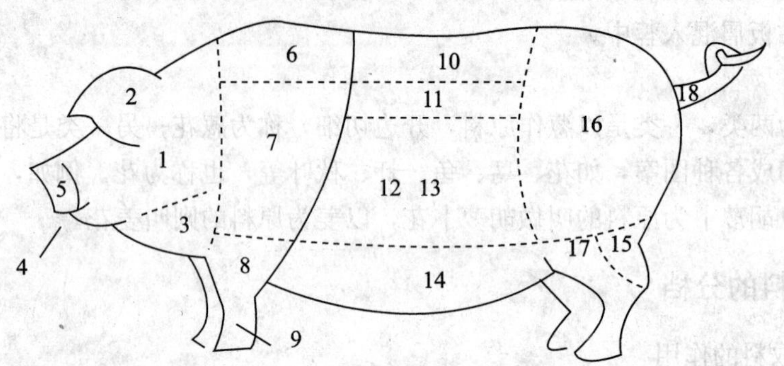

图 10－7　猪的各个部位剖析

1—猪头；2—猪耳；3—兜肉；4—猪舌；5—猪嘴；6—鬃头；7—前夹；8—前踭；9—猪肘；10—肉眼；11—肥肉头；12—五花肉；13—排骨；14—泡腩；15—后腿；16—后踭；17—猪肘；18—猪尾

猪头：嘴、耳、脷（舌）、猪头肉等适宜制作卤水食品，头骨和猪脷适宜煲汤，猪耳可用于焖或炒。

前夹：包括鬃头肉、前踭、“不见天”（未在图中显示）等部位。前腿肉适宜做叉烧，夹下“不见天”适宜于煲，近脊背部位的鬃头肉宜制作猪扒、咕噜肉等。

肉眼：肉纹较有条理，幼细，适宜切肉丝、肉片。

后腿：包括后踭、柳肉（未在图中显示）。后踭肉厚而嫩，而且瘦肉较多，适用于切肉丝、肉片、肉丁、猪扒等用途。柳肉肉质幼滑，色稍深红，多用于焗或油泡。

肥肉头：肉肥厚，多用于制作冶鸡卷，窝贴，酥盒等类食品。

五花肉：该部位的肉肥瘦分明，素有“五夹肉”之称，宜红焖或炸扣肉，如粤菜中的传统菜式——“南乳扣肉”就是选用该肉做原料。

排骨：多用于焖、蒸、焗、炸等菜式。

泡腩：该部位为猪肉中之次品，韧而肥腻，食味较差，多用于煲熟后切片，搭杂烩，或焖或作卤肉等用。

猪肘（又称肘肉）：即斩去猪手、脚后的第二节肘肉，适宜煲汤、扒、炖等。

猪手、猪脚：适宜于煲、炖、扒或腌酸猪手脚之用。

猪尾：多用于焖、炖、煲。

猪的内脏适合制作各种菜式。

(2) 牛的各个部位（如图 10－8 所示）及其合理使用。

牛头（包括颈头，牛脷）：牛头部位皮多，骨多肉少，有瘦无肥，宜于制卤水食品，或红焖。牛脷宜于煎、焗、煲，或以卤水浸卤。

前腿（又称豖）：前腿包括三件大肉，一件叫做豖肉、一件叫做豖齿，一件叫做豖肚，其次有还豖板，豖摄腔头，葫芦仔等。前腿的三件大肉，肉多筋少，肉质较嫩，适宜切片，作炒肉或剁肉用。葫芦仔肉较爽滑，适宜制作蒸、掘、炒的食品。

后腿（又称后脾棚）：包括水星，后躝腱，葫芦，鬼面等。鬼面肉纹显著，筋少，葫芦肉，后脾肉质幼嫩且瘦，宜于切片，切丝或作剁肉之用。

腩（包括白腩、坑腩、碎腩）：碎腩是以牛肉打出来的筋碎，坑腩是接连腔骨处，因而起坑形，坑腩可制作焖、煲、炒、烧等食品。在腔下破刀处尚有牛腔尖，色黄白，像牛油，爽而不韧，蒸、火屈、炒皆宜。碎腩适宜制作煲、焖、炖等食品。

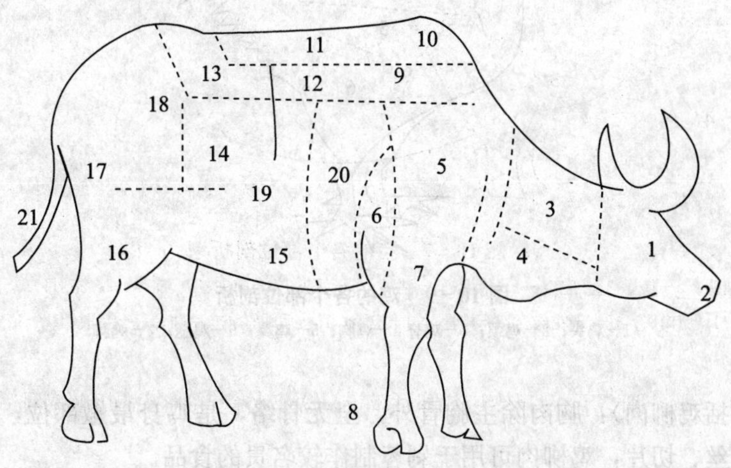

图 10－8　牛的各个部位剖析

1—牛头；2—牛舌；3—牛颈；4—腔头；5—豕肉；6—豕肚；7—前牛躝；8—牛脚；
9—扇面；10—花头；11—腰窝排；12—柳肉；13—腰窝头；14—鬼面；15—白腩；
16—后躝腱；17—打棒；18—葫芦；19—水星；20—坑腩；21—牛尾

柳肉（包括坑腩）：这个部分是以坑腩为多，夹脊处有柳肉两条，是整只牛中最嫩部位，肉纹幼而滑，肉味香、而鲜，片、拉丝皆宜，适宜制作较好的菜肴（坑腩使用同上）。

腰窝头（包括腰窝排）：腰窝排位于脊部，下连牛柳，后接窝头，肉质厚阔而肥嫩，适宜炒片及烧焗。

打棒：这部位是连接腰窝头及牛尾部位，是牛的臀尖，经常受鞭打的部位，因而得名，打棒部位肉质厚嫩，上肥下瘦，适用于剁和切片等，打棒因肉实而干洁，故腌制时其吸水量也比其他部位大。

花头：花头是颈头肉的后部，包括有扇面肉等，肉纹较粗，适宜于卤、焖或剁蓉做肉丸，扇面的用途与前腿相同。

牛尾：该部肉质肥美，营养丰富，可作熬、炖、红烧等。

牛脚：有筋无肉，骨多皮厚，脚筋部位只适宜于红焖或清炖。

(3) 鸡的各个部位（如图 10－9 所示）及其合理使用。

鸡头：皮薄骨多，全无肉质，一般用于熬汤或作下杂处理。

鸡颈：皮厚而肉少骨多，宜取皮或熬汤用。

鸡脊：骨硬而肉薄，不宜起肉，但有鸡的鲜味，宜用于煲炖。

鸡翼：肉纹幼而筋骨少，肉鲜滑而味清香，在粤菜中应用最广。不论筵席散餐，鸡翼皆能用做上菜的原料，如泡、炒、烧、扒等，较有名的是“油泡鸡翼球”和“蚝油鸡翼”。

图 10－9　鸡的各个部位剖析

1—鸡头；2—鸡颈；3—鸡脊 4—鸡胸；5—鸡翼；6—鸡腿；7—鸡脚

胸肉（包括鸡柳肉）：胸肉除主胸骨外，全无骨络，是鸡身最嫩部位，肉纹幼而瘦肉多，适宜于拉丝．切片，鸡柳肉可用于剁蓉制作较名贵的食品。

大腿：肉多而瘦，富有鸡鲜味宜于起肉切片。

小腿：肉较少而筋络多，宜于起肉切丁或炸等食品制作。

(4) 火腿的各个部位（如图 10－10 所示）及其合理使用。

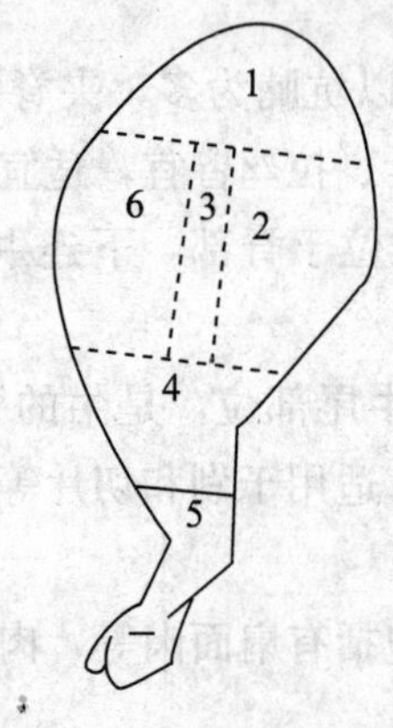

10－10　火腿的各个部位剖析

1—油头；2—草鞋底；3—针肉；4—手袖；5—脚；6—枚头

油头：宜于制烧云腿。

草鞋底：宜于切片，用于拼鸡等菜式。

升：又称之为针肉，宜于切丝。

手袖：宜于炖汤。

脚：宜于制炖晶，如炖三脚。

枚头、改出的腿碎：用刀背剁成腿蓉。

皮、肥肉、骨（要敲断）：多用于制汤的原料。

十一、原料的整料出骨

烹制用料精细，造型美观的菜肴时，常常要将鸡、鸭、鱼等整只（条）原料进行整料出骨。整料出骨就是根据烹调的要求，运用一定的刀工技法，将整只原料除净全部骨骼或主要骨骼，保持原料完整形态的工艺过程。整料出骨属于艺术加工的程序。

1. 整料出骨的作用

(1) 方便食用。日常食用鸡、鸭、鱼等菜肴时，一定要弃去骨头，而这些骨头是包在肌肉组织内的，食用时去骨感到非常麻烦，整料出骨可以使肉中不带骨而达到食用方便的目的。

(2) 使原料易于成熟入味。原料中的硬骨骼往往在烹调时对热传递和调味品的渗透有一定的阻碍作用，特别在原料腹内有其他原料时更为明显，因此要将主要骨骼起出。

(3) 使菜式形态美观，提高菜肴档次。原料去骨后成为柔软的肉体，可以填上其他原料，适当地改变其形状，使之更美观。由于整料出骨所使用的技术要求比较高，因此所成菜肴往往显得档次较高，如“风吞燕”“八宝全鸭”“豉油皇蒸鱼等”。

2. 整料出骨的要求

(1) 选料精细。用于整料出骨的原料均有较高的要求，选择时应精选肥壮多肉而大小适宜的原料。例如，鸡应选用生长一年左右尚未生蛋的母鸡，俗称“鸡项”；鸭应选用生长8个月左右，约1.5千克的肥壮母鸭。这种鸡、鸭质地既不老也不太嫩，皮肤的弹性、韧性都较好，去骨时不易碎，烹调时皮不易裂。鱼应选用0.5千克左右，新鲜程度高，肉厚而肋骨较软的鱼，如桂鱼、鲈鱼、生鱼等。

(2) 初步加工符合要求。凡选择好用于出骨的整只原料，都须先经宰杀。宰杀要求一般有以下三点：

①鸡、鸭宰杀时都必须放尽血液，以免皮肉遭污染而导致淤色，影响成菜质量。

②禽类宰杀后，烫毛的水温应适宜，时间上亦要适当掌握，否则出骨时皮易破裂。鱼类在刮鱼鳞时不可伤皮，以免影响菜式质量。

③整只原料出骨，均不剖腹取内脏，在整只原料出骨操作中，鸡鸭内脏可随躯干骨骼取出；鱼可在取下脊椎骨后挖出内脏，或先经挖鳃后，从鳃孔后出内脏，再行出骨。

(3) 出骨时下刀正确，不损外皮。出骨时要熟悉其各部位的结构状况及部位特征，刀路正确并应紧贴骨骼进行剔刷，要求骨不带肉，外皮不破损。出骨过程中，注意刀刃、刀背、刀尖的结合运用，交叉变换，不能使肉上夹带碎骨，影响食用。

3. 鸡、鸭的整料出骨

整鸡、整鸭的出骨技术比较复杂，也较精细。由于鸡和鸭的形体结构相似，出骨方法基本相同，一般可分为以下几个步骤。

(1) 划破颈皮，斩断颈骨。先在鸡的颈部两肩相夹处的鸡皮上直割约8厘米长的刀口，从刀口处把颈皮扳开，将颈骨拉出，在靠近鸡头的宰口处将颈骨斩断，注意刀口不可碰破颈皮。也可先在宰杀的刀口处割断颈骨，再从8厘米的割口中拉出颈骨。

（2）出翅膀骨。从肩部的刀口处将皮肉翻开，使鸡头朝下，再将左边翅膀一面连皮带肉缓缓向下翻剥，剥至臂膀骨关节露出，把关节上的筋割断，使翅膀骨与鸡身脱离，同样方法将右边的翅膀骨关节割断。然后分别将翅膀的左右臂骨（即翅膀的第一节骨）抽出斩断，翅膀的桡骨和尺骨（即翅膀的第二节骨）就可以不抽出了。

（3）出躯干骨。把鸡竖放，将背部的皮肉外翻剥离至脊背中部后，再将胸部的皮肉外翻剥离至胸骨露出，然后把鸡身皮肉一起外翻剥离至双侧腿骨处，用刀尖将双侧股骨（即大腿骨）的筋割断，分别将腿骨向背后部扳开，露出股骨关节，将筋割断，使两侧腿骨脱离鸡身，再继续向下翻剥，直剥至肛门处，把尾尖骨割断，鸡尾应连接在皮肉上（不要割破鸡尾上的皮肉）。这时鸡躯干骨骼已与皮肉分离，随即将肛门上的直肠割断，洗净肛门处。

（4）出鸡腿骨。将一侧大腿骨的皮肉翻下一些，使大腿骨（股骨）关节外露，用刀沿关节绕割一周断筋，抽出大腿骨至膝关节（膑骨）时割断，再在近鸡足骨（腓骨）处绕割一周断筋，将小腿皮肉向下翻，抽出小腿骨（胫骨）斩断（不能在小腿骨与跖骨关节处斩断，以防漏馅）。小腿骨也可以不抽出。

（5）翻转鸡皮。出骨后，仍将鸡皮翻转面向外，鸡肉向内，在形态上保持鸡的完整模样。

4. 鱼的整料出骨

（1）出脊椎骨。将鱼头向前，脊背向右，鱼腹靠左手平放砧板上，左手按住鱼腹，右手持刀自鱼的脊背处片进，从鳃脊片至鱼尾部，一直片成一条刀缝；左手向后拉，张开裂缝，贴胸骨继续，将胸骨片离脊椎骨，再将胸骨与鱼腹连接处割开，使骨肉分离。同样方法将另一侧的脊椎骨与胸骨割断，又将靠近鱼头和鱼尾处的脊椎骨斩断取出，但要求鱼头、鱼尾仍与两侧的鱼肉相连。

（2）出胸肋骨。将鱼头朝外，仍然是鱼腹靠左手，鱼背靠右手，鱼身平放在砧板上。翻开鱼肉，使胸骨露出根端，将刀略斜，紧贴胸骨往下片进去，使胸骨（鱼刺）脱离鱼肉。

如法将另一侧胸骨片去后，再将鱼身合起，仍然保持鱼的完整形态。

本章小结

本章从理论上系统地介绍了刀工技术，从刀工的含义、刀工的基本要求开始到刀法的运用、原料的成形、原料的分档与整料出骨等，都是刀工技术中的基本技能，使学习者了解刀法的整个体系，掌握刀工的基本要求与刀法的运用，熟悉烹饪原料的加工成型标准，为实际刀工操作奠定基础。

思考题

一、概念理解题

1. 刀工就是根据________和________的要求，运用________将原料或食物加工成特定

形状的工艺过程。

2. 刀的种类很多，按刀的用途分可分为________、________及________三种。

3. 标准刀法是指刀身与砧板平面有________的运刀方法，有________、________、________以及________四大类。

4. 切法可分为________、________、________、________四种方法。

5. 平刀法可分为________、________、________、________四种方法。

二、技能应用题

1. 如何起全鸡？

2. 如何起生鱼？

3. 如何切肾球？

4. 笋片的三种规格各是什么？

参考文献

[1] 唐文，王吉林．烹饪原料知识 [M]．大连：东北财经大学出版社，2003.
[2] 黄明超．粤菜烹饪教程 [M]．广州：广东经济出版社，2007.
[3] 欧阳甫中．海味食品大全 [M]．广州：广州出版社，2004.
[4] 董三白，周琳坤．食物相克与饮食禁忌 [M]．北京：中国轻工业出版社，1991.

附录　食疗小知识

食物的四气：食物具有寒、热、温、凉四种不同的性质。其中寒和凉为同一性质，只是程度上的不同，即凉次于寒；温和热为同一性质，只是程度上的不同。即温次于热。因此，食物的四气实质上说明食物寒凉和温热两种对立的性质。凡属于寒凉的食物，多具有滋阴、清热、泻火、解毒等作用，能够纠正热性体质，保护人体阴液，减轻或消除热性病症，主要用于热性体质和热性病症，凡属温热性的食物，多具有助阳、温里、散寒等作用，能够扶助人体阳气，纠正寒气体质，减轻或消除寒性病症，主要用于寒性体质和寒性病症，如发热、口渴、尿黄等属于热性的病人，在食用西瓜、黄瓜、香蕉等食物后，病人的热性表现会减轻或消除，从而表明这种食物属寒凉性；反之，一个因寒凉引起脘腹冷痛、泻下稀水的病人，在食用生姜、胡椒、大葱以后，病人的寒性表现得到缓解或消除，从而表明这种食物具有温热性。所谓“以寒治热”“以热治寒”的医疗保健原则，就是在这基础上建立起来的。

中医把食物按性味分为三类：第一类温热性食物：黏米、面粉、红糖、饴糖、辣椒、胡椒、姜、葱、蒜、韭、狗肉、羊肉、鹿肉、鲫鱼、虾、黄鳝等；第二类平性食物：粳米、玉米、扁豆、豌豆、豇豆、花生、芝麻、大枣、蜂蜜、木耳、香菇、丝瓜、乌骨鸡、鸡蛋、鲤鱼、黄鱼、鸽子，鹌鹑等；第三类寒凉性食物：大麦、粟米、冰糖、白糖、豆腐、黄瓜、冬瓜、西瓜、藕、萝卜、荸荠、梨、柿、白菜、菠菜、苋菜、竹笋、紫菜、鹅、鸭、鳖，蟹、河蚌、田螺等。

发物：发物之说，在民间早有流传，主要指的是能引起旧病复发的食物。食物为什么能发病，从现代医学观点来分析，不外乎以下三种情况：一是动物性食品中含有某些激素，促使人体内的某些机能亢进，代谢紊乱，如糖皮质类固醇，超过生理剂量时，可以诱发感染扩散，溃疡出血，癫痫发作等，导致旧病复发。二是刺激性食物，如酒类，辣椒对于炎性病灶的刺激，往往可以引起炎症扩散，疮疡复发。三是某些食物成为过敏原，引起变态反应性疾病复发，如鱼，虾往往引起皮肤过敏患者的荨麻疹复发，豆腐乳有时引起哮喘病的复发，某些蔬菜引起的日光性皮炎。

各种原料及副产品图片

一、谷物类原料及副产品

籼米　粳米　糯米

小麦　玉米　小米

面粉　面筋　粉丝

大豆　绿豆　红豆

蚕豆　眉豆　红腰豆

黑豆　豆腐　腐竹

二、蔬菜类原料

大白菜　包尖大白菜　甘蓝

赤球甘蓝　结球甘蓝　袍子甘蓝

球茎甘蓝　大葱　韭菜
韭黄　芫荽　芥菜
菠菜　菜心　芹菜
苋菜　彩色苋菜　蕹菜
茼蒿　西洋菜　生菜

红叶生菜　罗罗生菜　绵叶生菜

小白菜　上海青　奶白菜

油麦菜　芥蓝　莴笋

茭白　竹笋　芦笋

马铃薯　彩色马铃薯　山药

芋头　生姜　藕

荸荠　菱角　慈姑

红皮圆葱　白皮圆葱　蒜头

蒜苔　鲜百合　雪莲果

沙葛　粉葛　黄豆芽

绿豆芽　萝 卜　东北红萝卜

心里美萝卜　胡萝卜　金针菜

花椰菜　紫花椰菜　青花菜

番 茄　圆茄　长茄

灯笼椒　圆锥辣椒　黄 瓜

青瓜 冬瓜 南瓜

丝瓜 节瓜 苦瓜

佛手瓜 西葫芦 瓠子

菜豆 长豇豆 豌豆

刀豆 甜豆

三、畜类及其副产品原料

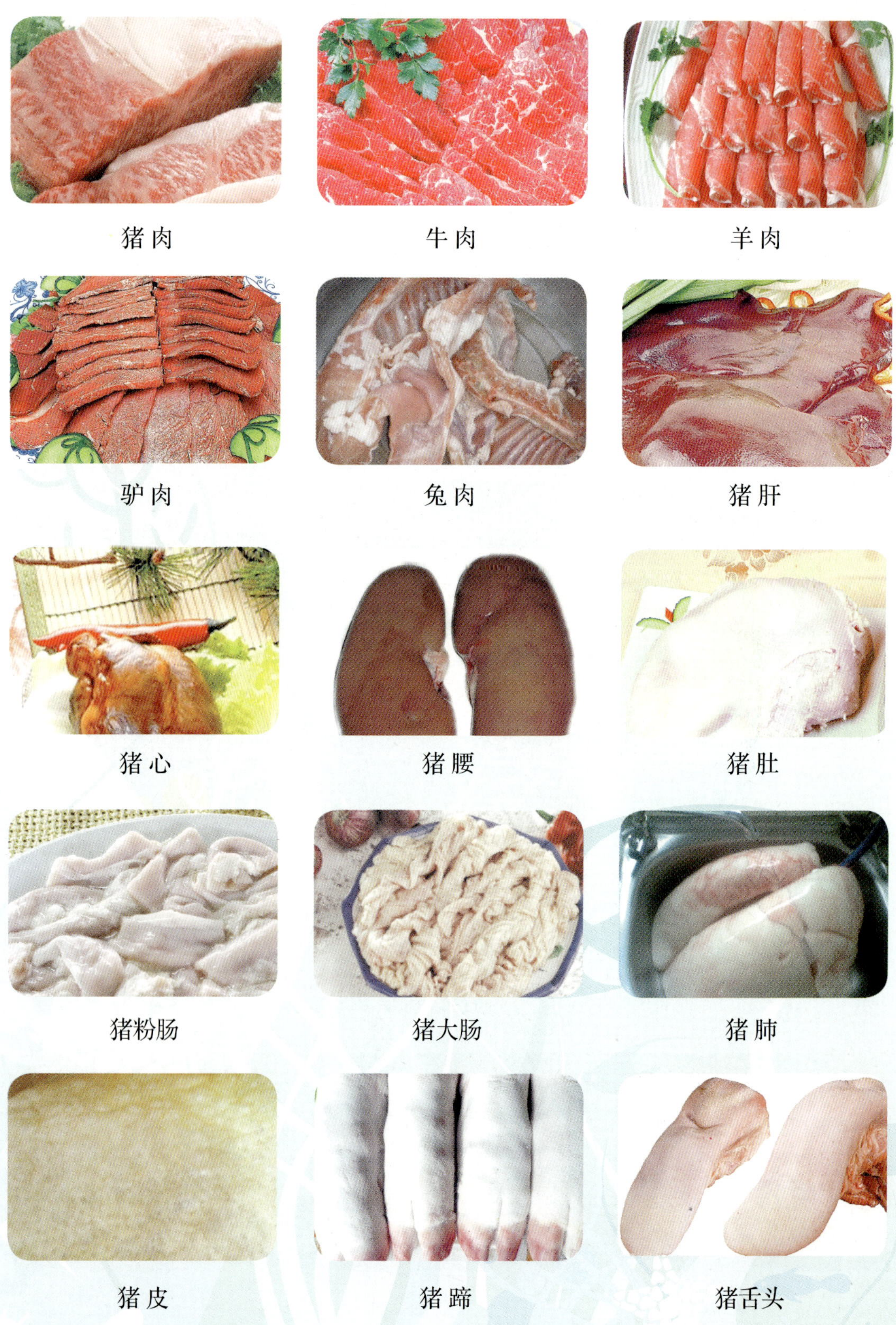

猪肉　牛肉　羊肉

驴肉　兔肉　猪肝

猪心　猪腰　猪肚

猪粉肠　猪大肠　猪肺

猪皮　猪蹄　猪舌头

猪尾 牛鞭 猪脑

猪脾 金钱肚 牛百叶

牛杂 火腿 腊肠

腊肉 咸肉 狍子

野猪 野兔 果子狸

四、禽类及其副产品原料

活鸡 光鸡 乌鸡

活鸭 光鸭 活鹅

光鹅 火鸡 鸽

斑鸠 鹌鹑 鹧鸪

野鸭 熟鸡肠 熟鸡肝

熟鸡心 鸡子 鹅掌

鸭掌 鸡肾 乳鸽

鸡蛋 鸭蛋 鹌鹑蛋

皮蛋 熟咸蛋 糟蛋

五、水产品类原料

鲤鱼  鲫鱼  青鱼

草鱼  鲢鱼  鳙鱼

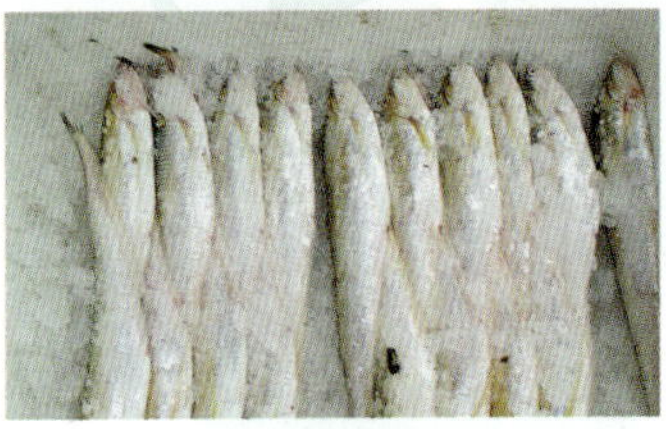

刀鱼  鲥鱼  大麻哈鱼

银鱼  鳜鱼  鳊鱼

泥鳅 黑鱼 黄鳝

鲟 鱼　鲮 鱼　鲶 鱼

塘鲺鱼　鲈 鱼　白 鳝

黄骨鱼　福寿鱼　多宝鱼

鳓 鱼　大黄鱼　小黄鱼

带 鱼　加吉鱼　鲅 鱼

鲐 鱼　鳕 鱼　石斑鱼

东星斑　青 斑　老鼠斑

鳐 鱼　鳎 鱼　鲳 鱼

马面鲀　红三鱼　秋刀鱼

波纹龙虾　锦绣龙虾　棘刺龙虾

日本龙虾　眼斑龙虾　中国龙虾

白 虾　基围虾　毛 虾

竹节虾　沼虾　对虾

虾蛄　膏蟹　青蟹

三疣梭子蟹　中华绒螯蟹　乌贼

鱿鱼　八爪鱼　鲍鱼

海螺　田螺　贻贝

江珧　扇贝　牡蛎

蛤蜊 　蛏子 　象拔蚌

海蜇 　沙虫 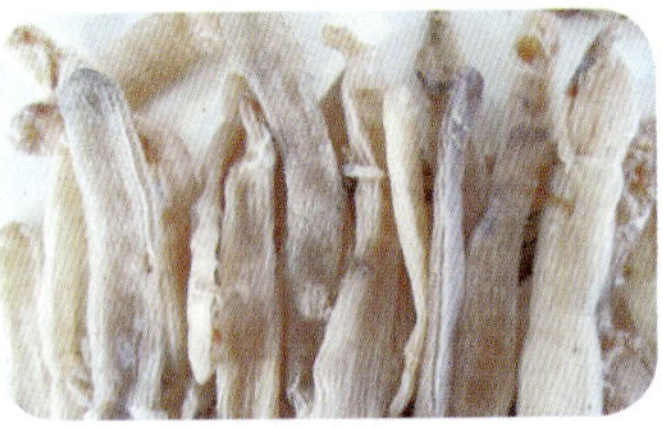　沙虫干

甲鱼 　山瑞 　龟

青蛙 　蛇

六、干货制品类原料

玉兰片

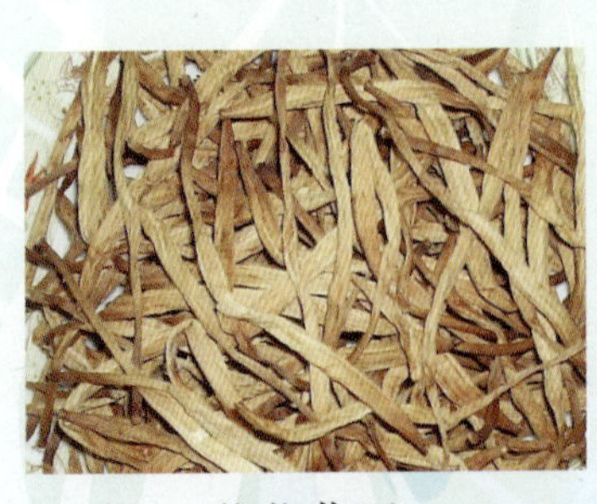

黄花菜干

百合干

虫草花　干莲子　白 果

干香菇　干竹荪　鲜竹荪

干猴头磨　银 耳　木 耳

海 带　紫 菜　花生米

剑 花　琼脂　蹄 筋

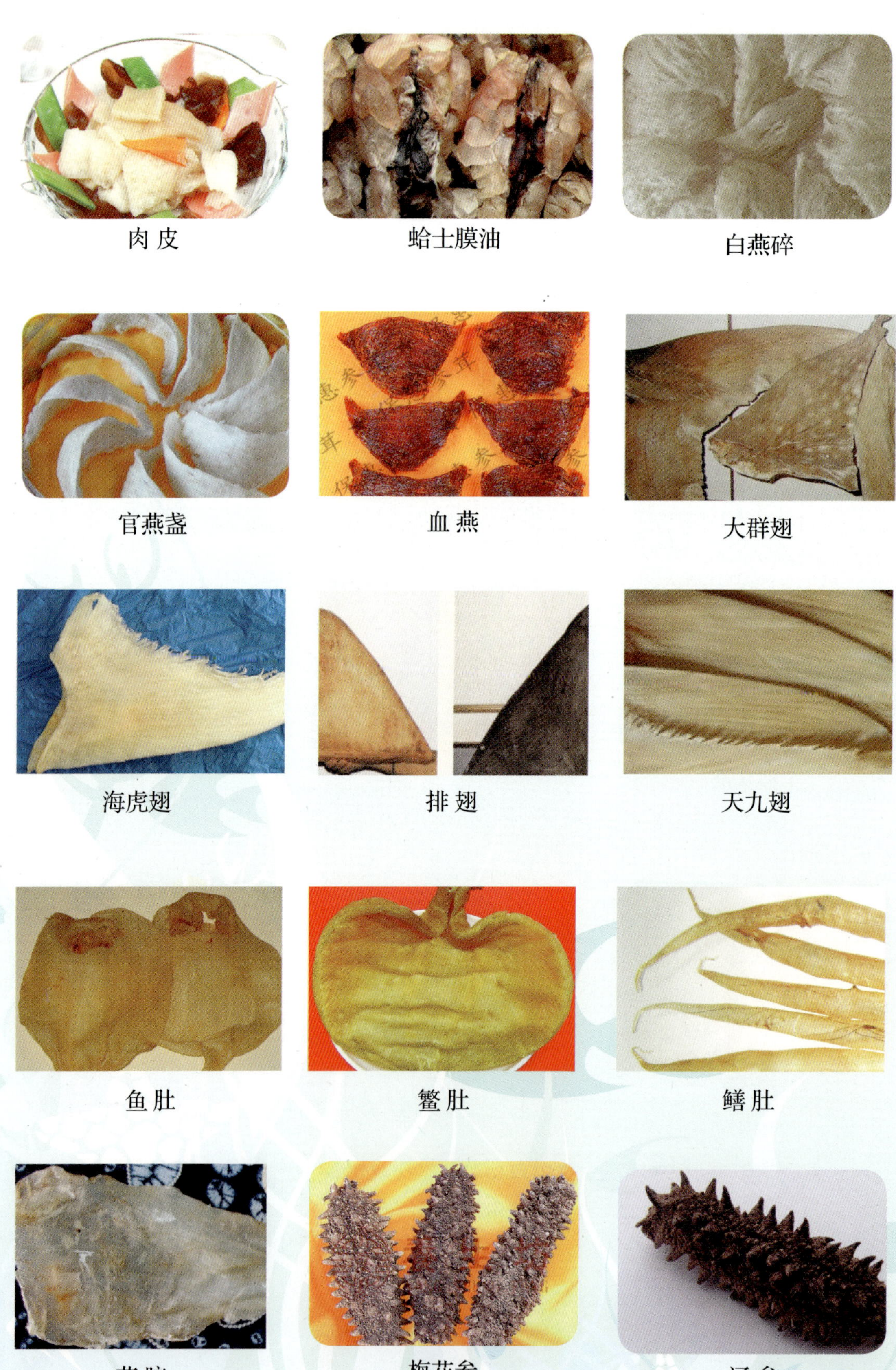

肉皮　　蛤士膜油　　白燕碎

官燕盏　　血燕　　大群翅

海虎翅　　排翅　　天九翅

鱼肚　　鳘肚　　鳝肚

花胶　　梅花参　　辽参

吉品鲍　南非鲍　窝麻鲍

澳洲鲍　黑鱼皮　鲟鱼皮

鱼 唇　干 贝　淡 菜

蚝 豉　鱿鱼干　虾 米

虾 皮　章鱼干　墨鱼干

七、食用菌类原料

香菇

口蘑

猴头菇

蘑菇

草菇

松茸

羊肚菌

干羊肚菌

金针菇

牛肝菌

白灵菇

杏鲍菇

茶树菇

鸡腿菇

鸡枞菌

平 菇

凤尾菇

秀珍菇

鲍鱼菇

海鲜菇

松 露

黑松露

白松露

冬虫夏草

八、果品类原料

苹 果

梨

桃

柑 橘 橙

柚 柠檬 香蕉

葡萄 菠萝 荔枝

杧果 草莓 龙眼

樱桃 山楂 山楂干

猕猴桃 　木瓜 　椰子

甜瓜 　西瓜 　火龙果

栗子 　核桃 　松子仁

腰果 　夏果

九、原料加工图

宰杀

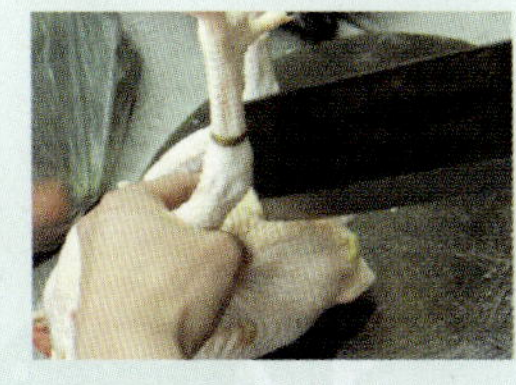
开膛

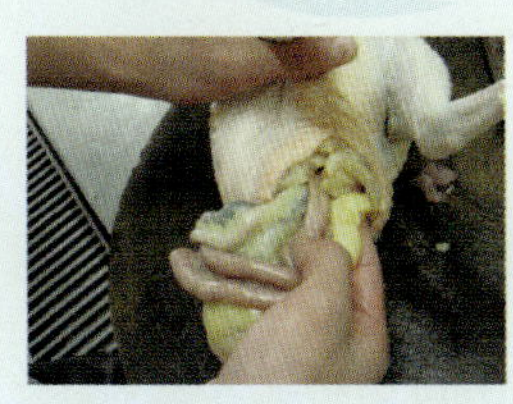
去内脏

剪择

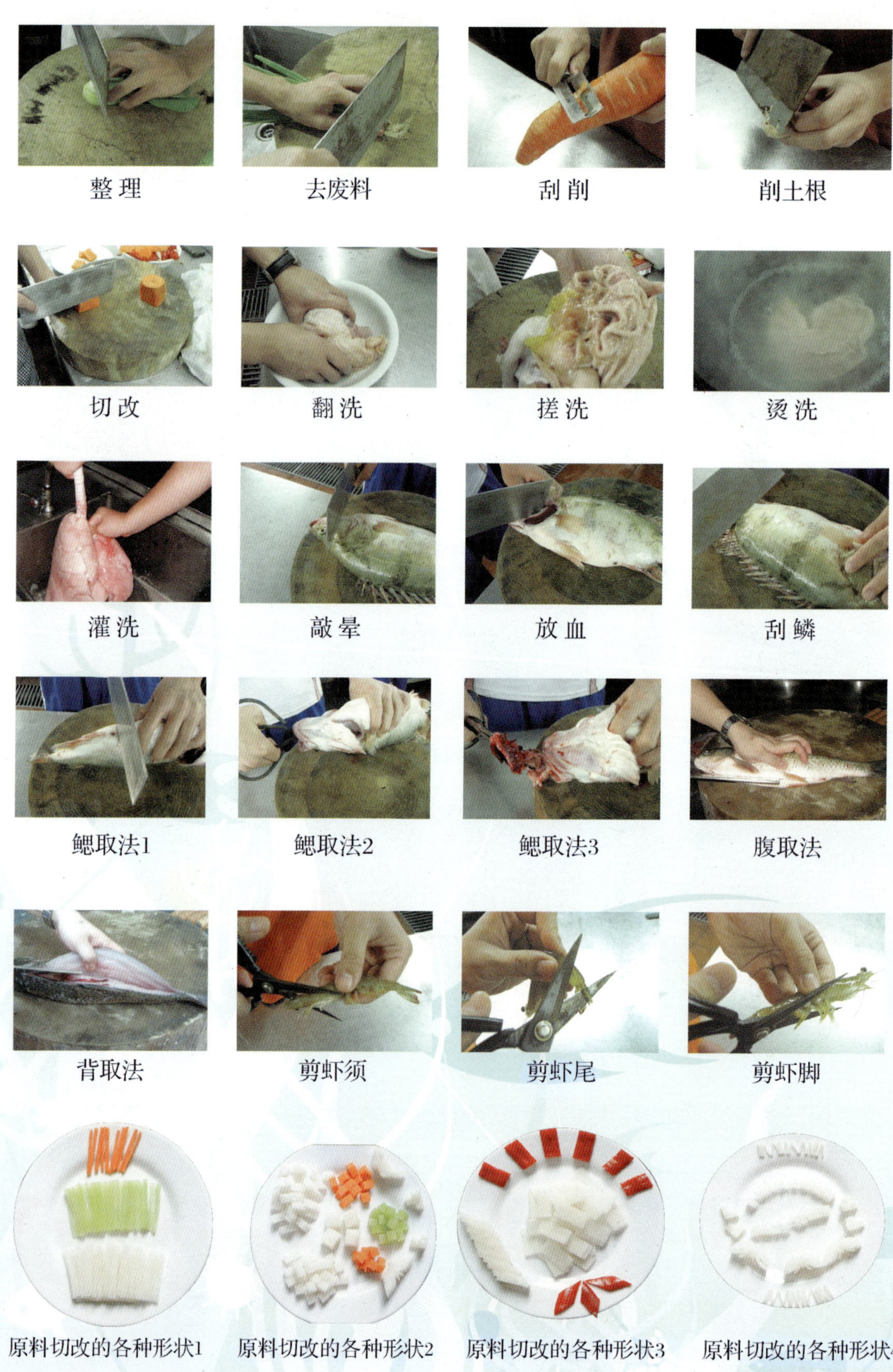

整理　去废料　刮削　削土根

切改　翻洗　搓洗　烫洗

灌洗　敲晕　放血　刮鳞

鳃取法1　鳃取法2　鳃取法3　腹取法

背取法　剪虾须　剪虾尾　剪虾脚

原料切改的各种形状1　原料切改的各种形状2　原料切改的各种形状3　原料切改的各种形状4